大数据系列丛书

大数据分析

吴明晖 周 苏 主编

清华大学出版社
北京

内 容 简 介

大数据分析是指对规模巨大的数据进行分析，是从大数据到信息，再到知识的关键步骤。大数据分析结合了传统统计分析方法和计算分析方法，在研究大量数据的过程中寻找模式、相关性和其他有用信息，帮助企业更好地适应变化并做出更明智的决策。

"大数据分析"是一门理论性和实践性都很强的课程。本书是为高等院校相关专业"大数据分析"课程全新设计编写，具有丰富实践特色的主教材。针对高等院校学生的发展需求，本书系统、全面地介绍了关于大数据分析的基本知识和技能，详细介绍了大数据分析基础、大数据分析生命周期、大数据分析基本原则、构建分析路线、大数据分析的运用、大数据分析的用例、预测分析方法、预测分析技术、大数据分析模型、用户角色与分析工具、大数据分析平台、社交网络与推荐系统、组织分析团队等内容，最后为大数据分析的学习设计了一个课程实践项目。全书具有较强的系统性、可读性和实用性。

图书在版编目(CIP)数据

大数据分析/吴明晖，周苏主编．—北京：清华大学出版社，2020.11（2024.8重印）
（大数据系列丛书）
ISBN 978-7-302-56261-0

Ⅰ．①大…　Ⅱ．①吴…　②周…　Ⅲ．①数据处理　Ⅳ．①TP274

中国版本图书馆 CIP 数据核字(2020)第 152879 号

责任编辑：张　玥　薛　阳
封面设计：常雪影
责任校对：焦丽丽
责任印制：刘海龙

出版发行：清华大学出版社
网　　址：https://www.tup.com.cn，https://www.wqxuetang.com
地　　址：北京清华大学学研大厦 A 座　　**邮　　编**：100084
社 总 机：010-83470000　　**邮　　购**：010-62786544
投稿与读者服务：010-62776969，c-service@tup.tsinghua.edu.cn
质 量 反 馈：010-62772015，zhiliang@tup.tsinghua.edu.cn
课 件 下 载：https://www.tup.com.cn，010-83470236
印 装 者：三河市科茂嘉荣印务有限公司
经　　销：全国新华书店
开　　本：185mm×260mm　　**印　　张**：18.75　　**字　　数**：432 千字
版　　次：2020 年 11 月第 1 版　　**印　　次**：2024 年 8 月第 5 次印刷
定　　价：69.00 元

产品编号：079208-01

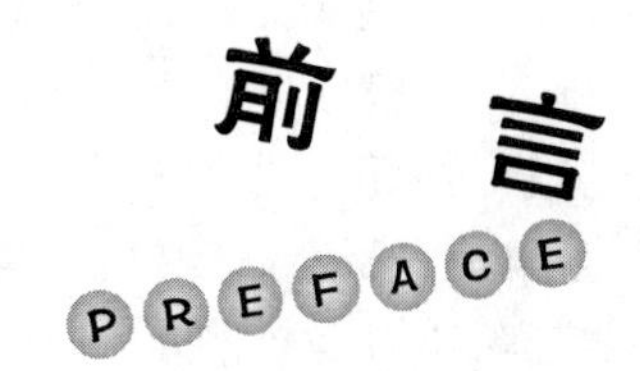

大数据(Big Data)的力量,正在积极地影响着我们社会的方方面面。它冲击着许多主要的行业,包括零售业、电子商务和金融服务业等,也正在彻底地改变我们的学习和日常生活:改变我们的教育方式、生活方式、工作方式。如今,通过简单、易用的移动应用和基于云端的数据服务,我们能够追踪自己的行为以及饮食习惯,还能提升个人的健康状况。因此,我们有必要真正理解大数据这个极其重要的议题。

中国是大数据最大的潜在市场之一。据估计,中国有近六亿网民,这就意味着中国的企业拥有绝佳的机会来更好地了解其客户并提供更加个性化的体验,同时为企业增加收入并提高利润。阿里巴巴就是一个很好的例子。阿里巴巴不但在商业模式上具有颠覆性,而且掌握了与购买行为、产品需求和库存供应相关的海量数据。除了阿里巴巴高层的领导能力之外,大数据是其成功的一个关键因素。

然而,仅有数据是不够的。对于身处大数据时代的企业而言,成功的关键还在于找出大数据所隐含的真知灼见。“以前,人们总说信息就是力量,如今,对数据进行分析、利用和挖掘才是力量之所在。”

在不同行业中,那些专门从事行业数据的收集、整理,进行深度分析,并依据分析结果做出行业研究、评估和预测的工作被称为数据分析。所谓大数据分析,是指用适当的方法对收集来的大量数据进行分析,提取有用信息和形成结论,从而对数据加以详细研究和概括总结的过程。或者,顾名思义,大数据分析是指对规模巨大的数据进行分析,是大数据到信息,再到知识的关键步骤。大数据分析结合了传统统计分析方法和计算分析方法,在研究大量数据的过程中寻找模式、相关性和其他有用信息,帮助企业更好地适应变化并做出更明智的决策。

对于大数据技术及其相关专业的大学生来说,大数据分析的理念、技术与应用是一门理论性和实践性都很强的核心课程。在长期的教学实践中,我们体会到,坚持“因材施教”的重要原则,把实践环节与理论教学相融合,抓实践教学促进理论知识的学习,是有效地改善教学效果和提高教学水平的重要方法之一。本书的主要特色是:理论联系实际,结合一系列了解和熟悉大数据分析理念、技术与应用的学习和实践活动,把大数据分析的概念、知识和技术融入实践,使学生保持浓厚的学习热情,加深对大数据分析的兴趣,认识、理解和掌握核心知识。

本书是为高等院校相关专业开设“大数据分析”课程而设计编写,具有丰富实践特色的主教材,也可供有一定实践经验的IT应用人员、管理人员参考,或作为继续教育的教材。

本书系统、全面地介绍了大数据分析的基本知识和应用技能,详细介绍了大数据基础、大数据分析基础、大数据分析生命周期、大数据分析基本原则、构建分析路线、大数据分析的运用、大数据分析的用例、预测分析方法、预测分析技术、用户角色与分析工具、大数据分析平台、社交网络与推荐系统、组织分析团队等内容。附录中提供了课程作业参考答案,还为大数据分析的学习设计了一个课程实践项目。全书具有较强的系统性、可读性和实用性。

结合课堂教学方法改革的要求,全书各章有针对性地安排了课前导读案例,要求和指导学生在课前阅读案例和课后完成作业,深入理解课程知识内涵。

虽然已经进入电子时代,但我们仍然竭力倡导读书。为每章设计的作业(四选一标准选择题)其实并不难,学生只要认真阅读教材,都能准确回答所有题目。

本课程的教学进度设计参考详见"课程教学进度表",该表可供教师授课和学生学习使用。实际执行时,应按照教学大纲和校历中关于本学期节假日的安排确定本课程的实际教学进度,并做适当剪裁。

本书的编写得到2019年度国家级一流本科专业建设点(教高厅函〔2019〕46号)、浙江省本科高校"十三五"特色专业建设项目(浙教高教〔2017〕29号)、杭州市属高校新型专业建设计划项目(杭教高教〔2019〕5号)等的支持。

本书的编写得到浙大城市学院、浙江安防职业技术学院、浙江商业职业技术学院等多所院校师生的支持。金苍宏、陈礼管、王文、蔡锦锦、倪宁、乔凤凤等参与了本书的教材设计、教学规划、案例设计等编写工作。与本书配套的教学PPT课件等丰富教学资源可从清华大学出版社网站下载,欢迎教师与作者交流并索取本书教学配套的相关资料。

周　苏

2020年春

课程教学进度表

（20　—20　学年第　学期）

课程号：________　课程名称：　大数据分析　学分：　2　周学时：　2

总学时：　32　（其中理论学时：　32　课外实践学时：______）

主讲教师：________________

序号	校历周次	章节（或实验、习题课等）名称与内容	学时	教学方法	课后作业布置
1	1	第 1 章　大数据基础	2	导读案例 理论教学	作业
2	2	第 2 章　大数据分析基础	2		作业
3	3	第 3 章　大数据分析生命周期	2		作业
4	4	第 4 章　大数据分析基本原则	2		作业
5	5	第 5 章　构建分析路线	2		作业
6	6	第 6 章　大数据分析的运用	2		作业
7	7	第 7 章　大数据分析的用例	2		作业
8	8	第 8 章　预测分析方法	2		作业
9	9	第 9 章　预测分析技术	2		
10	10	第 9 章　预测分析技术	2		作业
11	11	第 10 章　大数据分析模型	2		
12	12	第 10 章　大数据分析模型	2		作业
13	13	第 11 章　用户角色与分析工具	2		作业
14	14	第 12 章　大数据分析平台	2		作业
15	15	第 13 章　社交网络与推荐系统	2		作业
16	16	第 14 章　组织分析团队 课程实践	2		作业 课程实践

填表人（签字）：　　　　　　　　　　　　　日期：

系（教研室）主任（签字）：　　　　　　　　日期：

目录

CONTENTS

大数据基础

【导读案例】

葡萄酒的品质分析

奥利·阿什菲尔特是普林斯顿大学的一位经济学家,他的日常工作就是琢磨数据。利用统计学,他从大量的数据资料中提取出隐藏在数据背后的信息。奥利非常喜欢喝葡萄酒,他说:"当上好的红葡萄酒有了一定的年份时,就会发生一些非常神奇的事情。"当然,奥利指的不仅是葡萄酒的口感,还有隐藏在葡萄酒背后的力量。

"每次你买到上好的红葡萄酒时,"他说,"其实就是在进行投资,因为这瓶酒以后很有可能会变得更好。重要的不是它现在值多少钱,而是将来值多少钱——即使你并不打算卖掉它,而是喝掉它。如果你想知道把从当前消费中得到的愉悦推迟,将来能从中得到多少愉悦,那么这将是一个永远也讨论不完的、吸引人的话题。"关于这个话题,奥利已研究了25年。

奥利花费心思研究的一个问题是,如何通过数字来评估波尔多葡萄酒的品质(见图1-1)。与品酒专家通常所使用的"品咂并吐掉"的方法不同,奥利用数字指标来判断能拍出高价的酒所应该具有的品质特征。

图1-1 法国波尔多葡萄园

"其实很简单,"他说,"酒是一种农产品,每年都会受到气候条件的强烈影响。"因此,奥利采集了法国波尔多地区的气候数据加以研究,他发现如果收割季节干旱少雨且整个夏季的平均气温较高,该年份就容易生产出品质上乘的葡萄酒。

当葡萄熟透、汁液高度浓缩时，波尔多葡萄酒是最好的。夏季特别炎热的年份，葡萄很容易熟透，酸度就会降低。炎热少雨的年份，葡萄汁也会高度浓缩。因此，天气越炎热干燥，越容易生产出品质一流的葡萄酒。熟透的葡萄能生产出口感柔润(即低敏度)的葡萄酒，而汁液高度浓缩的葡萄能够生产出醇厚的葡萄酒。

奥利把这个关于葡萄酒的理论简化为下面的方程式。

葡萄酒的品质＝12.145＋0.00117×冬天降雨量＋0.0614×葡萄生长期平均气温
－0.00386×收获季节降雨量

正如彼得·帕塞尔在《纽约时报》中报告的那样，奥利给出的统计方程与实际情况高度吻合。把任何年份的气候数据代入上面这个式子，就能够预测出任意一种葡萄酒的平均品质。如果把这个式子变得再稍微复杂精巧一些，奥利还能更精确地预测出一百多个酒庄的葡萄酒品质。他承认"这看起来有点儿太数字化了""但这恰恰是法国人把他们葡萄酒庄园排成著名的1855个等级时所使用的方法"。

然而，当时传统的评酒专家并未接受奥利利用数据预测葡萄酒品质的做法。英国的《葡萄酒》杂志认为，"这条公式显然是很可笑的，我们无法重视它。"纽约葡萄酒商人威廉姆·萨科林认为，从波尔多葡萄酒产业的角度来看，奥利的做法"介于极端和滑稽可笑之间"。因此，奥利常常被业界人士取笑。当奥利在克里斯蒂拍卖行酒品部做关于葡萄酒的演讲时，坐在后排的交易商嘘声一片。

传统的评酒大师认为，如果要对葡萄酒的品质评判得更准确，应该亲自去品尝一下。但是有这样一个问题：在好几个月的生产时间里，人们是无法品尝到葡萄酒的。波尔多和勃艮第的葡萄酒在装瓶之前需要盛放在橡木桶里发酵18～24个月(见图1-2)。像帕克这样的评酒专家需要在桶装4个月以后才能第一次品尝，这个阶段的葡萄酒还只是臭臭的、发酵的葡萄而已。不知道此时这种无法下咽的"酒"是否能够使品尝者得出关于酒的品质的准确信息。例如，巴特菲德拍卖行酒品部的前经理布鲁斯·凯泽曾经说过："发酵初期的葡萄酒变化非常快，没有人，我是说不可能有人，能够通过品尝来准确地评估酒的好坏。至少要放上10年，甚至更久。"

图1-2 葡萄酒窖藏

与之形成鲜明对比的是，奥利从对数字的分析中能够得出气候与酒价之间的关系。他发现冬季降雨量每增加1mm，酒价就有可能提高0.00117美元。当然，这只是"有可能"而已。不过，对数据的分析使奥利可以在品酒师有机会尝到第一口酒的数月之前进行预测，更是在葡萄酒卖出的数年之前进行预测。在葡萄酒期货交易活跃的今天，奥利的预测能够给葡萄酒收集者极大的帮助。

20世纪80年代后期，奥利开始在半年刊的简报《流动资产》上发布他的预测数据。最初有六百多人开始订阅。这些订阅者的分布很广，包括很多百万富翁以及痴迷葡萄酒的人——这是一些可以接受计量方法的葡萄酒收集爱好者。但与每年花30美元来订阅简报《葡萄酒爱好者》的30000人相比，《流动资产》的订阅人数确实少得可怜。

20世纪90年代初期，《纽约时报》在头版头条登出了奥利的最新预测数据，这使得更多人了解了他的思想。奥利公开批判了帕克对1986年波尔多葡萄酒的估价。帕克对1986年波尔多葡萄酒的评价是"品质一流，甚至非常出色"。但是奥利不这么认为，他认为由于生产期内过低的平均气温以及收获期过多的雨水，这一年葡萄酒的品质注定平平。

当然，奥利对1989年波尔多葡萄酒的预测才是这篇文章中真正让人吃惊的地方，尽管当时这些酒在木桶里仅仅放置了3个月，还从未被品酒师品尝过，奥利预测这些酒将成为"世纪佳酿"。他保证这些酒的品质将会"令人震惊的一流"。根据他自己的评级，如果1961年的波尔多葡萄酒评级为100，那么1989年的葡萄酒将会达到149。奥利甚至大胆地预测，这些酒"能够卖出过去35年中所生产的葡萄酒的最高价"。

看到这篇文章，评酒专家非常生气。评酒专家们开始辩解，竭力指责奥利本人以及他所提出的方法。他们说他的方法是错的，因为这一方法无法准确地预测未来的酒价。然而，对于统计学家(以及对此稍加思考的人)来说，预测有时过高，有时过低是件好事，因为这恰好说明估计量是无偏的。

1990年，奥利更加陷于孤立无援的境地。在宣称1989年的葡萄酒将成为"世纪佳酿"之后，数据告诉他1990年的葡萄酒将会更好，而且他也照实说了。现在回头再看，我们可以发现当时《流动资产》的预测惊人的准确。1989年的葡萄酒确实是难得的佳酿，而1990年的也确实更好。

怎么可能在连续两年中生产出两种"世纪佳酿"呢？事实上，自1986年以来，每年葡萄生长期的气温都高于平均水平。法国的天气连续二十多年温暖和煦。对于葡萄酒爱好者们而言，这显然是生产柔润的波尔多葡萄酒的最适宜的时期。

传统的评酒专家们现在才开始更多地关注天气因素。尽管他们当中很多人从未公开承认奥利的预测，但他们自己的预测也开始越来越密切地与奥利那个简单的方程式联系在一起。指责奥利的人仍然把他的思想看作是异端邪说，因为他试图把葡萄酒的世界看得更清楚。他从不使用华丽的辞藻和毫无意义的术语，而是直接说出预测的依据。

整个葡萄酒产业毫不妥协不仅仅是在做表面文章。"葡萄酒经销商及专栏作家只是不希望公众知道奥利所做出的预测。"凯泽说，"这一点从1986年的葡萄酒就已经显现出来了。奥利说评酒师们的评级是骗人的，因为那一年的气候对于葡萄的生长来说非常不利，雨水泛滥，气温也不够高。但是当时所有的专栏作家都言辞激烈地坚持认为那一年的酒会是好酒。事实证明，奥利是对的，但是正确的观点不一定总是受欢迎的。"

葡萄酒经销商和专栏评论家们都能够从维持自己在葡萄酒品质方面的信息垄断者地位中受益。葡萄酒经销商利用长期高估的最初评级来稳定葡萄酒价格。《葡萄酒观察家》

和《葡萄酒爱好者》能否保持葡萄酒品质的仲裁者地位，决定着上百万资金的生死。很多人要谋生，就只能依赖于喝酒的人不相信这个方程式。

也有迹象表明事情正在发生变化。伦敦克里斯蒂拍卖行国际酒品部主席迈克尔·布罗德本特委婉地说："很多人认为奥利是个怪人，我也认为他在很多方面的确很怪。但是我发现，他的思想和工作会在多年后依然留下光辉的痕迹。他所做的努力对于打算买酒的人来说非常有帮助。"

阅读上文，请思考、分析并简单记录。

(1) 请通过网络搜索，了解法国城市波尔多，了解其地理特点和波尔多葡萄酒，并就此做简单介绍。

答：____

____

____

(2) 对葡萄酒品质的评价，传统方法的主要依据是什么？而奥利的预测方法是什么？

答：____

____

____

____

(3) 虽然后来的事实肯定了奥利的葡萄酒品质预测方法，但这是否就意味着传统品酒师的职业就没有必要存在了？你认为传统方法和大数据方法的关系应该如何处理？

答：____

____

____

____

____

(4) 请简单记述你所知道的上一周内发生的国际、国内或者身边的大事。

答：____

____

____

____

1.1 什么是大数据

信息社会所带来的好处是显而易见的：每个人口袋里都揣着一部手机，每台办公桌上都放着一台计算机，每间办公室内都连接到局域网或者互联网。半个世纪以来，随着计算机技术全面和深度地融入社会生活，信息爆炸已经积累到了一个引发变革的程度。它不仅使世界充斥着比以往更多的信息，而且其增长速度也在加快。信息总量的变化还导致了信息形态的变化——量变引起了质变。

1.1.1 天文学——信息爆炸的起源

综合观察社会各个方面的变化趋势，我们能真正意识到信息爆炸或者说大数据时代已经到来。以天文学为例，2000 年，斯隆数字巡天项目(SDSS)启动的时候，位于美国新墨西哥州的望远镜在短短几周内收集到的数据，就比世界天文学历史上总共收集的数据还要多。到了 2010 年，信息档案已经高达 1.4×2^{42}B。

斯隆数字巡天项目使用阿帕奇山顶天文台的 2.5m 口径望远镜，计划观测 25%的天空，获取超过一百万个天体的多色测光资料和光谱数据。2006 年，斯隆数字巡天项目进入名为 SDSS-Ⅱ的新阶段，进一步探索银河系的结构和组成，而斯隆超新星巡天项目计划搜寻超新星爆发，以测量宇宙学尺度上的距离。不过人们认为，在智利帕穹山顶峰 LSST 天文台投入使用的大型视场全景巡天望远镜(LSST，见图 1-3) 5 天之内就能获得同样多的信息。

图 1-3 智利帕穹山顶峰的 LSST 全景巡天望远镜

LSST 巡天望远镜于 2015 年开始建造，重 3t，有 32 亿像素，它将由 189 个传感器和接近 3t 重的零部件组装完成，可以捕捉半个地球。根据该项目建设的时间表，它将在 2020 年第一次启动，2022 年到 2023 年开始运行。

LSST 望远镜的镜头拍摄的一张照片需要 1500 块高清电视屏才能充分展示出来，其一年的观测数据达到 600 万吉字节的存储空间。这个数据量相当于用一款 800 万像素的数码相机每天拍摄 80 万张照片，连续拍摄一整年。未来，LSST 望远镜将绘制数百亿恒星的分布，为科学家提供最佳的光学照片，以前所未有的细节拍摄深空天体图像。科学家能够据此研究星系的形成、追踪潜在威胁的小行星、观测恒星爆炸、研究暗物质和暗能量等。

LSST 有一个很特别的地方，那就是世界上任何一个有计算机的人都可以使用它，这和以前的科学专业设备不同。LSST 数据的开放，意味着大家都有机会与科学家分享令人兴奋的探索旅程。LSST 可以帮助我们解开宇宙的谜团，对于科学研究具有划时代的重大意义。

1.1.2 信息爆炸的社会

天文学领域发生的变化在社会各个领域都在发生。2003 年，人类第一次破译人体基因密码的时候,辛苦工作了十年才完成30亿对碱基对的排序。大约十年之后,世界范围内的基因仪每15分钟就可以完成同样的工作。在金融领域,美国股市每天的成交量高达70亿股,而其中三分之二的交易都是由建立在数学模型和算法之上的计算机程序自动完成的,这些程序运用海量数据来预测利益和降低风险。

互联网公司更是被数据淹没了。谷歌(Google)公司每天要处理超过24拍字节(PB,2^{50}B)的数据,这意味着其每天的数据处理量是美国国家图书馆所有纸质出版物所含数据量的上千倍。脸书(Facebook)这个创立不过十来年的公司,每天更新的照片量超过1 000万张,每天人们在网站上单击"喜欢"(Like)按钮或者写评论大约有30亿次,这就为脸书挖掘用户喜好提供了大量的数据线索。与此同时,谷歌的子公司YouTube是世界上最大的视频网站(见图1-4),它每月接待多达8亿的访客,平均每秒钟就会有一段长度在一小时以上的视频上传。推特(Twitter)是美国的一家社交网络及微博客服务的网站,是互联网上访问量最大的十个网站之一,其消息也被称作"推文(Tweet)",它被形容为"互联网的短信服务"。推特上的信息量几乎每年翻一番,每天都会发布超过4亿条微博。

图1-4　YouTube视频网站

从科学研究到医疗保险,从银行业到互联网,各个领域都在讲述着一个类似的故事,那就是爆发式增长的数据量。这种增长超过了创造机器的速度,甚至超过了人们的想象。

那么,我们周围到底有多少数据?增长的速度有多快?许多人试图测量出一个确切的数字。尽管测量的对象和方法有所不同,但他们都获得了不同程度的成功。南加利福尼亚大学通信学院的马丁·希尔伯特进行了一个比较全面的研究,他试图得出人类所创造、存储和传播的一切信息的确切数目,研究范围不仅包括书籍、图画、电子邮件、照片、音乐、视频(模拟和数字),还包括电子游戏、电话、汽车导航和信件。他还以收视率和收听率为基础,对电视、电台这些广播媒体进行了研究。据他估算,仅在2007年,人类存储的数据就超过了300艾字节(EB,2^{60}B)。下面这个比喻应该可以帮助人们更容易地理解这意味着什么:一部完整的数字电影可以压缩成1GB的文件,而1EB相当于10亿GB。总之,这是一个非常庞大的数量。

有趣的是,在2007年的数据中,只有7%是存储在报纸、书籍、图片等媒介上的模拟数据,其余全部是数字数据。模拟数据也称为模拟量,相对于数字量而言,指的是取值范围是连续的变量或者数值,例如,声音、图像、温度、压力等。模拟数据一般采用模拟信号,例如,用一系列连续变化的电磁波或电压信号来表示。数字数据也称为数字量,相对模拟量而言，指的是取值范围是离散的变量或者数值。数字数据采用数字信号，例如用一系列断续变化的电压脉冲(如用恒定的正电压表示二进制数1，用恒定的负电压表示二进制数0)或光脉冲来表示。

但在不久之前，情况却完全不是这样的。虽然1960年就有了“信息时代”和“数字村镇”的概念，2000年数字存储信息仍只占全球数据量的四分之一，当时，另外四分之三的信息都存储在报纸、胶片、黑胶唱片和盒式磁带这类媒介上。事实上，1986年，世界上约40%的计算能力都在袖珍计算器上运行，那时候，所有个人计算机的处理能力之和还没有所有袖珍计算器处理能力之和高。但是因为数字数据的快速增长，整个局势很快就颠倒过来了。按照希尔伯特的说法，数字数据的数量每3年多就会翻一倍。相反，模拟数据的数量则基本上没有增加。

到2013年，世界上存储的数据达到约1.2泽字节(ZB)，其中非数字数据只占不到2%。这样大的数据量意味着什么？如果把这些数据全部记在书中，这些书可以覆盖整个美国52次。如果将其存储在只读光盘上，这些光盘可以堆成5堆，每一堆都可以伸展到月球。

事情真的在快速发展。人类存储信息量的增长速度比世界经济的增长速度快4倍，而计算机数据处理能力的增长速度则比世界经济的增长速度快9倍。难怪人们会抱怨信息过量，因为每个人都受到了这种极速发展的冲击。

量变导致质变。物理学和生物学都告诉我们，当改变规模时，事物的状态有时也会发生改变。以专注于把东西变小而不是变大的纳米技术为例，其原理就是当事物到达分子级别时，它的物理性质会发生改变。一旦你知道这些新的性质，就可以用同样的原料来做以前无法做的事情。铜本来是用来导电的物质，但它一旦到达纳米级别，就不能在磁场中导电了。银离子具有抗菌性，但当它以分子形式存在时，这种性质会消失。同样，当我们增加所利用的数据量时，也就可以做很多在小数据量的基础上无法完成的事情。

大数据的科学价值和社会价值正是体现在这里。一方面，对大数据的掌握程度可以转换为经济价值的来源；另一方面，大数据已经撼动了世界的方方面面，从商业科技到医疗、政府、教育、经济、人文以及社会的其他各个领域。尽管我们还处在大数据时代的初期，但我们的日常生活已经离不开它了。

1.1.3 大数据的发展

如果仅从数据量的角度来看，大数据在过去就已经存在了。例如，波音的喷气发动机每30分钟就会产生10TB的运行信息数据，安装有4台发动机的大型客机，每次飞越大西洋就会产生640TB的数据。世界各地每天有超过2.5万架飞机在工作，可见其数据量是何等庞大。生物技术领域中的基因组分析以及以NASA(美国国家航空航天局)为中心的太空开发领域，从很早就开始使用十分昂贵的高端超级计算机来对庞大的数据进行分析和处理了。

现在和过去的区别之一，就是大数据不仅产生于特定领域，而且还产生于人们的日常生活中，脸书、推特、领英、微信、QQ等社交媒体上的文本数据就是最好的例子。而且，尽管我们无法得到全部数据，但大部分数据可以通过公开的API(应用程序编程接口)相对容易地进行采集。在B2C(商家对顾客)企业中,使用文本挖掘和情感分析等技术就可以分析消费者对于自家产品的评价。

(1) 硬件性价比提高与软件技术进步。计算机性价比的提高,存储设备价格的下降,利用通用服务器对大量数据进行高速处理的软件技术Hadoop的诞生,这些因素大幅降低了大数据存储和处理的门槛。因此,如今无论是中小企业还是大企业,都可以对大数据进行充分的利用。

(2) 云计算的普及。随着云计算的兴起,大数据的处理环境现在在很多情况下并不一定要自行搭建了。例如,使用亚马逊的云计算服务EC2和S3,就可以以按用量付费的方式来使用由计算机集群组成的计算处理环境和大规模数据存储环境。利用这样的云计算环境,即使是资金不太充裕的创业型公司,也可以进行大数据分析。

实际上,新的IT创业公司如雨后春笋般不断出现,它们利用云计算环境对大数据进行处理,从而催生出新型的服务。例如,提供预测航班起飞晚点等"航班预报"服务、对消费电子产品价格走势进行预测等。

(3) 从交易数据分析到交互数据分析。对从像"卖出了一件商品""一位客户解除了合同"这样的交易数据中得到的"点"信息进行统计还不够,我们想要得到的是"为什么卖出了这件商品""为什么这个客户离开了"这样的上下文(背景)信息。而这样的信息,需要从与客户之间产生的交互数据信息中来探索。以非结构化数据为中心的大数据分析需求的不断高涨,也正是这种趋势的一个反映。

例如,像阿里巴巴运营电商网站的企业,可以通过网站的点击流数据追踪用户在网站内的行为,从而对用户从访问网站到最终购买商品的行为路线进行分析。这种点击流数据正是表现客户与公司网站之间相互作用的一种交互数据。

对于消费品公司来说,可以通过客户的会员数据、购物记录、呼叫中心通话记录等数据来寻找客户解约的原因。随着"社交化CRM(客户关系管理)"呼声的高涨,越来越多的企业都开始利用微信、推特等社交媒体来提供客户支持服务。这些都是表现与客户之间交流的交互数据,只要推进对这些交互数据的分析,就可以越来越清晰地掌握客户离开的原因。

一般来说,网络数据比真实世界中的数据更容易收集,因此,来自网络的交互数据也得到了越来越多的利用。随着传感器等物态探测技术的发展和普及,在真实世界中对交互数据的利用也将不断推进。进一步讲,今后更为重要的是对连接网络世界和真实世界的交互数据进行分析。

1.1.4 大数据作为BI的进化形式

BI(商务智能)的概念是1989年由时任美国高德纳咨询公司的分析师霍华德·德斯纳提出的。德斯纳当时的观点是,应该将过去100%依赖信息系统部门来完成的销售分析、客户分析等业务,通过让作为数据使用者的管理人员以及一般商务人员等最终用户来亲自参与,从而实现迅速决策以及生产效率的提高。

BI通过分析由业务过程和信息系统生成的数据让一个组织能够获取企业绩效的内在认识。分析的结果可以用于改进组织绩效,或者通过修正检测出的问题来管理和引导业务过程。BI 在企业中使用大数据分析，并且这种分析通常会被整合到企业数据仓库中以执行分析查询。如图 1-5 所示，BI 的输出以仪表板显示，它允许管理者访问和分析数据，且可以潜在地改进分析查询，从而对数据进行深入挖掘。

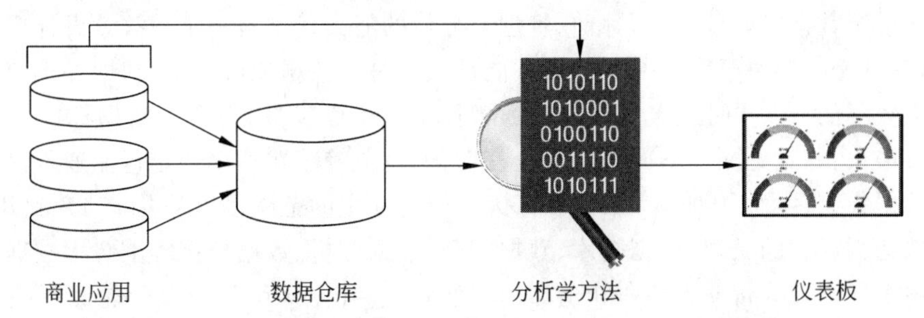

图 1-5 商务智能用于改善商业应用将数据仓库中的数据以及仪表板的分析查询结合起来

BI 的主要目的是分析从过去到现在发生了什么、为什么会发生，并做出报告。例如，过去一年中商品 A 的销售额如何，它在各个门店中的销售额分别如何。然而，现在的商业环境变化十分剧烈，对于企业今后的活动来说，在将过去和现在进行可视化的基础上，预测出接下来会发生什么显得更为重要。也就是说，从看到现在到预测未来，BI 也正在经历着不断的进化。

要对未来进行预测，从庞大的数据中发现有价值的规则和模式，数据挖掘是一种非常有用的方法。为了让数据挖掘的执行更加高效，就要使用能够从大量数据中自动学习知识和有用规则的机器学习技术，机器学习对数据的要求是越多越好。作为 BI 的进化形式，大数据对企业内外所存储的数据进行集中、整理和分析，从而获得对各种商务决策有价值的知识和观点。

1.2 大数据的定义

如今，人们不再认为数据是静止和陈旧的。但在以前，一旦完成了收集数据的目的之后，数据就会被认为已经没有用处了。例如，在飞机降落之后，票价数据就没有用了——设计人员如果没有大数据的理念，就会丢失掉很多有价值的数据。

数据已经成为一种商业资本，一项重要的经济投入，可以创造新的经济利益。事实上，一旦思维转变过来，数据就能被巧妙地用来激发新产品和新服务。今天，大数据是人们获得新的认知、创造新的价值的源泉，大数据还是改变市场、组织机构以及政府与公民关系的方法。大数据时代对我们的生活和与世界交流的方式都提出了挑战。

1.2.1 定义大数据

大数据，狭义上可以定义为：**用现有的一般技术难以管理的大量数据的集合**。这实际上是指用目前在企业数据库占据主流地位的关系型数据库无法进行管理的、具有复杂结构的数据。或者也可以说，是指由于数据量的增大，导致对数据的查询响应时间超出了允许的范围。

研究机构加特纳给出了这样的定义："大数据是需要新处理模式才能具有更强的决策力、洞察发现力和流程优化能力的海量、高增长率和多样化的信息资产。"

世界级领先的全球管理咨询公司麦肯锡说："大数据指的是所涉及的数据集规模已经超过了传统数据库软件获取、存储、管理和分析的能力。这是一个被故意设计成主观性的定义，并且是一个关于多大的数据集才能被认为是大数据的可变定义，即并不定义大于一个特定数字的 TB 才叫大数据。因为随着技术的不断发展，符合大数据标准的数据集容量也会增长；并且定义随不同的行业也有变化，这依赖于在一个特定行业通常使用何种软件和数据集有多大。因此，大数据在今天不同行业中的范围可以从几十 TB 到几 PB。"

随着"大数据"的出现，数据仓库、数据安全、数据分析、数据挖掘等围绕大数据商业价值的利用正逐渐成为行业人士争相追捧的利润焦点，在全球引领了又一轮数据技术革新的浪潮。

1.2.2 大数据的 3V 特征

从字面上看，"大数据"这个词可能会让人觉得只是容量非常大的数据集合而已，但容量只不过是大数据特征的一个方面，如果只拘泥于数据量，就无法深入理解当前围绕大数据所进行的讨论。因为"用现有的一般技术难以管理"这样的状况，并不仅仅是由于数据量增大这一个因素所造成的。

IBM 说："可以用 3 个特征相结合来定义大数据：数量（Volume，或称容量）；种类（Variety，或称多样性）和速度（Velocity），或者就是简单的 3V（见图 1-6），即庞大容量、极快速度和种类丰富的数据。"

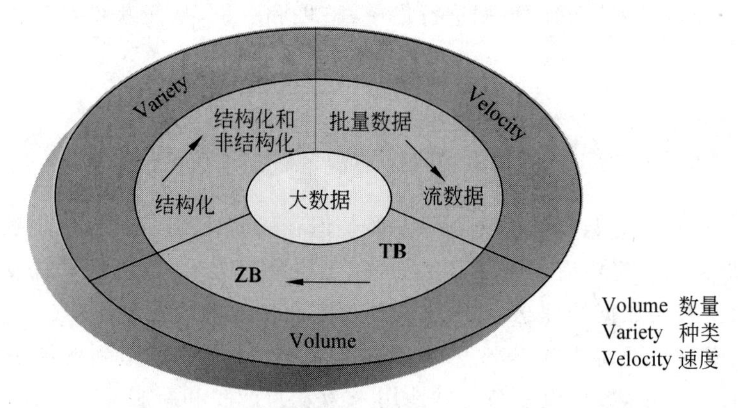

图 1-6 按数量、种类和速度来定义大数据

(1) Volume(数量)。用现有技术无法管理的数据量，从现状来看，基本上是指从几十 TB 到几 PB 这样的数量级。当然，随着技术的进步，这个数值也会不断变化。

如今，存储的数据量在急剧增长中，我们存储所有事物，包括环境数据、财务数据、医疗数据、监控数据等，数据量不可避免地会转向 ZB 级别。可是，随着可供企业使用的数据量不断增长，可处理、理解和分析的数据的比例却不断在下降。

(2) Variety(种类、多样性)。随着传感器、智能设备以及社交协作技术的激增，企业中的数据也变得更加复杂，因为它不仅包含传统的关系型数据，还包含来自网页、互联网日志文件(包括流数据)、搜索索引、社交媒体、电子邮件、文档、主动和被动系统的传感器数据等原始、半结构化和非结构化数据。

种类表示所有的数据类型。其中,爆发式增长的一些数据,如互联网上的文本数据、位置信息、传感器数据、视频数据等,用目前企业主流的关系型数据库是很难存储的,它们都属于非结构化数据。

当然,这些数据中有些是过去就一直存在并保存下来的。和过去不同的是,除了存储,还需要对这些大数据进行分析,并从中获得有用的信息。例如,监控摄像机中的视频数据,超市、便利店等零售企业几乎都配备了监控摄像机,最初目的是为了防范盗窃,但现在也出现了使用视频数据来分析顾客购买行为的案例。

例如,美国高级文具制造商万宝龙过去是凭经验和直觉来决定商品陈列布局的,现在尝试利用监控摄像头对顾客在店内的行为进行分析。通过分析监控摄像数据,将最想卖出去的商品移动到最容易吸引顾客目光的位置,使得销售额提高了20%。

美国移动运营商T-Mobile也在其全美1000家店中安装了带视频分析功能的监控摄像机,可以统计来店人数,还可以追踪顾客在店内的行动路线、在展台前停留的时间,甚至是试用了哪一款手机、试用了多长时间等,对顾客在店内的购买行为进行分析。

(3) Velocity(速度)。数据产生和更新的频率也是衡量大数据的一个重要特征。就像我们收集和存储的数据量和种类发生了变化一样,生成和需要处理数据的速度也在变化。这里,速度的概念不仅是与数据存储相关的增长速率,还应该动态地应用到数据流动的速度上。有效地处理大数据,需要在数据变化的过程中对它的数量和种类执行分析,而不只是在它静止后执行分析。

例如,遍布全国的各种便利店在24h内产生的POS机数据,电商网站中由用户访问所产生的网站点击流数据,高峰时达到每秒近万条的微信短文,全国公路上安装的交通探测传感器和路面状况传感器(可检测结冰、积雪等路面状态)等,每天都在产生着庞大的数据。

在3V的基础上,IBM又归纳总结了第4个V——Veracity(真实和准确)。“只有真实而准确的数据才能让对数据的管控和治理真正有意义。随着新数据源的兴起,传统数据源的局限性被打破,企业越发需要有效的信息治理以确保其真实性及安全性。”

互联网数据中心IDC说:“大数据是一个貌似不知道从哪里冒出来的大的动力。但是实际上,大数据并不是新生事物。然而,它确实正在进入主流并得到重大关注,这是有原因的。廉价的存储、传感器和数据采集技术的快速发展、通过云和虚拟化存储设施增加的信息链路以及创新软件和分析工具,正在驱动着大数据。大数据不是一个‘事物’,而是一个跨多个信息技术领域的动力/活动。大数据技术描述了新一代的技术和架构,它被设计用于:通过使用高速(Velocity)的采集、发现和/或分析,从超大容量(Volume)的多样(Variety)数据中经济地提取价值(Value)。”这个定义除了揭示大数据传统的3V基本特征,即大数据量、多样性和高速,还增添了一个新特征:价值。

总之,大数据是个动态的定义,不同行业根据其应用的不同有着不同的理解,其衡量标准也在随着技术的进步而改变。

1.2.3 广义的大数据

大数据的狭义定义着眼点在数据的性质上，我们从广义层面上再为大数据下一个定义（见图 1-7）："'大数据'是一个综合性概念，它包括因具备 3V（Volume/Variety/Velocity，数量/种类/速度）特征而难以进行管理的数据，对这些数据进行存储、处理、分析的技术，以及能够通过分析这些数据获得实用意义和观点的人才和组织。"

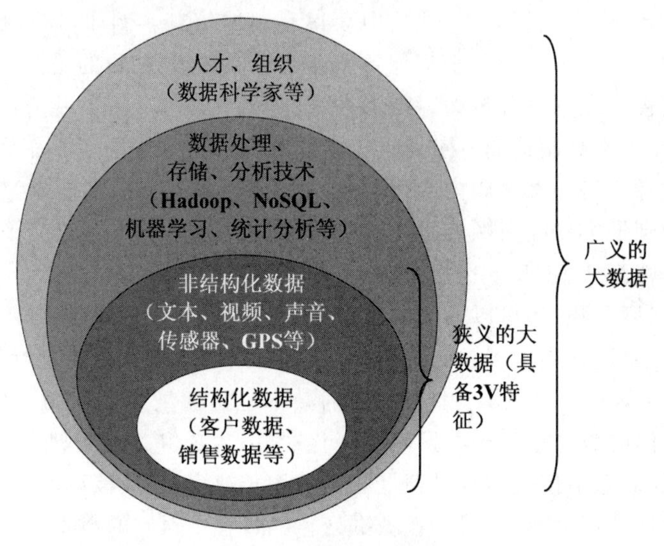

图 1-7　广义的大数据

"存储、处理、分析的技术"指的是用于大规模数据分布式处理的框架 Hadoop、具备良好扩展性的 NoSQL 数据库，以及机器学习和统计分析等；"能够通过分析这些数据获得实用意义和观点的人才和组织"指的是目前十分紧俏的"数据科学家"这类人才以及能够对大数据进行有效运用的组织。

1.3　大数据的结构类型

数据量大是大数据的一致特征。由于数据自身的复杂性，作为一个必然的结果，处理大数据的首选方法是在并行计算的环境中进行大规模并行处理（Massively Parallel Processing，MPP），这使得同时发生的并行摄取、并行数据装载和分析成为可能。实际上，大多数的大数据都是非结构化或半结构化的，需要不同的技术和工具来处理和分析。

大数据最突出的特征是它的结构。图 1-8 显示了几种不同数据结构类型数据的增长趋势，由图可知，未来数据增长的 80%～90%将来自于不是结构化的数据类型（半、准和非结构化）。

实际上，有时这 4 种不同的、相分离的数据类型是可以被混合在一起的。例如，一个传统的关系数据库管理系统保存着一个软件支持呼叫中心的通话日志，这里有典型的结

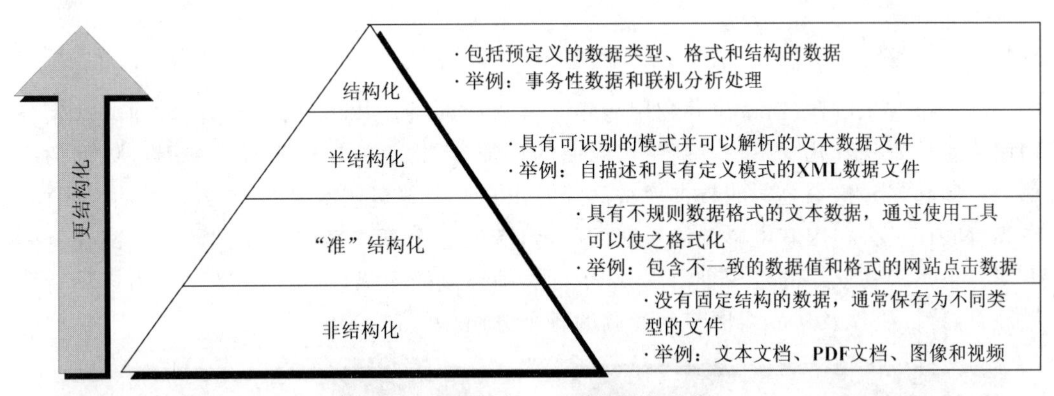

图 1-8 数据增长日益趋向非结构化

构化数据，如日期/时间戳、机器类型、问题类型、操作系统，这些都是在线支持人员通过图形用户界面上的下拉式菜单输入的。另外，还有非结构化数据或半结构化数据，如自由形式的通话日志信息，这些可能来自包含问题的电子邮件，或者技术问题和解决方案的实际通话描述。另外一种可能是与结构化数据有关的实际通话的语音日志或者音频文字实录。即使是现在，大多数分析人员还无法分析这种通话日志历史数据库中的最普通和高度结构化的数据，因为挖掘文本信息是一项强度很大的工作，并且无法简单地实现自动化。

人们通常最熟悉结构化数据的分析，然而，半结构化数据(XML)、“准”结构化数据(网站地址字符串)和非结构化数据代表了不同的挑战，需要不同的技术来分析。除了三种基本的数据类型以外，还有一种重要的数据类型为元数据。元数据提供了一个数据集的特征和结构信息，这种数据主要由机器生成并且能够添加到数据集中。搜寻元数据对于大数据存储、处理和分析是至关重要的一步，因为它提供了数据系谱信息以及数据处理的起源。元数据的例子包括：XML 文件中提供作者和创建日期信息的标签；数码照片中提供文件大小和分辨率的属性文件。

1.4 大数据应用改变生活

事实上人们每天都在体验着大数据应用带来的社会进步，例如，QQ、微信、脸书、谷歌搜索、领英以及推特等，大量数据为我们提供解析，也供我们娱乐。

脸书存储和使用的大数据形式包括用户资料、照片、信息及广告。通过分析这些数据，脸书能更好地理解用户，并判断该向用户呈现何种内容。推特每天处理的推文超过5亿，而数据分析的创业公司 Topsy 主营推文的实时分析，使用这些数据源在推特及其他平台顶部建立应用程序。谷歌抓取数十亿网页，并拥有大量的其他大数据源。例如，谷歌地图包含的海量数据，有实际街道位置，也有卫星图像、街道照片，甚至还有许多建筑的内部图。而领英掌握了数以百万计的在线简历以及人们如何相互联系的信息，它使用所有数据在数百万人当中帮助我们找到想要联系的人。

1.4.1 在线娱乐

潘多拉音乐电台(Pandora)利用约 400 首歌曲的特征找出可以推荐的歌曲。这家公司雇用音乐家找到几乎每一首新推出歌曲的特征,再将其特征作为音乐基因组计划的一部分存储起来。这家公司的数据库中已经有出自 9 万多名艺术家的 90 万首歌曲。同样,奈飞(Netflix)公司因其电影预测算法而闻名,借助这个算法来向观众推荐下一部要看的电影。奈飞最初依靠的是一个由约 40 个标签师组成的团队,对每部电影的一百多项特征做注释,特征则涉及从故事情节到音调的各个方面(见图 1-9)。

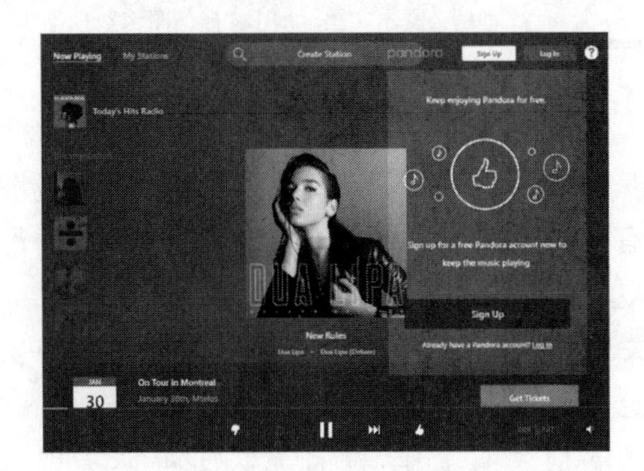

图 1-9 潘多拉音乐电台与奈飞在线影片提供商

这些应用程序的出现对企业的意义尤其重大。企业过去为了处理大数据需要建立和维护自己的基础设施,还在许多情况下开发自定义应用程序来分析这些数据。但现在,从在线广告一直到运营智能,各个领域发生的这一切都在积极改变中。

1.4.2 在线广告

为了确定向消费者呈现哪种广告,公司利用算法解决方案来实时处理海量数据。基于这种自动分析,它们能够算出哪种广告最适合消费者以及特定广告印象需要花费(索要)多少钱。例如,Rocket Fuel 平台需要每天处理约 130 亿次询问,Tum 平台日常需要处理约 300 亿广告决定以及 1.5 万亿顾客属性。同时,AdMeld(现为谷歌的一部分)与出版商合作,帮助他们优化广告投放。这些公司并非仅仅提供基本广告服务,它们还使用先进算法,在一系列数据源中分析各种属性,以优化广告投放。

营销人员将继续把更多的钱转移到在线广告投入中,表明这一领域很快会迎来增长和巩固。由于目前消费者和企业用户在移动设备上花费了大量时间,移动广告和移动分析也成为最具增长潜力的领域之一。

1.4.3 销售和营销

通过推出其 CRM(客户关系管理)“无软件”托管模式以替代 PeopleSoft 和其他内部部署必须运行的产品,Salesforce.com 改变了公司的客户关系管理方式。营销自动化公司,如甲骨文 Eloqua、Marketo 以及 Hubspot 已将公司的领导管理、需求生成以及电子邮件营销方式系统化。

但是,今天的营销人员面临着一系列新的挑战。他们必须管理并理解客户渠道众多的营销活动和交流互动。如今的营销人员需要确保公司对其网页进行优化,从而在谷歌和必应(Bing)上获得索引,并易于让潜在顾客找到。营销人员也需要确保经常在社会化媒体渠道如脸书、推特以及 Google Plus 上露面。这不仅是因为人们花时间在这些场所获取娱乐和信息,也由于谷歌越发重视社会化媒体,将之视为衡量某项内容重要性的方法。

应用性能监控公司 New Relic 负责市场营销的副总裁帕特里克·莫兰指出,营销人员也需要将其他数据源纳入考虑以充分了解他们的客户。这包括实际产品使用数据、线索来源以及有问题的订单信息。这些数据可以为营销人员提供最重要的解析,让他们知道哪些客户最有价值以及什么活动最有可能扭转局面。这样,他们就能根据相似的特征寻找其他潜在客户。

这一切都意味着将有大量的数据需要营销人员进行可视化处理和操作。弗雷斯特研究公司及营销自动化公司 Eloqua 前首席营销官,晶格科技首席营销官布莱恩·卡登暗示,未来的市场营销将在很大程度上受算法左右。华尔街交易曾经属于人类的职权范围,直到计算机算法交易取代了其位置。卡登设想营销也会有与之相似的未来,到时算法分析所有这些数据源,找到有效的模式,并告诉营销人员下一步要做什么。这种软件可能会告诉营销人员开展哪些活动,发送哪些电子邮件,博客写些什么,何时发出推文以及确定推文内容等。

最终,大数据营销应用不仅会对所有这些数据源进行分析,而且还将执行大量的工作,以优化基于数据的活动。像 BloomReach 这样的公司早已沿着这条路开发了基于算法的软件,以帮助电子商务企业优化其网站,直至其达到最高转化率。当然,营销创新部分仍然至关重要,营销人员仍然必须做出宏观决策,决定向何处投资以及如何进行产品定位。但是,营销的大数据应用程序将在推动目前与网络营销相关的人工操作系统自动化方面发挥重要作用。

1.4.4 数据可视化

由于数据访问变得更为普遍,可视化也越来越重要,现在越来越多的公司正在将交互式可视化工具嵌入到网站中,出版商则使用这种可视化服务为读者提供更深入的数据解析。大批企业协作和社交网络公司涌现出来,例如,Jive Software 公司和雅米公司(Yammer),它们让企业通信(包括内部和外部)变得更为社交化。

鉴于可视化是了解大型数据集和复杂关系的一种重要方式,将会不断出现新工具。这些工具所面临的挑战和机会,不仅是为了帮助人们做出更好的决策,也会应用到算法(或至少推动算法的发展)中,进行自动决策而无须人类参与。

1.4.5 运营智能

通过执行搜索和查看图表,公司能够了解服务器故障的原因和其他基础设施问题。但这并不需要建立自己的脚本和软件,因为企业开始依靠 Splunk 这样的新运营智能公司。Splunk 公司提供的软件包括基于内部部署的软件和基于云端的软件两种版本,IT

工程师利用其软件来分析服务器、网络设备和其他设备生成的大量日志数据。Splunk 公司也提供使用案例,涵盖了安全性和遵从性、应用程序管理、网络智能、业务分析等众多方面。

1.5 大数据准备度自我评分表

为开始我们的大数据应用与分析之旅,首先来完成一次大数据准备度的自我评价。

所谓 DELTTA 模式,即通过数据(Data)、企业(Enterprise)、领导团队(Leadership)、目标(Target)、技术(Technology)、分析(Analysis)这样一些元素分析,来判断组织在内部建立数据分析的能力。

《大数据准备度自我评分表》可用于判断企业(组织、机构)是否做好了实施大数据应用的准备,它根据 DELTTA 模式,每个因子有 5 个问题,每个问题的回答都分成 5 个等级,即非常不同意、有些不同意、普通、有些同意和非常同意。

除非有什么原因需要特别看重某些问题或领域,否则直接计算每项因子的平均得分,以求出该因子的得分。也可以再把各因子的得分结合起来,求出准备度的总得分。

用于评估大数据准备度的问题集适用于全公司,应该由熟悉全公司或该部门如何面对大数据的人来回答这些问题。

请记录:(假设)你所服务的企业的基本情况。

企业名称:________________________________

主要业务:________________________________

____

____

____

企业规模:□ 大型企业　　□ 中型企业　　□ 小型企业

请在表 1-1 中为你所定义的企业开展大数据应用进行自我评分,从中体会开展大数据应用与分析需要做的必要准备。

表 1-1 大数据准备度自我评分表

评价指标		分析测评结果					备注
		非常同意	有些同意	普通	有些不同意	非常不同意	
资料							
1	能取得极庞大的未结构化或快速变动的数据供分析之用						
2	会把来自多个内部来源的数据结合到数据仓库或数据超市,以利取用						

续表

评价指标		分析测评结果					备注
		非常同意	有些同意	普通	有些不同意	非常不同意	
资　料							
3	会整合内外部数据，借以对事业环境做有价值的分析						
4	对于所分析的数据会维持一致的定义与标准						
5	使用者、决策者以及产品开发人员，都信任我们数据的品质						
企　业							
6	会运用结合了大数据与传统数据分析的手法实现组织目标						
7	组织的管理团队可确保事业单位与部门携手合作，为组织决定大数据及数据分析的有限顺序						
8	会安排一个让数据科学家与数据分析专家能够在组织内学习与分享能力的环境						
9	大数据及数据分析活动与基础架构，将有充足资金及其他资源的支持，用于打造我们需要的技能						
10	会与网络同伴、顾客及事业生态系统中的其他成员合作，共享大数据内容与应用						
领导团队							
11	高层主管会定期思考大数据与数据分析可能为公司带来的机会						
12	高层主管会要求事业单位与部门领导者，在决策与事业流程中运用大数据与数据分析						
13	高层主管会利用大数据与数据分析引导策略性与战略性决策						
14	组织中基层管理者会利用大数据与数据分析引导决策						
15	高层管理者会指导与审核建置大数据资产（数据、人才、软硬件）的优先次序及建置过程						

续表

评价指标		分析测评结果					备注
		非常同意	有些同意	普通	有些不同意	非常不同意	
目标							
16	大数据活动会优先用来掌握有助于与竞争对手差异化、潜在价值高的机会						
17	运用大数据发展新产品与新服务业						
18	评估流程、策略与市场,以找出在公司内部运用大数据与数据分析的机会						
19	经常实施数据驱动的实验,以收集事业中哪些部分运作得顺利,哪些部分运作得不顺利						
20	在数据分析与数据的辅助下评价现有决策,以评估结构化的新数据是否能提供更好的模式						
技术							
21	已探索并行运算方法(如 Hadoop),或已用它来处理大数据						
22	善于在说明事业议题或决策时使用数据可视化手段						
23	已探索过以云端服务处理数据或进行数据分析,或是已实际这么做						
24	已探索过用开源软件处理大数据与数据分析,或是已实际这么做						
25	已探索过用于处理未结构化数据(或文字、视频或图片)的工具,或是已实际采用						
数据分析人员与数据科学家							
26	有足够的数据科学与数据分析人才,帮助实现数据分析的目标						
27	数据科学家与数据分析专家在关键决策与数据驱动的创新上提供的意见,受到高层管理者的信任						
28	数据科学家与数据分析专家能了解大数据与数据分析要应用在哪些事业范畴与程序上						

续表

	评 价 指 标	分析测评结果					备注
		非常同意	有些同意	普通	有些不同意	非常不同意	
数据分析人员与数据科学家							
29	数据科学家、量化分析师与数据管理专家,能有效以团队合作方式发展大数据与数据分析计划						
30	公司内部对员工设有培养数据科学与数据分析技能的课程(无论是内部课程还是与外面的组织合作开设)						
合 计							

说明:"非常同意"5 分,"有些同意"4 分,以此类推。全表满分为 150 分,你的测评总分为:________分。

请记录:根据《大数据准备度自我评分表》的分析判断,你认为所调查的企业(组织、机构)是否已经做好了实施大数据计划的准备。请具体分析。

答:____

____

____

____

作 业

1. 随着计算机技术全面和深度地融入社会生活,信息爆炸不仅使世界充斥着比以往更多的信息,而且其增长速度也在加快。信息总量的变化导致了(　　),量变引起了质变。

A. 数据库的出现　　B. 信息形态的变化

C. 网络技术的发展　　D. 软件开发技术的进步

2. 综合观察社会各个方面的变化趋势,我们能真正意识到信息爆炸或者说大数据的时代已经到来。不过,下面(　　)不是本章中提到的典型领域或行业。

A. 天文学　　B. 互联网公司

C. 医疗保险　　D. 医疗器械

3. 南加利福尼亚大学安嫩伯格通信学院的马丁·希尔伯特进行了一个比较全面的研究,他试图得出人类所创造、存储和传播的一切信息的确切数目。有趣的是,根据马丁·希尔伯特的研究,在 2007 年的数据中,(　　)。

A. 只有 7%是模拟数据,其余全部是数字数据

B. 只有 7%是数字数据,其余全部是模拟数据

C. 几乎全部是模拟数据

D. 几乎全部是数字数据

4. 如果仅仅是从数据量的角度来看的话，大数据在过去就已经存在了。现在和过去的区别之一，就是大数据已经不仅产生于特定领域中，而且还产生于我们每天的日常生活中。但是，下面（　　）不是促使大数据时代到来的主要动力。

A. 硬件性价比提高与软件技术进步

B. 云计算的普及

C. 大数据作为 BI 的进化形式

D. 贸易保护促进了地区经济的发展

5. 大数据，狭义上可以定义为（　　）。

A. 用现有的一般技术难以管理的大量数据的集合

B. 随着互联网的发展，在我们身边产生的大量数据

C. 随着硬件和软件技术的发展，数据的存储、处理成本大幅下降，从而促进数据大量产生

D. 随着云计算的兴起而产生的大量数据

6. “用现有的一般技术难以管理”是指（　　）。

A. 用目前在企业数据库占据主流地位的关系型数据库无法进行管理、具有复杂结构的数据

B. 由于数据量的增大，导致对非结构化数据的查询产生了数据丢失

C. 分布式处理系统无法承担如此巨大的数据量

D. 数据太少无法适应现有的数据库处理条件

7. 大数据的定义是一个被故意设计成主观性的定义，即并不定义大于一个特定数字的 TB 才叫大数据。随着技术的不断发展，符合大数据标准的数据集容量（　　）。

A. 稳定不变　　B. 略有精简

C. 也会增长　　D. 大幅压缩

8. 可以用 3 个特征相结合来定义大数据：（　　）。

A. 数量、数值和速度

B. 庞大容量、极快速度和多样丰富的数据

C. 数量、速度和价值

D. 丰富的数据、极快的速度、极大的能量

9. 数据多样性指的是大数据解决方案需要支持多种（　　）、不同类型的数据。数据多样性给企业带来的挑战包括数据聚合、数据交换、数据处理和数据存储等。

A. 不同大小　　B. 不同方向

C. 不同格式　　D. 不同语言

10.（　　）、传感器和数据采集技术的快速发展、通过云和虚拟化存储设施增加的信息链路，以及创新软件和分析工具，正在驱动着大数据。

A. 廉价的存储　　B. 昂贵的存储

C. 小而精的存储　　D. 昂贵且精准的存储

11. 在广义层面上为大数据下的定义是:“大数据,是一个综合性概念,它包括因具备3V特征而难以进行管理的数据,(　　)。”

A. 对这些数据进行存储、处理、分析的技术,以及能够通过分析这些数据获得实用意义和观点的人才和组织

B. 对这些数据进行存储、处理、分析的技术

C. 能够通过分析这些数据获得实用意义和观点的人才和组织

D. 数据科学家、数据工程师和数据工作者

12. 实际上,大多数的大数据都是(　　)的。

A. 结构化　　B. 非结构化

C. 非或半结构化　　D. 半结构化

13. 人们通常最熟悉结构化数据的分析。除了半结构化、“准”结构化和非结构化这三种基本数据类型以外,还有一种重要的数据类型为元数据,它主要由(　　),能够添加到数据集中。

A. 人工输入　　B. 机器生成

C. 自然产生　　D. 分析计算

大数据分析基础

【导读案例】

大数据生死时刻

在如今的经济生活大潮中，一个行业从草莽到合规，也许不得不经历几个周期。在2019年11月的前后三个月中，有多家数据公司被调查，数据行业动荡不断，行业持续收紧，七成数据接口被切断。一些大数据公司的爬虫团队被全部裁员，大量人员主动离职。据统计，至少有数万员工流出，行业人员流失率在50%以上。各家大数据公司的CEO每天都在朋友圈"打卡"，证明"我没被抓，我的公司也还在"。而另一边，合规的、有国资背景的大数据公司，却迎来了好时候。有的公司在短短三个月内，每个月业务翻一番。

有人说，这是行业面临的最大"生死劫"：有人死，却也有人生……

1. 行业大劫

大数据行业突然间被踩了刹车。这三个月，一些大数据公司的从业人员被收审、被调查的消息不断传出，行业人人自危。多家金融机构称，他们合作的数据接口大部分被切断，"70%的接口断了，其他的很多也不稳定，一周换了三次"。

首先停掉的是各种爬虫产品。一家大数据公司的创始人于建瑞在发现另一家爬虫公司被查之后，立即在公司召开紧急会议。"爬虫部门业务暂停，数据库和服务器上所有的爬虫数据全部删除，即便是脱了敏的。"于建瑞决定"壮士断臂"。

删除数据的第二天，爬虫部门"裁员十几人，转岗十几人"。"第三天，整个爬虫部门从公司完全消失。"于建瑞花了3天时间，将爬虫业务"抹除"。紧接着切断的是"三要素验证"。

在过去，各大运营商下面都接了很多代理商，后者会提供数据接口，进行电话、姓名等要素的验证。"最近电信停了很多代理商，现在基本不接了。"于建瑞称，最开始暂停的是电信，现在联通和移动也在"缩减代理商"，而各种多头借贷产品也纷纷下架。"天创、有盾的多头借贷产品都停了，市面上基本找不到多头借贷的产品了。"于建瑞称。

金融监管则开始要求自查。2019年11月6日，中国互联网金融协会向会员机构发布《关于增强个人信息保护意识依法开展业务的通知》，要求会员机构对数据合作方进行排查。"很多被调查的或者有风险业务的公司都被直接点名，监管要求自查是否和他们有过合作。"于建瑞称，"这其中包括公信宝、白骑士、天机数据、木立征信等多家公司"。

2019年10月24日，一张截图在网上流传。截图显示，中国人民银行发布紧急通知要求各地银行排查与第三方数据公司的合作情况。多家金融机构的工作人员也证实了这一点："尽管不同区域的要求可能略有不同，但都是要求停掉和风险公司的合作。"

业务停滞的同时，行业中也弥漫着惊恐的气息。于建瑞身边每天都有人失联，"出国的出国，被抓的被抓。""最近，各家大数据公司的CEO每天都在朋友圈打卡，比运动打卡都勤奋。"于建瑞称，这里的潜台词无非是"我没事，我们公司也还好着呢"。一家场景分期平台的HR前两天约好了一个面试，结果求职者没有出现，"后来听说他被抓了。"大数据突然成为高风险行业，行业内部掀起了一波离职潮。"这段时间，我们收到了大量来自数据行业的人员简历。"上述HR表示。

而各大数据公司也开始裁员。"榜上有名的数据公司几乎都在裁员。"一家金融机构的风控总监称，被裁的员工中差不多有一半是技术人员。"这些公司的裁员率和离职率起码有50%，技术部门甚至达到了70%。"

2. 成本激增

实际上，金融科技发展的基础和养料就是大数据，整个数据行业的停滞导致金融业务受到巨大影响。"80%的金融公司都收缩了"，于建瑞称。

一些平台只针对老客户放款，不再新增；稍微激进一点儿的平台开始凭感觉放款。"较为资深的从业者，都会对自己用户的画像有概念，大概知道哪些人是优质人群"，一家场景分期平台的风控总监李扬称。他们比对着过往的好客户画像和逾期客户画像来放款，"逾期率也还可控。"但如果想维持以前的业务量，就意味着各项成本的增加(见图2-1)。

图2-1 成本激增

首先是数据成本的增加。"正规的数据公司和央行征信，其实可以覆盖行业70%～80%的数据需求"，一家第三方征信机构的创始人王海峰表示。只是，金融行业需要付出更高的合规成本——合规的数据，价格自然要贵一些。"它们的成本高了约60%。"数据宝CEO汤寒林称。

其次是核验成本和人力成本的增加。摩托车分期服务商骑呗科技的风控专家姚奕称，受爬虫风波的影响，他们获取第三方数据的渠道减少了50%～70%。为了维持业务运转，他们只能要求用户提交更多的纸质资料并增加人手，用人工的方式核实用户信息。"之前查询一条信息，只需要一两秒，成本为几角钱到几元钱。现在靠人工核实，可能需要几分钟甚至十来分钟。"之前审核只要约10分钟，现在为30分钟。"此外，人力成本也增加了30%～50%。"

面对现在的数据困境，有一些平台尝试自建风控和爬虫。"搭建一套爬虫系统保守估计需要6个人，至少三个月，开发成本就得200万元。”于建瑞称。而后期的维护成本更高。“比如说，为了反爬虫，运营商的官网动不动就会来个页面调整，爬虫系统就得跟着改。”于建瑞称，后期每个月的维护成本还得50万元。

而自建风控系统的难度，同样意味着人力成本的高昂。“整个金融体系的成本保守估计增加了50%左右，人力、数据的成本大幅度增加，效率也会下降很多，”于建瑞称。

3. 未来如何

这不是数据行业的第一次大洗牌。数据行业最早的一批从业者都记得，早在2012年前后，中国的数据行业就曾经遭遇过一次大洗牌。2012年，央视“3·15”晚会曝光罗维邓白氏非法获取、买卖公民个人信息，罗维邓白氏全员被上海警方带走。

那一次之后，数据行业的暴利链条被打断，绝大部分从业者离开。留下来的人也心怀敬畏，不敢越界。“上一次实际上是为了捍卫数据主权，而这一次和上一次有本质的区别，是为了维护稳定——金融和数据结合得太深，暴力催收和套路贷引发了很多极端案件。”在数据行业有15年工作经验的资深从业者丁一称。

但现在市面上这些主流的大数据公司，大部分都是在2012年之后创立的。它们没有经历过上一次洗牌，也没有感受过历史的教训。“数据行业是一个什么样的行业，底线在哪里，他们中大部分人并不知道。”丁一称。而这一次和上次一样，大量人员离开，暴利链条被打断。

历史如此相似，数据行业仿佛又走完了一个轮回。丁一认为，这次洗牌也许并非坏事——行业重新回到一个新的起点，新的底线也被画好。而在腥风血雨中存活下来的合规公司，也渐渐熬出了头。“在过去，合规的数据公司根本活不下去，因为我们要付出更高的合规成本，”汤寒林称。

他举例称，他们并不缓存任何一条数据。而行业大部分的玩家，都是将调取的数据偷偷存起来，当数据越积越多时，数据公司就可以直接用缓存库里的数据，不再需要从接口调取。于是他们的销售价格就可以压到极低，“多卖一单就是赚。”“他们价格便宜，而且因为已经缓存下来了，所以响应时间也会比我们快，”汤寒林说。在惨烈的市场竞争中，劣币将驱逐良币。

而如今，合规的数据公司成了“香饽饽”。一家有国企背景的数据公司创始人透露：“最近三个月，我们每个月的业务量都翻一番。”而一些巨头旗下的大数据平台，也突然间变得门庭若市。“排队等着接我们的服务，咨询量也暴增。”一家巨头旗下的云平台销售称，他们最近正准备扩充团队。

关于大数据行业的未来，从业者认为“持牌”将是一个关键词。“或许，第三方大数据公司将会持牌经营。”一家数据公司的负责人夏睿预测，到那时，行业内应该只剩下几家头部公司，小公司存活的可能性不大。合规、持牌可能会成为未来大数据行业的主旋律。

丁一认为，一个行业从草莽到合规，确实要经历几个周期，“只有暴利链条被打断，这些守规矩的人才可以重新奔跑。”“你还准备留在大数据行业吗?”最近，很多人问于建瑞。“市场和需求还在，只是划了新的跑道，我还是会在”，他说。只是这一次，他会更加心怀敬畏。

资料来源：欧拉. 大数据生死时刻：七成数据接口被切断，数万员工离开行业. 大数据综合科技，一本财经.2019-11-30.

阅读上文,请思考、分析并简单记录。

(1) 请深度思考,这篇短文说了一件什么事情?其中深刻的道理是什么?

答:____

____

____

(2)"这不是数据行业的第一次大洗牌。"2012 年行业经历过类似的风波。你认为,人们为什么不容易记住历史的教训?

答:____

____

____

____

(3) 请简述,未来的大数据行业应该何去何从?在打"擦边球"和"合规"之间,作为从业者,你会如何做选择?为什么?

答:____

____

____

____

(4) 请简单描述你所知道的上一周发生的国际、国内或者身边的大事。

答:____

____

____

____

2.1 大数据的影响

"大数据"是指那些在数量、种类和速度三个维度的任一维度上都很"大"的数据集。大数据技术已经改变了分析的现状,并且需要一个新的方法——就是我们所说的"现代分析"。

"大数据分析"在很多情况下又称为"大数据预测分析"。数据分析是数据处理流程的核心(见图 2-2),因为数据中所蕴藏的价值就产生于分析的过程,它和以往数据分析最重要的差别在于数据量的急剧增长,也正因为此,使得对于数据的存储、查询以及分析的要求迅速提高。

大数据有多"大"?就分析而言,我们为大数据下一个不同的定义:如果数据满足以下任何一个条件,那么就视其为大数据。

(1) 分析数据集非常大,以至于无法匹配到单台机器的内存中。

(2) 分析数据集非常大,以至于无法移到一个传统的专用分析平台上。

(3) 分析的源数据存储在一个大数据存储库中,例如,Hadoop、MPP 数据库、NoSQL 数据库或者 NewSQL 数据库。

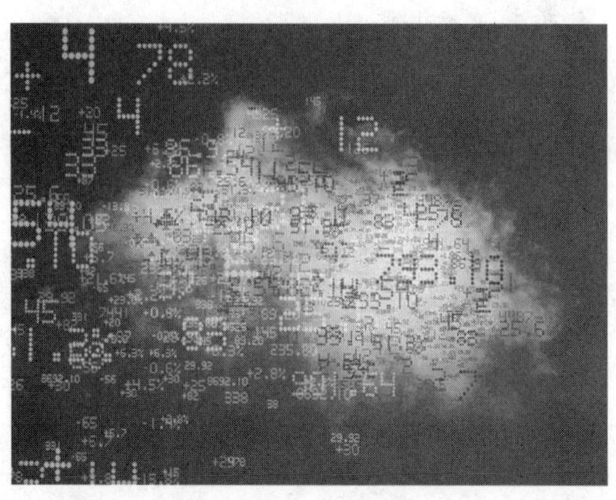

图 2-2　数据分析

当分析师在矩阵或者表格中处理结构化数据时，“数量”意味着更多的行、更多的列或者两者都有。分析师日常使用随机采样记录的数据集，包含数以百万计甚至数以亿计的行，然后使用样本来训练和验证预测模型。如果目标是为总体建立单个预测模型，建模行为发生率相对较高而且在总体中发生较为均匀，采样的效果会非常好。但是，使用现代分析技术，采样变成了一个可选择的方法，不会因为计算资源有限而成为分析师必须使用的方法。

将更多的行加入分析数据集中，会对分析产生截然不同的影响。改善预测模型效果最有效的方法是加入具有信息价值的新变量，但是你不会总是事先知道什么变量将给一个模型增加价值。这意味着，当增加一个量到一个分析数据集中，需要工具来使分析师能够很快浏览众多变量，进而找到那些能够给预测模型增加价值的变量。

有多个行和列也意味着有更多的方法来确定一个预测模型。例如，一个应答指标和五个预测因子的分析数据集——一个在任何标准下都算小的数据集。五个预测因子有29 个特定组合作为主要影响，如果考虑到预测因子的相互作用和各种转换，将会有许多其他可能的模型形式。可能的模型形式的数量会随着变量的增加而呈爆炸性增长，那些能使分析师有效搜索到最佳模型的方法和技术就会非常有用。

“种类”意味着所处理的数据不是矩阵或表格形式的结构化数据。本质上，这不是新的，分析师已经处理许多不同格式的数据多年，而文本挖掘也是一个成熟的领域。大数据趋势下带来的最重要的变化是分析数据存储中非结构化格式的大规模应用，以及越来越多的人认识到非结构化数据——网络日志、医疗服务提供者记录、社会媒体评论等，为预测建模提供了显著的价值。这意味着分析师规划和建立公司分析架构工具时必须考虑非结构数据。

“速度”在两个方面影响着预测分析：数据源和目标。分析师处理流数据，例如，赛车的遥测或者医院 ICU 监控设备的实时反馈，必须使用特殊的技术来采样和观测数据流，这些技术将连续的流转换成一个独立的时间序列以便于分析。

当分析师试图对流数据应用预测分析时，例如，在一个实时评分中，大多数组织在对单个交易进行评分时将会使用一个能够提供高性能的专门决策引擎。

2.2 数据具有内在预测性

现实中大部分数据的堆积都不是为了预测,但预测分析系统能从这些庞大的数据中学到预测未来的能力,正如人们可以从自己的经历中汲取经验教训那样。我们敬畏数据的庞大数量,但规模是相对的,数据最激动人心的不是其数量,而是数量的增长速度。

世上万物均有关联,这在数据中也有反映。例如:

(1) 你的购买行为与你的消费历史、在线习惯、支付方式以及社会交往人群相关。数据能从这些因素中预测出消费者的行为。

(2) 你的身体健康状况与生命选择和环境有关,因此数据能通过小区以及家庭规模等信息来预测你的健康状态。

(3) 你对工作的满意程度与你的工资水平、表现评定以及升职情况相关,而数据则能反映这些现实。

(4) 经济行为与人类情感相关,因此数据也将反映这种关系。

数据科学家通过预测分析系统不断地从数据集中找到规律。如果将数据整合在一起,尽管你不知道自己将从这些数据里发现什么,但至少能通过观测解读数据语言来发现某些内在联系。

预测常常是从小处入手。预测分析是从预测变量开始的,这是对个人单一值的评测。近期性就是一个常见的变量,表示某人最近一次购物、最近一次犯罪或最近一次发病到现在的时间。近期值越接近现在,观察对象再次采取行动的概率就越高。许多模型的应用都是从近期表现最积极的人群开始的,无论是试图建立联系、开展犯罪调查,还是进行医疗诊断。

与此相似,频率——描述某人做出相同行为的次数也是常见且富有成效的指标。如果有人此前经常做某事,那么他再次做这件事的概率就会很高。实际上,预测就是根据人的过去行为来预见其未来行为。因此,预测分析模型不仅要靠那些枯燥的基本人口数据,例如住址、性别等,而且也要涵盖近期性、频率、购买行为、经济行为以及电话和上网等产品使用习惯之类的行为预测变量。这些行为通常是最有价值的,因为我们要预测的就是未来是否还会出现这些行为,这就是通过行为来预测行为的过程。

预测分析系统会综合考虑数十项甚至数百项预测变量。把个人的全部已知数据都输入系统,然后等着系统运转。系统内综合考量这些因素的核心学习技术正是科学的魔力所在。

2.3 大数据分析的定义

大数据是一个含义广泛的术语,是如此庞大而复杂的,需要专门设计的硬件和软件工具进行处理的大数据集。这些数据集收集自各种各样的来源:传感器,气象信息,公开信息如杂志、报纸、文章等。大数据产生的其他例子包括购买交易记录、网络日志、病历、监控、视频和图像档案以及大型电子商务。

传统批处理数据分析的典型场景是这样的：在整个数据集准备好后，在整体中进行统计抽样。然而，出于理解流式数据的需求，大数据可以从批处理转换成实时处理。这些流式数据、数据集不停地积累，并且以时间顺序排序。由于分析结果有存储期(保质期)，流式数据强调及时处理，无论是识别向当前客户继续销售的机会，还是在工业环境中发觉异常情况后需要进行干预以保护设备或保证产品质量，时间都是至关重要的。

在不同行业中，那些专门从事行业数据的收集、对收集的数据进行整理、对整理的数据进行深度分析，并依据数据分析结果做出行业研究、评估和预测的工作被称为数据分析。大数据分析，是指用适当的方法对收集来的大量数据进行分析，提取有用信息和形成结论，从而对数据加以详细研究和概括总结的过程。或者，顾名思义，大数据分析是指对规模巨大的数据进行分析。大数据分析是大数据到信息，再到知识的关键步骤。如果分析者熟悉行业知识、公司业务及流程，对自己的工作内容有一定的了解，比如熟悉行业认知和公司业务背景，这样的分析结果就会有很大的使用价值。

大数据分析结合了传统统计分析方法和计算分析方法，在研究大量数据的过程中寻找模式、相关性和其他有用的信息，帮助企业更好地适应变化并做出更明智的决策。

首先，要列出搭建数据分析框架的要求，例如确定分析思路就需要用到营销、管理等理论知识；另一方面是针对数据分析结论提出有指导意义的分析建议。能够掌握数据分析基本原理与一些有效的数据分析方法，并能灵活运用到实践工作中，这对于开展数据分析起着至关重要的作用。数据分析方法是理论，而数据分析工具就是实现数据分析方法理论的工具，面对越来越庞大的数据，必须依靠强大的数据分析工具帮我们完成数据分析工作。

(1) 数据分析可以让人们对数据产生更加优质的诠释，而具有预知意义的分析可以让分析者根据可视化分析和数据分析后的结果做出一些预测性的推断。

(2) 大数据的分析与存储和数据的管理是一些数据分析层面的最佳实践。通过规范的流程和工具对数据进行分析，可以保证一个预先定义好的高质量的分析结果。

(3) 不管使用者是数据分析领域中的专家还是普通的用户，作为数据分析工具的数据可视化可以直观地展示数据，让数据自己表达，让客户得到理想的结果。

(4) 只有经过分析的数据才能对用户产生重要的价值，所以大数据的分析方式在IT领域显得格外重要，是决定最终信息是否有价值的决定性因素。

2.4 4种数据分析方法

数据分析是一个通过处理数据，从中发现一些深层知识、模式、关系或是趋势的过程，它的总体目标是做出更好的决策。通过数据分析，可以对分析过的数据建立起关系与模式。

数据分析学是一个包含数据分析，且比数据分析更为宽泛的概念，这门学科涵盖了对整个数据生命周期的管理，而数据生命周期包含数据收集、数据清理、数据组织、数据分析、数据存储以及数据管理等过程。此外，数据分析学还包括分析方法、科学技术、自动化分析工具等。在大数据环境下，数据分析学发展了数据分析在高度可扩展的、大量分布式技术和框架中的应用,使之有能力处理大量的来自不同信息源的数据。

不同的行业会以不同的方式使用大数据分析工具和技术,例如:

(1) 在商业组织中,利用大数据的分析结果能降低运营开销,有助于优化决策。

(2) 在科研领域,大数据分析能够确认一个现象的起因,并且能基于此提出更为精确的预测。

(3) 在服务业领域,如公众行业,大数据分析有助于人们以更低的开销提供更好的服务。

大数据分析使得决策有了科学基础,现在做决策可以基于实际的数据而不仅依赖于过去的经验或者直觉。根据分析结果的不同,大致可以将分析归为 4 类,即描述性分析、诊断性分析、预测性分析和规范性分析(见图 2-3)。不同的分析类型需要不同的技术和分析算法,这意味着在传递多种类型的分析结果的时候,可能会有大量不同的数据、存储、处理要求,生成的高质量分析结果将加大分析环境的复杂性和开销。每一种分析方法都对业务分析具有很大的帮助,同时也应用在数据分析的各个方面。

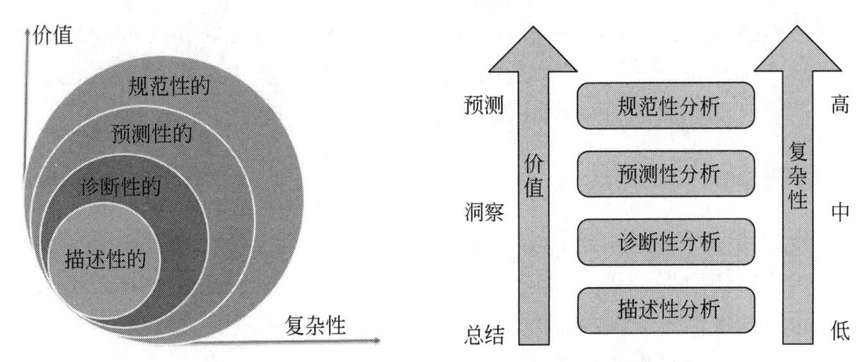

图 2-3 4 种数据分析方法的价值和复杂性不断提升

2.4.1 描述性分析

描述性分析是最常见的分析方法,是探索历史数据并描述发生了什么,是对已经发生的事件进行问答和总结。这一层次包括发现数据规律的聚类、相关规则挖掘、模式发现和描述数据规律的可视化分析,这种方法向数据分析师提供了重要指标和业务的衡量方法。这种形式的分析需要将数据置于生成信息的上下文中考虑。例如,每月的营收和损失账单,分析师可以通过这些账单获取大量的客户数据。如图 2-4 所示,从图中可以明确地看到哪些商品达到了销售量预期。利用可视化工具,能够有效地增强描述型分析所提供的信息。

相关问题可能包括以下几个。

(1) 过去 12 个月的销售量如何?

(2) 根据事件严重程度和地理位置分类,收到的求助电话的数量如何?

(3) 每一位销售经理的月销售额是多少?

据估计,生成的分析结果 80%都是自然可描述的。描述性分析提供的价值较低,但也只需要相对基础的训练集。

进行描述性分析常常借助 OLTP(联机事务处理过程)、CRM(客户关系管理系统)、

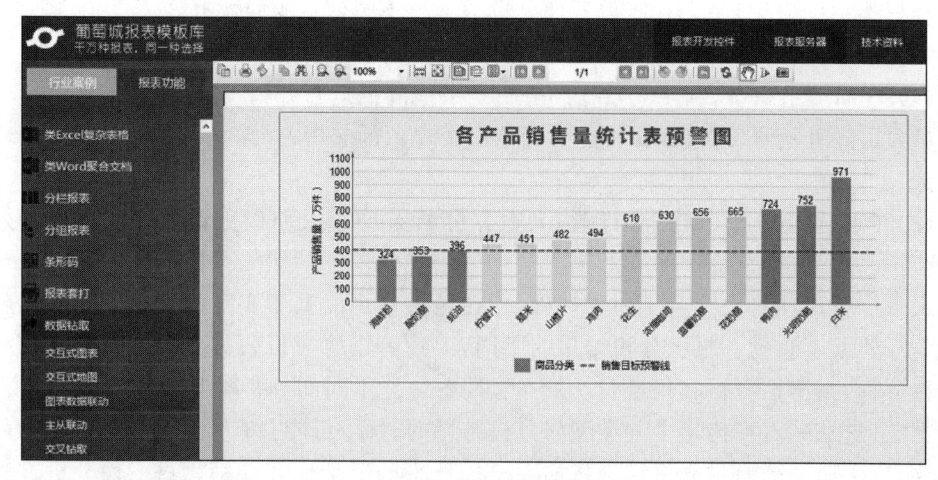

图 2-4　各产品销售量统计表预警图

ERP(企业资源规划系统)等信息系统，经过描述性分析工具的处理生成即席报表或者数据仪表板。报表常常是静态的，并且是以数据表格或图表形式呈现的历史数据。查询处理往往基于企业内部存储的可操作数据，例如 CRM 或者 ERP。

2.4.2　诊断性分析

诊断性分析旨在寻求一个已发生事件的发生原因。这类分析通过评估描述性数据，利用诊断分析工具让数据分析师深入分析数据，钻取数据核心。其目标是通过获取一些与事件相关的信息来回答有关的问题，最后得出事件发生的原因。

相关的问题可能包括以下几个。

(1) 为什么 Q2 商品比 Q1 商品卖得多?

(2) 为什么来自东部地区的求助电话比来自西部地区的多?

(3) 为什么最近三个月内病人再入院的比例有所提升?

诊断性分析是基于分析处理系统中的多维数据进行的。与描述性分析相比，诊断性分析的查询处理更加复杂，它比描述性分析提供了更加有价值的信息，但同时也要求更加高级的训练集。诊断性分析常常需要从不同信息源收集数据，并以一种易于进行下钻和上卷分析的结构加以保存。诊断性分析的结果可以由交互式可视化界面显示，让用户能够清晰地了解模式与趋势。

2.4.3　预测性分析

预测性分析用于预测未来的概率和趋势，例如，基于逻辑回归的预测、基于分类器的预测等。预测性分析预测事件未来发生的可能性、预测一个可量化的值，或者是预估事情发生的时间点，这些都可以通过预测模型来完成。通过预测性分析，信息将得到增值，它主要表现在信息之间是如何相关的。这种相关性的强度和重要性构成了基于过去事件对未来进行预测的模型的基础。这些用于预测性分析的模型与过去已经发生的事件的潜在条件是隐式相关的，如果这些潜在的条件改变了，那么用于预测性分析的模型也需要进行更新。

预测模型通常会使用各种可变数据来实现预测。数据成员的多样化与预测结果密切相关。在充满不确定性的环境下，预测能够帮助做出更好的决定。预测模型也是很多领域正在使用的重要方法。如图 2-5 所示的“销售额与销售量对比分析”，可以分析出全面的销售量和销售额基本呈上升趋势，借此可推断下一年的基本销售趋势。

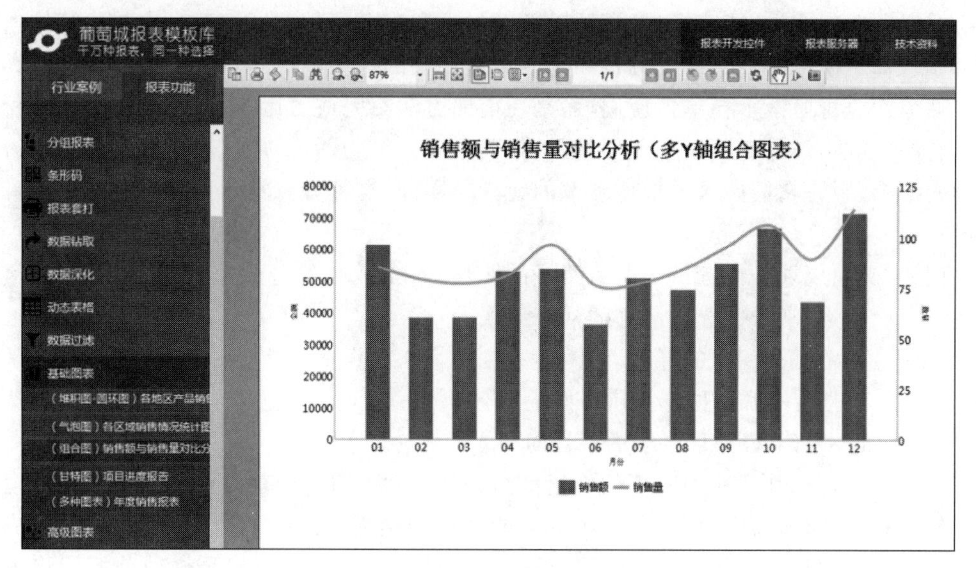

图 2-5 预测基本销售趋势

预测性分析提出的问题常常以假设的形式出现，例如：

(1) 如果消费者错过了一个月的还款，那么他无力偿还贷款的概率有多大？

(2) 如果以药品 B 来代替药品 A 的使用，那么这个病人生存的概率有多大？

(3) 如果一个消费者购买了商品 A 和商品 B，那么他购买商品 C 的概率有多大？

预测性分析尝试着基于模式、趋势以及来自于历史数据和当前数据的期望，来预测事件的结果，这将让我们能够分辨风险与机遇。这种类型的分析涉及包含外部数据和内部数据的大数据集以及多种分析方法。与描述性分析和诊断性分析相比，这种分析显得更有价值，同时也要求更加高级的训练集。如图 2-6 所示，这种工具通常通过提供用户友好的前端接口对潜在的错综复杂的数据进行抽象。

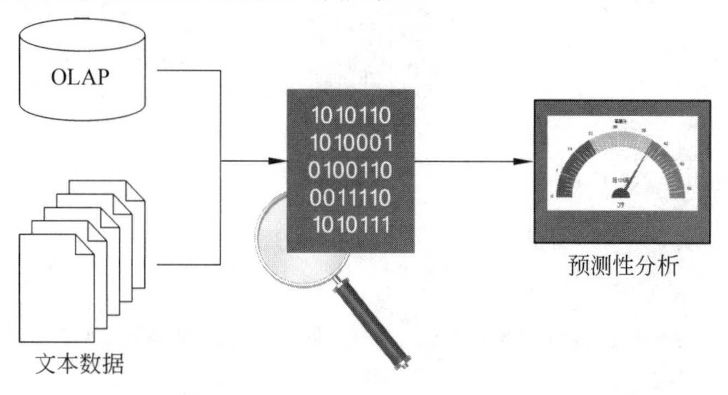

图 2-6 预测性分析能够提供用户友好型的前端接口

2.4.4 规范性分析

规范性分析建立在预测性分析的结果之上，基于对“发生了什么”“为什么会发生”和“可能发生什么”的分析，规范需要执行的行动，帮助用户决定应该采取什么措施。规范性分析根据期望的结果、特定场景、资源以及对过去和当前事件的了解对未来的决策给出建议，例如，基于模拟的复杂系统分析和基于给定约束的优化解生成。

规范性分析通常不会单独使用，而是在前面方法都完成之后，最后需要完成的分析方法。它注重的不仅是哪项操作最佳，还包括其原因。换句话说，规范性分析提供了经得起质询的结果，因为它们嵌入了情境理解的元素。因此，这种分析常常用来建立优势或者降低风险。

例如，交通规划分析考量了每条路线的距离、每条线路的行驶速度，以及目前的交通管制等方面因素，来帮助选择最好的回家路线。

下面是两个这类问题的样例。

(1) 三种药品中哪一种能提供最好的疗效？

(2) 何时才是抛售一只股票的最佳时机？

规范性分析比其他三种分析的价值都高，同时还要求最高级的训练集，甚至是专门的分析软件和工具。这种分析将计算大量可能出现的结果，并且推荐出最佳选项。解决方案从解释性的到建议性的均有，同时还能包括各种不同情境的模拟。这种分析能将内部数据与外部数据结合起来。内部数据可能包括当前和过去的销售数据、消费者信息、产品数据和商业规则。外部数据可能包括社会媒体数据、天气情况、政府公文等。如图 2-7 所示，规范性分析涉及利用商业规则和大量的内外部数据来模拟事件结果，并且提供最佳的做法。

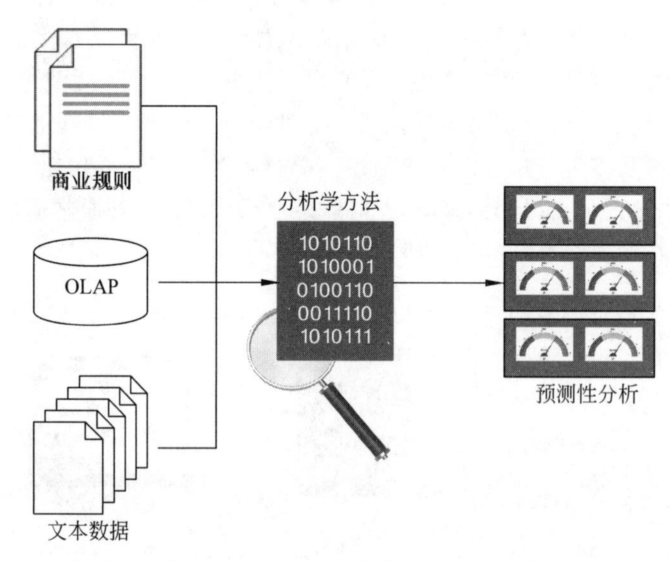

图 2-7　规范性分析通过引入商业规则、内部数据以及外部数据来进行深入彻底的分析

2.4.5 关键绩效指标

关键绩效指标(KPI)是一种用来衡量一次业务过程是否成功的度量标准。它与企业整体的战略目标和任务相联系。同时,它常常用来识别经营业绩中的一些问题,以及阐释一些执行标准。因此,KPI通常是一个测量企业整体绩效的特定方面的定量参考指标。KPI常常通过专门的仪表板显示。仪表板将多个关键绩效指标联合起来展示,并且将实测值与关键绩效指标阈值相比较。

2.5 定性分析与定量分析

定性分析与定量分析都是一种数据分析技术。其中,定性分析专注于用语言描述不同数据的质量。与定量分析相对比,定性分析涉及分析相对小而深入的样本。由于样本很小,这些分析结果不能适用于整个数据集,它们也不能测量数值或用于数值比较。例如,冰激凌销量分析可能揭示了5月份销量图不像6月份一样高。分析结果仅仅说明了"不像它一样高",而并未提供数字偏差。定性分析的结果是描述性的,即用语言对关系的描述。

定量分析专注于量化从数据中发现的模式和关联。基于统计实践,这项技术涉及分析大量从数据集中得到的观测结果。因为样本容量极大,其结果可以被推广,在整个数据集中都适用。定量分析结果是绝对数值型的,因此可以被用在数值比较上。例如,对于冰激凌销量的定量分析可能发现:温度上升5℃,冰激凌销量提升15%。

2.6 大数据分析的行业作用

大数据分析是一种统计或数据挖掘解决方案,可在结构化和非结构化数据中使用以确定未来结果的算法和技术,用于预测、优化、预报和模拟等许多用途。预测分析和假设情况分析可帮助用户评审和权衡潜在决策的影响力,用来分析历史模式和概率,以预测未来业绩并采取措施。

2.6.1 大数据分析的作用

大数据分析的主要作用如下。

(1) 决策管理。这是用来优化并自动化业务决策的一种卓有成效的成熟方法(见图2-8),通过预测分析让组织能够在制定决策以前有所行动,以便预测哪些行动在将来最有可能获得成功,优化成果并解决特定的业务问题。

决策管理包括管理自动化决策设计和部署的各个方面,供组织管理其与客户、员工和供应商的交互。从本质上讲,决策管理使优化的决策成为企业业务流程的一部分。由于闭环系统不断将有价值的反馈纳入到决策制定过程中,所以,对于希望对变化的环境做出即时反应并最大化每个决策的组织来说,它是非常理想的方法。

当今世界,竞争的最大挑战之一是组织如何在决策制定过程中更好地利用数据。可

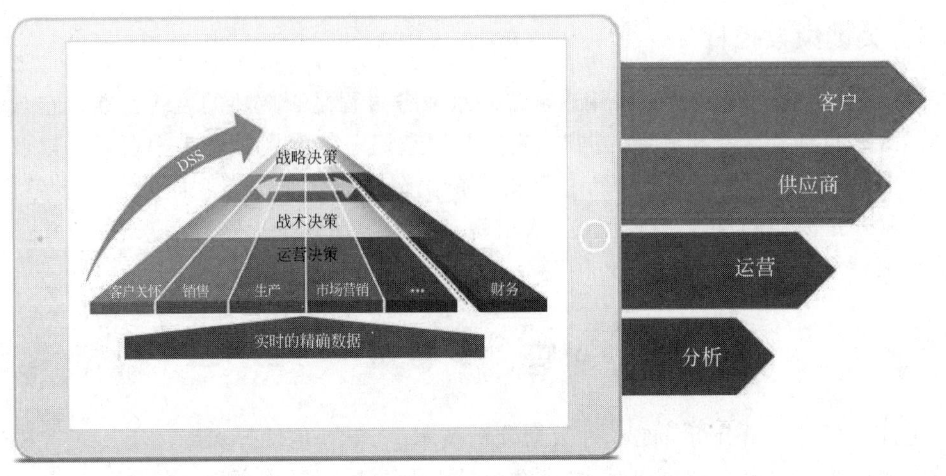

图 2-8 决策管理

用于企业以及由企业生成的数据量非常高且以惊人的速度增长，而与此同时，基于此数据制定决策的时间段却非常短，且有日益缩短的趋势。虽然业务经理可以利用大量报告和仪表板来监控业务环境，但是使用此信息来指导业务流程和客户互动的关键步骤通常是手动的，因而不能及时响应变化的环境。希望获得竞争优势的组织必须寻找更好的方式。

决策管理使用决策流程框架和分析来优化并自动化决策，通常专注于大批量决策并使用基于规则和基于分析模型的应用程序实现决策。对于传统上使用历史数据和静态信息作为业务决策基础的组织来说，这是一个突破性的进展。

(2) 滚动预测。预测是定期更新对未来绩效的当前观点，以反映新的或变化中的信息的过程，是基于分析当前和历史数据来决定未来趋势的过程。为应对这一需求，许多公司正在逐步采用滚动预测方法。

7×24h 的业务运营影响造就了一个持续而又瞬息万变的环境，风险、波动和不确定性持续不断。并且，任何经济动荡都具有近乎实时的深远影响。毫无疑问，对于这种变化感受最深的是 CFO(财务总监)和财务部门。虽然业务战略、产品定位、运营时间和产品线改进的决策可能是在财务部门外部做出，但制定这些决策的基础是财务团队使用绩效报告和预测提供的关键数据和分析。具有前瞻性的财务团队意识到传统的战略预测不能完成这一任务，他们正在迅速采用更加动态的、滚动的和基于驱动因子的方法。

在这种环境中，预测变为一个极其重要的管理过程。为了抓住正确的机遇，为了满足投资者的要求，以及在风险出现时对其进行识别，很关键的一点就是深入了解潜在的未来发展，管理不能再依赖于传统的管理工具。在应对过程中，越来越多的企业已经或者正准备从静态预测模型转型到一个利用滚动时间范围的预测模型。

采取滚动预测的公司往往有更高的预测精度，更快的循环时间，更好的业务参与度和更多明智的决策制定。滚动预测可以对业务绩效进行前瞻性预测；为未来计划周期提供一个基线；捕获变化带来的长期影响；与静态年度预测相比，滚动预测能够在觉察到业务决策制定的时间点得到定期更新，并减轻财务团队巨大的行政负担。

(3) 预测分析与自适应管理。稳定、持续变化的工业时代已经远去,现在是一个不可预测、非持续变化的信息时代,未来还将变得更加无法预测。企业员工需要具备更高的技能,创新的步伐将进一步加快,价格将会更低,顾客将具有更多发言权。

为了应对这些变化,CFO(财务总监)们需要一个能让各级经理快速做出明智决策的系统。他们必须将年度计划周期替换为更加常规的业务审核,通过滚动预测提供支持,让经理能够看到趋势和模式,在竞争对手之前取得突破,在产品与市场方面做出更明智的决策。具体来说,CFO需要通过持续计划周期进行管理,让滚动预测成为主要的管理工具,每天和每周报告关键指标。同时需要注意使用滚动预测改进短期可见性,并将预测作为管理手段,而不是度量方法。

2.6.2 大数据分析的关键应用

作为大数据时代的核心内容,大数据的预测分析已在商业和社会中得到广泛应用。随着越来越多的数据被记录和整理,未来预测分析必定会成为所有领域的关键技术。例如:

(1) 预测分析帮助制造业高效维护运营并更好地控制成本。一直以来,制造业面临的挑战是在生产优质商品的同时在每一步流程中优化资源。多年来,制造商已经制定了一系列成熟的方法来控制质量、管理供应链和维护设备。如今,面对着持续的成本控制工作,管理人员、维护工程师和质量控制的监督执行人员都希望知道如何在维持质量标准的同时避免昂贵的非计划停机时间或设备故障,以及如何控制维护、修理和大修业务的人力和库存成本。此外,财务和客户服务部门的管理人员,以及高级别的管理人员,与生产流程能否很好地交付成品息息相关。

(2) 犯罪预测与预防,预测分析利用先进的分析技术营造安全的公共环境。为确保公共安全,执法人员一直主要依靠个人直觉和可用信息来完成任务。为了能够更加智慧地工作,许多警务组织正在充分合理地利用他们获得和存储的结构化信息(如犯罪和罪犯数据)和非结构化信息(在沟通和监督过程中取得的影音资料)。通过汇总、分析这些庞大的数据,得出的信息不仅有助于了解过去发生的情况,还能够帮助预测将来可能发生的事件。

利用历史犯罪事件、档案资料、地图和类型学以及诱发因素(如天气)和触发事件(如假期或发薪日)等数据,警务人员将可以:确定暴力犯罪频繁发生的区域;将地区性或全国性流氓团伙活动与本地事件进行匹配;剖析犯罪行为以发现相似点,将犯罪行为与有犯罪记录的罪犯挂钩;找出最可能诱发暴力犯罪的条件,预测将来可能发生这些犯罪活动的时间和地点;确定重新犯罪的可能性。

(3) 预测分析帮助电信运营商更深入地了解客户。受技术和法规要求的推动,以及基于互联网的通信服务提供商和模式的新型生态系统的出现,电信提供商要想获得新的价值来源,需要对业务模式做出根本性的转变,并且必须有能力将战略资产和客户关系与旨在抓住新市场机遇的创新相结合。预测和管理变革的能力将是未来电信服务提供商的关键能力。

2.6.3 大数据分析的能力分析

在大数据背景下，对数据的有效存储以及良好的分析利用变得越来越急迫，而数据分析能力的高低决定了大数据中价值发现过程的好坏与成败。

从实际操作的角度看，“大数据分析”需要通过对原始数据进行分析来探究一种模式，寻找导致现实情况的根源因素，通过建立模型与预测来进行优化，以实现社会运行中各个领域的持续改善与创新。

从行业实践的角度看，只有少数几个行业的部分企业能够对大数据进行基本分析和运用，并在业务决策中以数据分析结果为依据。这些行业主要集中在银行与保险、电信与电商等领域，但数据分析的深度尚可，广度不够，尚未扩充到运营管理的各个领域；而中小银行在数据分析方面的人员与能力建设尚处于起步阶段，多数行业在 IT 方向的开支还主要集中在公司日常的流程化管理领域。

从技术发展的角度看，一些已经较为成熟的数据分析处理技术，例如，商业智能和数据挖掘，在一些行业里得到广泛和深入的应用。最典型的就是电商行业，运用这些技术对行业数据进行分析，对提高行业的整体运行效率以及增加行业利润都起到了极大的推动作用。但对于像 Hadoop、非结构化数据库、数据可视化工具以及个性化推荐引擎这样的新技术，其较高的技术门槛和高昂的运营维护成本使得只有少数企业能够将其运用到深入分析行业数据中。

从数据来源的角度看，在能够实现数据化运营的企业中，绝大多数仅完成了依靠企业自身所产生的数据解决自身所面临的问题，并且是依据问题来收集所需要的数据。而仅有极少数互联网企业能够发挥出大数据分析的真正价值：同时运用企业外部和内部的数据来解决企业自身的问题，通过数据分析预测可能出现的问题，并依据数据分析的结果进行商业决策。在一定程度上实现了由数据化运营向运营数据的转变。

2.6.4 大数据分析面临的问题

大数据分析存在的主要问题如下。

(1) 数据存储问题。随着技术不断发展，数据量从 TB 上升至 PB、EB 量级，如果还用传统的数据存储方式，必将给大数据分析造成诸多不便，这就需要借助数据的动态处理技术，即随着数据的规律性变更和显示需求，对数据进行非定期的处理。同时，数量极大的数据不能直接使用传统的结构化数据库进行存储，人们需要探索一种适合大数据的数据存储模式，也是当下应该着力解决的一大难题(见图 2-9)。

(2) 分析资源调度问题。大数据产生的时间点，数据量都是很难计算的，这就是大数据的一大特点——不确定性。所以需要确立一种动态响应机制，对有限的计算、存储资源进行合理的配置及调度。另外，如何以最小的成本获得最理想的分析结果也是一个需要考虑的问题。

(3) 专业的分析工具。在发展数据分析技术的同时，传统的软件工具不再适用，而距离开发出能够满足大数据分析需求的通用软件还有一定距离。如若不能对这些问题做出处理，在不久的将来大数据的发展就会进入瓶颈，甚至有可能出现一段时间的滞留期，难

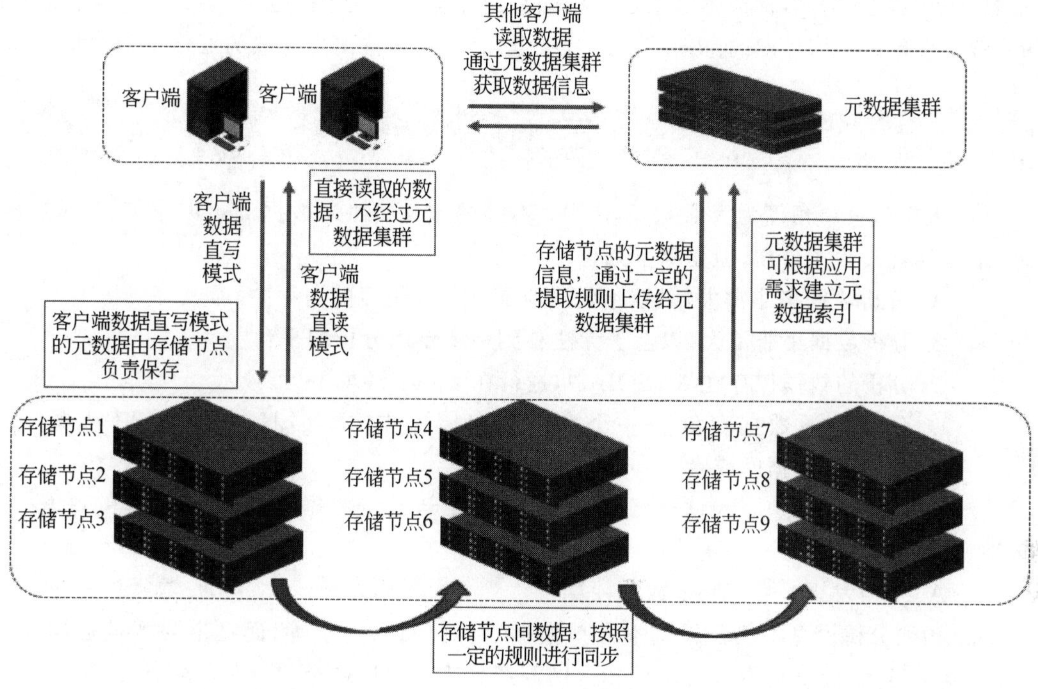

图 2-9　分布式存储方案

以持续起到促进经济发展的作用。

(4) 多源数据融合问题。是指利用相关手段将调查、分析获取到的所有信息全部综合到一起，并对信息进行统一的评价，最后得到统一信息的技术(见图 2-10)。其目的是将各种不同的数据信息进行综合，吸取不同数据源的特点，然后从中提取出统一的，比单一数据更好、更丰富的信息。

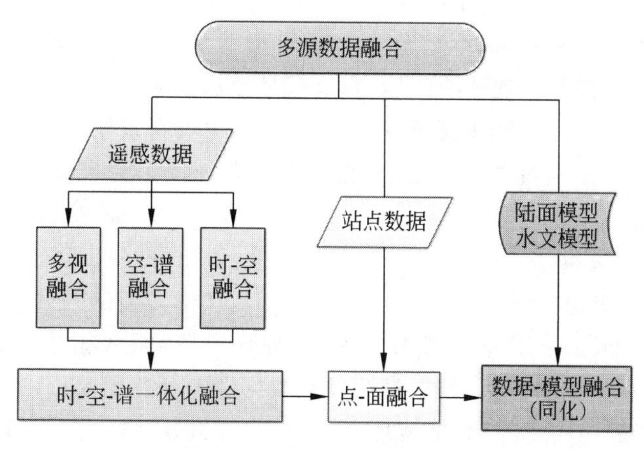

图 2-10　多源数据融合示例

例如，在感知问题上，单一的传感器总是有一定的不足，就像人一样，需要用耳、鼻、眼、四肢等多“传感器”协作(融合)来探索和感知世界，即“多元融合”。而在道路两侧或者车载感知中，则需要多种传感器来共同感知路面环境。在这个问题上，多源信息融合的目的，就是将各单一信号源的感知结果进行组合优化，从而输出更有效的道路安全信息。

作　业

1. 人们从分析角度为大数据下了一个不同的定义：如果数据满足以下任何一个条件，那么就视其为大数据，但是除下列(　　)之外。

A. 分析数据集非常大，以至于无法匹配到单台机器的内存中

B. 分析数据集非常大，以至于无法移到一个专用分析的平台

C. 分析的数据保存在 MySQL 中，运行在 Linux 环境下

D. 分析的源数据存储在一个大数据存储库中，例如，Hadoop、MPP 数据库、NoSQL 数据库或者 NewSQL 数据库

2. 在大数据背景下，数据分析能力的高低决定了大数据中(　　)过程的好坏与成败。

A. 价值发现　　B. 数学计算　　C. 图形处理　　D. 数据积累

3. 预测分析模型不仅要靠基本人口数据，例如住址、性别等，而且也要涵盖近期性、频率、购买行为、经济行为以及电话和上网等产品使用习惯之类的(　　)变量。

A. 行为预测　　B. 生活预测　　C. 经济预测　　D. 动作预测

4. 大数据分析和以往传统数据分析最重要的差别在于(　　)。

A. 处理速度的实时要求　　B. 结构化数据的增加

C. 数据量的急剧增长　　D. 非结构化数据的大量减少

5. 大部分数据的堆积都不是为了(　　)，但分析系统能从这些庞大的数据中学到预测未来的能力。

A. 预测　　B. 计算　　C. 处理　　D. 存储

6. 如果将数据整合在一起，尽管你不知道自己将从这些数据里发现什么，但至少能通过观测解读数据语言来发现某些(　　)，这就是数据效应。

A. 外在联系　　B. 内在联系　　C. 逻辑联系　　D. 物理联系

7. 数据分析是一个通过处理数据，从数据中发现一些深层知识、模式、关系或是趋势的过程。数据分析的总体目标是(　　)。

A. 做出唯一决策　　B. 做出最好决策

C. 做出更好决策　　D. 产生完整的数据集

8. 数据分析学涵盖了对整个数据生命周期的管理，而数据生命周期包含数据收集、(　　)、数据组织、数据分析、数据存储以及数据管理等过程。

A. 数据完善　　B. 数据清理　　C. 数据编辑　　D. 数据增减

9. 大数据分析结合了(　　)。

A. 传统统计分析方法和现代统计分析方法

B. 传统统计分析方法和计算分析方法

C. 现代统计方法和计算分析方法

D. 传统计算分析方法和现代计算分析方法

10. 大数据分析使得决策有了科学基础。根据分析结果的不同，大致可以将分析归为4类，即描述性分析、(　　)、预测性分析和规范性分析。

A. 原则性分析　　B. 容错性分析　　C. 提炼性分析　　D. 诊断性分析

11. 定量分析专注于量化从数据中发现的模式和关联，这项技术涉及分析大量从数据集中所得的观测结果，其结果是(　　)的。

A. 相对字符型　　B. 相对数值型　　C. 绝对字符型　　D. 绝对数值型

12. 定性分析专注于用(　　)描述不同数据的质量。与定量分析相对比，定性分析涉及分析相对小而深入的样本，其分析结果不能被适用于整个数据集中，也不能测量数值或用于数值比较。

A. 数字　　B. 符号　　C. 语言　　D. 字符

13. 预测分析和假设情况分析可帮助用户评审和权衡(　　)的影响力，用来分析历史模式和概率，以预测未来业绩并采取预防措施。

A. 资源运用　　B. 潜在风险　　C. 经济价值　　D. 潜在决策

14. 大数据时代下，作为其核心，预测分析已在商业和社会中得到广泛应用。预测分析是一种(　　)解决方案，可在结构化和非结构化数据中使用以确定未来结果的算法和技术，用于预测、优化、预报和模拟等许多用途。

A. 存储和计算　　B. 统计或数据挖掘

C. 数值计算和分析　　D. 数值分析和计算处理

15. 下列(　　)不是预测分析的主要作用。

A. 决策管理　　B. 滚动预测　　C. 成本计算　　D. 自适应管理

第3章 大数据分析生命周期

【导读案例】

数据分析的五大思维方式

数据可视化的价值在于呈现数据背后的规律,从而帮助使用者提高决策效率与能力。对用户数据的分析是进行可视化系统建设必不可少的一个环节。首先,要知道什么叫数据分析。其实从数据到信息的这个过程就是数据分析。数据本身并没有什么价值,有价值的是从数据中提取出来的信息。其次,要搞清楚数据分析的目的是什么,目的是解决现实中的某个问题或者满足现实中的某个需求。

在这个从数据到信息的过程中,有一些固定的思路,或者称之为思维方式。

第一大思维:对照,俗称对比。单独看一个数据是不会有感觉的,必须与另一个数据做对比才能找到感觉(见图 3-1)。在图中单独看图 3-1(a)无感觉,而图 3-1(b)经过对比就会发现两天的销量实际上差了一大截。

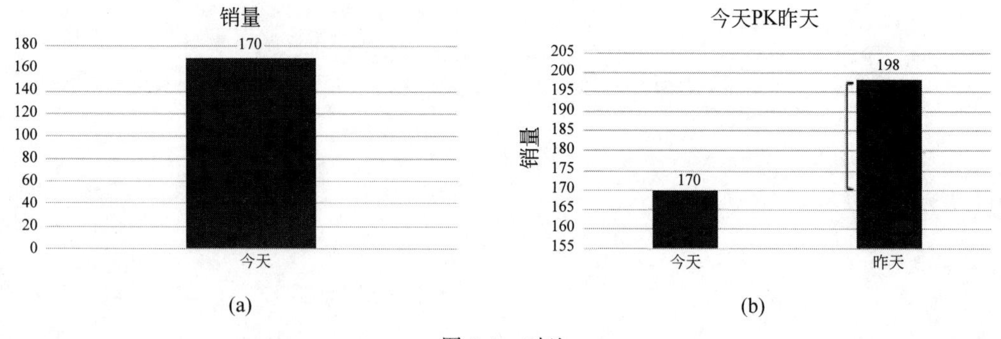

图 3-1 对比

对照是最基本也是最重要的思路,在现实中的应用非常广泛。例如,选款测算、监控店铺数据等,这些过程就是在做"对照"。分析人员拿到数据后,如果数据是独立的,无法进行对比的话,就无法判断,即无法从数据中读取有用的信息。

第二大思维:拆分。分析这个词的字面理解,就是拆解和分析,可见拆分在数据分析中的重要性。当某个维度可以对比的时候,我们选择对比。在对比后发现问题需要找出原因的时候,或者根本就无法对比的时候,就用到拆分了。

下面来看这样一个场景:运营小美经过对比店铺的数据,发现今天的销售额只有昨天的50%,这个时候,再怎么对比销售额这个维度,已经没有意义了。这时需要对销售额这个维度做分解,拆分指标。

销售额=成交用户数×客单价

其中,成交用户数又等于访客数×转化率。例如,图3-2(a)是一个指标公式的拆解,图3-2(b)是对流量的组成成分做的简单分解(还可以分得更细更全)。拆分后的结果相对于拆分前会清晰许多,便于分析查找细节。可见,拆分是分析人员必备的思维之一。

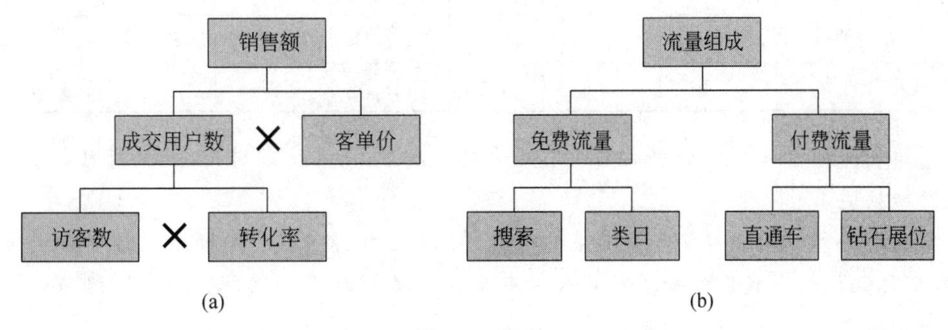

图3-2 拆分

第三大思维:降维。读者是否有面对一大堆维度的数据却束手无策的经历?当数据维度太多的时候,不可能每个维度都拿来分析,可以从一些有关联的指标中筛选出代表的维度(见表3-1)。

表3-1 关联指标的维度

日期	浏览量	访客数	访问深度	销售额	销售量	订单数	成交用户量	客单价	转化率
2015/2/1	2584	957	2.7	9045	96	80	67	135	7%
2015/2/2	2625	1450	2.5	9570	125	104	67	110	6%
2015/2/3	2572	1286	2.0	12 780	130	108	90	142	7%
2015/2/4	4125	1650	2.5	16 345	143	119	99	155	6%
2015/2/5	3699	1233	3.0	8362	107	89	74	113	6%
2015/2/6	4115	1286	3.2	14 040	130	108	90	166	7%

这么多的维度不必每个都分析。我们知道成交用户数÷访客数=转化率,当存在这种维度可以通过其他两个维度经过计算转化出来的时候,就可以降维。

成交用户数、访客数和转化率,只要三选二即可。另外,成交用户数×客单价=销售额,这三个也可以三择二。我们一般只关心对自己有用的数据,当有某些维度的数据与我们的分析无关时,就可以筛选掉,达到"降维"的目的。

第四大思维:增维。增维和降维是对应的,有降必有增。在当前的维度不能很好地解释我们的问题时,就需要对数据做一个运算,增加一个指标(见表3-2)。

我们发现一个搜索指数和一个宝贝数,这两个指标一个代表需求,一个代表竞争,有很多人把搜索指数÷宝贝数=倍数,用倍数来代表一个词的竞争度,这种做法就是在增维。增加的维度也称为"辅助列"。

表 3-2　增加指标

序号	关键词	搜索人气	搜索指数	占比	点击指数	商城点击占比	点击率	当前宝贝数
1	毛呢外套	242 165	1 119 253	58.81%	512 673	30.76%	45.08%	2 448 482
2	毛呢外套(女)	33 285	144 688	7.29%	80 240	48.88%	54.79%	2 448 368
3	韩版毛呢外套	7460	29 714	1.45%	15 070	21.385%	50.04%	1 035 325
4	小香风毛呢外套	6400	22 543	1.09%	11.143	22.34%	48.72%	60.258
5	斗篷毛呢外套	5 463	23 443	1.14%	11.328	19.87%	19.87%	108.816

增维和降维是必须对数据的意义有充分的了解后，为了方便进行分析，有目的地对数据进行转换运算。

第五大思维：假说。当我们迷茫的时候，可以应用“假说”。假说是统计学中的专业名词，俗称假设。当我们不知道结果或者有几种选择的时候，那么就可以召唤“假说”，先假设有了结果，然后运用逆向思维。

从结果到原因，要有怎么样的因，才能产生这种结果。这有点儿寻根的味道。那么，我们可以知道，现在满足了多少因，还需要多少因。如果是在多选的情况下，就可以通过这种方法来找到最佳路径(决策)。

当然，“假说”的威力不仅如此。“假说”可是一匹天马(行空)，除了结果可以假设，过程也可以被假设。

资料来源：公众号零一. 数字冰雹大数据可视化. 2013-3-2.

阅读上文，请思考、分析并简单记录。

(1) 请回顾，文中介绍的数据分析的五大思维方式是指什么？

答：____________________

(2) 试分析，这五大思维方式在运用时有顺序要求吗？为什么？

答：____________________

(3) 请思考，列举并描述一个运用这五大思维方式(或者之一)来进行数据分析的例子。

答：____________________

(4) 请简单描述你所知道的上一周发生的国际、国内或者身边的大事。

答：____

____

____

____

3.1 大数据分析生命周期概述

从组织上讲，采用大数据会改变商业分析的途径。大数据分析的生命周期从大数据项目商业案例的创立开始，到保证分析结果部署在组织中并最大化地创造价值时结束。在数据识别、获取、过滤、提取、清理和聚合过程中有许多步骤，这些都是在数据分析之前所必需的。

由于被处理数据的容量、速率和多样性的特点，大数据分析不同于传统的数据分析。为了处理大数据分析需求的多样性，需要一步步地使用采集、处理、分析和重用数据等方法。大数据分析生命周期可以组织和管理与大数据分析相关的任务和活动。从大数据的采用和规划的角度来看，除了生命周期以外，还必须考虑数据分析团队的培训、教育、工具和人员配备的问题。生命周期的执行需要组织重视培养或者雇佣新的具有相关能力的人。

大数据分析的生命周期可以分为9个阶段(见图3-3)。

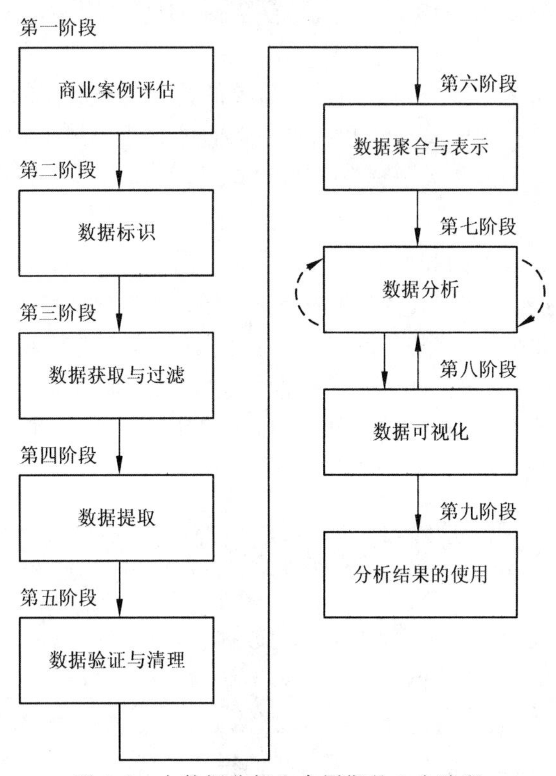

图3-3 大数据分析生命周期的9个阶段

3.2 商业案例评估

在分析阶段中，每一个大数据分析生命周期都必须起始于一个被很好定义的商业案例，它有着清晰的执行分析的理由、动机和目标，并且应该在着手分析之前就被创建、评估和改进。

商业分析案例的评估能够帮助决策者了解需要使用哪些商业资源，需要面临哪些挑战。另外，在这个环节中详细区分关键绩效指标，能够更好地明确分析结果的评估标准和评估路线。如果关键绩效指标不容易获取，则需要努力使这个分析项目变得 SMART，即 Specific（具体的）、Measurable（可衡量的）、Attainable（可实现的）、Relevant（相关的）和 Timely（及时的）。

基于商业案例中记录的商业需求，可以确定所定位的商业问题是否是真正的大数据问题。为此，这个商务问题必须直接与一个或多个大数据的特点相关。

同样还要注意的是，本阶段的另一个结果是确定执行这个分析项目的基本预算。任何如工具、硬件、培训等需要购买的东西都要提前确定，以保证可以对预期投入和最终实现目标所产生的收益进行衡量。比起能够反复使用前期投入的后期迭代，大数据分析生命周期的初始迭代需要在大数据技术、产品和训练上有更多的前期投入。

3.3 数据标识

数据标识阶段主要用来标识分析项目所需要的数据集和所需的资源。标识种类众多的数据资源可能会提高找到隐藏模式和相互关系的可能性。例如，为了提供洞察能力，尽可能多地标识出各种类型的相关数据资源非常有用，尤其是当我们探索的目标并不是那么明确的时候。

根据分析项目的业务范围和业务问题的性质，我们需要的数据集和它的数据源可能是企业内部和/或企业外部的。在内部数据集的情况下，如数据集市和操作系统等一系列可供使用的内部资源数据集，往往靠预定义的数据集规范来进行收集和匹配。在外部数据集的情况下，如数据市场和公开可用的数据集这样的一系列可能的第三方数据集会被收集。一些外部数据的形式则会内嵌到博客和一些基于内容的网站中，这些数据需要通过自动化工具来获取。

3.4 数据获取与过滤

在数据获取和过滤阶段，前一阶段标识的数据已经从所有的数据资源中获取，这些数据接下来会被归类并进行自动过滤，以去掉被污染的数据和对分析对象毫无价值的数据。

根据数据集的类型，数据可能会是档案文件，如购入的第三方数据；可能需要 API 集成，如微博、微信上的数据。在许多情况下，我们得到的数据常常是并不相关的数据，特别是外部的非结构化数据，这些数据会在过滤程序中被丢弃。

被定义为"坏"数据的,是其包括遗失或毫无意义的值或是无效的数据类型。但是,被一种分析过程过滤掉的数据集还有可能对于另一种不同类型的分析过程具有价值。因此,在执行过滤前存储一份原文件备份是个不错的选择。为了节省存储空间,可以对原文件备份进行压缩。

内部数据或外部数据在生成或进入企业边界后都需要继续保存。为了满足批处理分析的要求,数据必须在分析之前存储在磁盘中,而在实时分析之后,数据需要再存储到磁盘中。

元数据会通过自动操作添加到内部和外部的数据资源中来改善分类和查询(见图 3-4)。扩充的元数据例子主要包括数据集的大小和结构、资源信息、日期、创建或收集的时间、特定语言的信息等。确保元数据能够被机器读取并传送到数据分析的下一个阶段是至关重要的,它能够帮助我们在大数据分析的生命周期中保留数据的起源信息,保证数据的精确性和高质量。

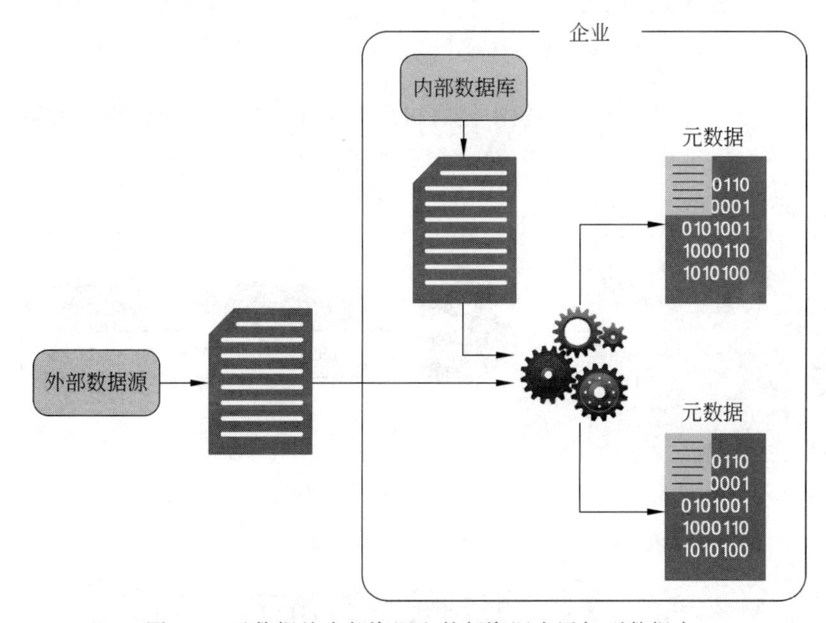

图 3-4 元数据从内部资源和外部资源中添加到数据中

3.5 数据提取

为分析而输入的一些数据可能会与大数据解决方案产生格式上的不兼容,这样的数据往往来自于外部资源。数据提取阶段主要是要提取不同的数据,并将其转换为大数据解决方案中可用于数据分析的格式。

需要提取和转换的程度取决于分析的类型和大数据解决方案的能力。例如,如果相关的大数据解决方案已经能够直接加工文件,那么从有限的文本数据(如网络服务器日志文件)中提取需要的域,可能就不必要了。类似地,如果大数据解决方案可以直接以本地格式读取文稿的话,对于需要总览整个文稿的文本分析而言,文本的提取过程就会简化许多。

图 3-5 显示了从没有更多转换需求的 XML 文档中对注释和内嵌用户 ID 的提取。

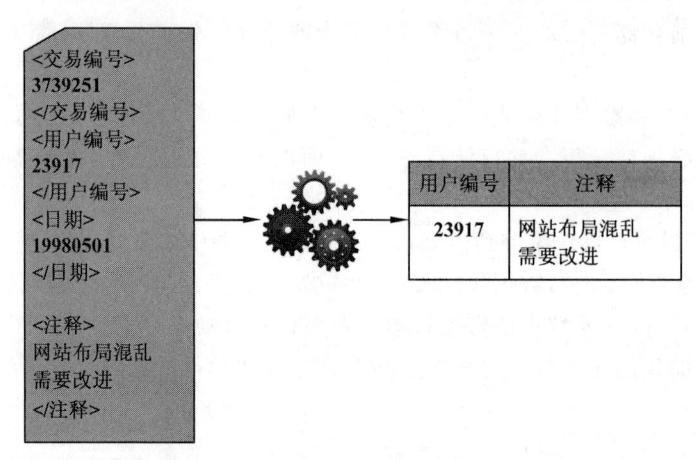

图 3-5　从 XML 文档中提取注释和用户编号

图 3-6 显示了从单个 JSON 字段中提取用户的经纬度坐标。为了满足大数据解决方案的需求，将数据分为两个不同的域，这就需要做进一步的数据转换。

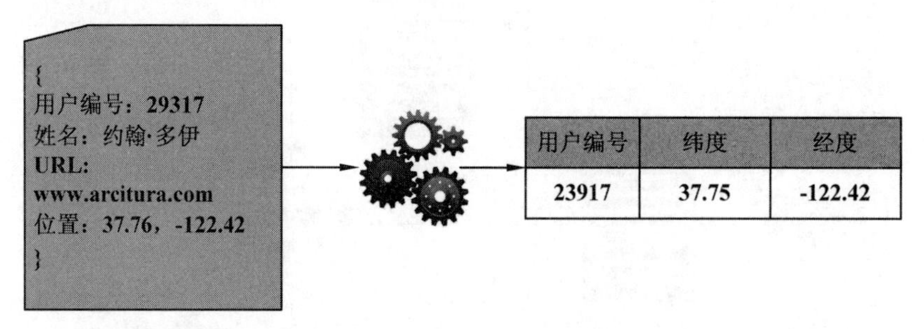

图 3-6　从单个 JSON 文件中提取用户编号和相关信息

3.6　数据验证与清理

无效数据会歪曲和伪造分析的结果。和传统的企业数据那种数据结构被提前定义好、数据也被提前校验的方式不同，大数据分析的数据输入往往没有任何的参考和验证来进行结构化操作，其复杂性会进一步使数据集的验证约束变得困难。

数据验证和清理阶段是为了整合验证规则并移除已知的无效数据。大数据经常会从不同的数据集中接收到冗余的数据，这些冗余数据往往会为了整合验证字段、填充无效数据而被用来探索有联系的数据集。数据验证会检验具有内在联系的数据集，填充遗失的有效数据。

对于批处理分析，数据验证与抽取可以通过离线 ETL（抽取/转换/加载）来执行。对于实时分析，则需要一个更加复杂的在内存中的系统来对从资源中得到的数据进行处理，在确认问题数据的准确性和质量时，来源信息往往扮演着十分重要的角色。有的时候，看起来无效的数据(见图 3-7)可能在其他隐藏模式和趋势中具有价值,在新的模式中可能有意义。

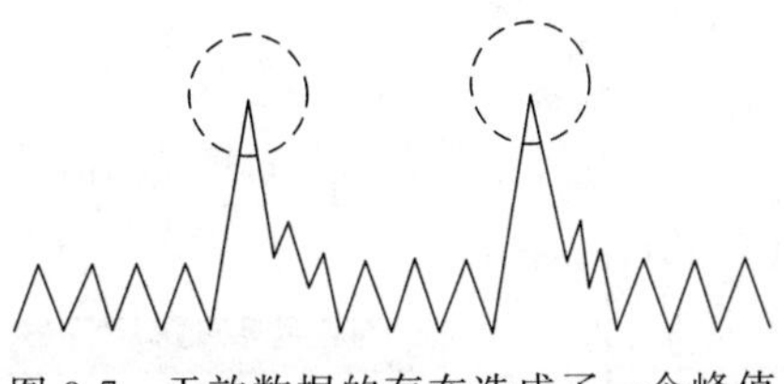

图 3-7 无效数据的存在造成了一个峰值

3.7 数据聚合与表示

数据可以在多个数据集中传播,这要求这些数据集通过相同的域被连接在一起,就像日期和 ID。在其他情况下,相同的数据域可能会出现在不同的数据集中,如出生日期。无论哪种方式都需要对数据进行核对的方法或者需要确定表示正确值的数据集。

数据聚合和表示阶段是专门为了将多个数据集进行聚合,从而获得一个统一的视图。在这个阶段会因为以下情况变得复杂。

(1) 数据结构——数据格式相同时,数据模型可能不同。

(2) 语义——在两个不同的数据集中,具有不同标记的值可能表示同样的内容,如“姓”和“姓氏”。

通过大数据解决方案处理的大量数据能够使数据聚合变成一个时间和劳动密集型的操作。调和这些差异需要可以自动执行的无须人工干预的复杂逻辑。

在此阶段,需要考虑未来的数据分析需求,以帮助数据的可重用性。是否需要对数据进行聚合,了解同样的数据能以不同形式来存储十分重要。一种形式可能比另一种更适合特定的分析类型。例如,如果需要访问个别数据字段,以 BLOB(Binary Large Object,二进制大对象)存储的数据就会变得没有多大的用处。

BLOB 是一个可以存储二进制文件的容器。在计算机中,BLOB 常常是数据库中用来存储二进制文件的字段类型。BLOB 是一个大文件,典型的 BLOB 是一张图片或一个声音文件,由于它们的尺寸,必须使用特殊的方式来处理(例如上传、下载或者存放到一个数据库)。在 MySQL 中,BLOB 是一个类型系列,例如 TinyBlob 等。

由大数据解决方案进行标准化的数据结构可以作为一个标准的共同特征被用于一系列的分析技术和项目。这可能需要建立一个像非结构化数据库一样的中央标准分析仓库(见图 3-8)。

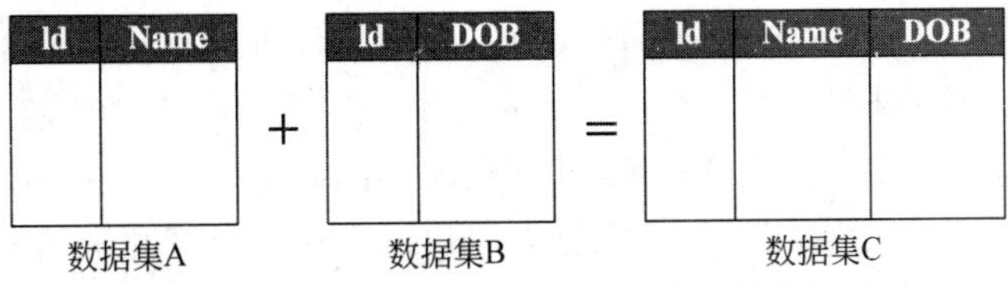

图 3-8 使用 ID 域聚集两个数据域的简单例子

图 3-9 展示了存储在两种不同格式中的相同数据块。数据集 A 包含所需的数据块，但是由于它是 BLOB 的一部分而不容易访问。数据集 B 包含相同的以列为基础来存储的数据块，使得每个字段都被单独查询到。

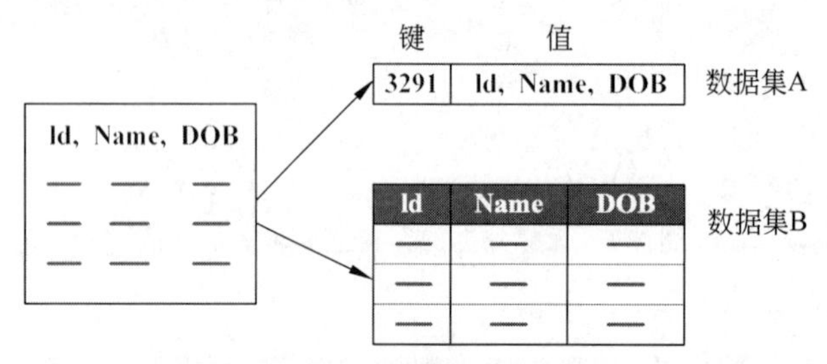

图 3-9　数据集 A 和 B 能通过大数据解决方案结合起来创建一个标准化的数据结构

3.8　数据分析

数据分析阶段致力于执行实际的分析任务，通常会涉及一种或多种类型的数据分析。在这个阶段，数据可以自然迭代，尤其在数据分析是探索性分析的情况下，分析过程会一直重复，直到发现适当的模式或者相关性。

根据所需的分析结果的类型，这个阶段可以被尽可能地简化为查询数据集以实现用于比较的聚合。另一方面，它可以像结合数据挖掘和复杂统计分析技术来发现各种模式和异常，或是生成一个统计或是数学模型来描述变量关系一样具有挑战性。

数据分析可以分为验证分析和探索分析两类，后者常常与数据挖掘相联系。

验证性数据分析是一种演绎方法，即先提出被调查现象的原因，被提出的原因或者假说称为一个假设。接下来使用数据分析以验证和反驳这个假设，并为这些具体的问题提供明确的答案。我们常常会使用数据采样技术，意料之外的发现或异常经常会被忽略，因为预定的原因是一个假设。

探索性数据分析是一种与数据挖掘紧密结合的归纳法。在这个过程中没有假想的或是预定的假设产生。相反，数据会通过分析探索来发展一种对于现象起因的理解。尽管它可能无法提供明确的答案，但这种方法会提供一个大致的方向以便发现模式或异常。

3.9　数据可视化

如果只有分析师才能解释数据分析结果，那么分析海量数据并发现有用的见解的能力就没有什么价值了。数据可视化阶段致力于使用数据可视化技术和工具，并通过图形表示有效的分析结果(见图 3-10)。为了从分析中获取价值并在随后拥有向下一阶段提供反馈的能力，商务用户必须充分理解数据分析的结果。

完成数据可视化阶段得到的结果能够为用户提供执行可视化分析的能力，这能够让用户去发现一些未曾预估到的问题的答案。相同的结果可能会以许多不同的方式来呈

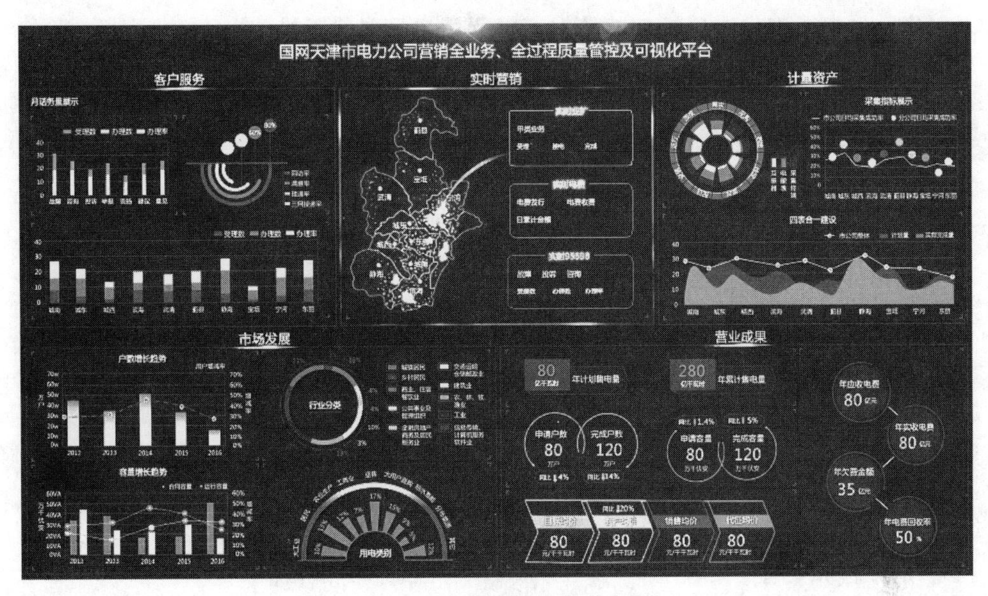

图 3-10　数据分析仪表盘

现，这会影响最终结果的解释。因此，重要的是保证商务域在相应环境中使用最合适的可视化技术。

另一个必须要记住的方面是：为了让用户了解最终的积累或者汇总结果是如何产生的，提供一种相对简单的统计方法也是至关重要的。

3.10　分析结果的使用

大数据分析结果可以用来为商业使用者提供商业决策支持，例如使用图表之类的工具，可以为使用者提供更多使用这些分析结果的机会。在分析结果的使用阶段，致力于确定如何以及在哪里处理分析数据能保证产出更大的价值。

基于要解决的分析问题本身的性质，分析结果很可能会产生对被分析的数据内部一些模式和关系有着新的看法的“模型”。这个模型可能看起来会比较像一些数据公式和规则的集合，它们可以用来改进商业进程的逻辑和应用系统的逻辑，也可以作为新的系统或者软件的基础。

在这个阶段常常会被探索的领域主要有以下几种。

(1) 企业系统的输入。数据分析的结果可以自动或者手动输入到企业系统中，用来改进系统的行为模式。例如，在线商店可以通过处理用户关系分析结果来改进产品推荐方式。新的模型可以在现有的企业系统或是在新系统的基础上改善操作逻辑。

(2) 商务进程优化。在数据分析过程中识别出的模式、关系和异常能够用来改善商务进程。例如，作为供应链的一部分整合运输线路。模型也有机会能够改善商务流程逻辑。

(3) 警报。数据分析的结果可以作为现有警报的输入或者是新警报的基础。例如，可以创建通过电子邮件或者短信的警报来提醒用户采取纠正措施。

作　业

1. 大数据分析的生命周期中，在数据(　　)过程中有许多步骤，这些都是在数据分析之前所必需的。

A. 识别、获取、过滤、提取、清理和聚合

B. 打印、计算、过滤、提取、清理和聚合

C. 统计、计算、过滤、存储、清理和聚合

D. 存储、提取、统计、计算、分析和打印

2. 由于被处理数据的容量、速率和多样性的特点，大数据分析不同于传统的数据分析。数据分析生命周期可以(　　)与大数据分析相关的任务和活动。

A. 收集和整理　　B. 组织和管理

C. 分析和处理　　D. 打印和存储

3. 每一个大数据分析生命周期都必须起始于一个被很好定义的(　　)，它应该在着手分析任务之前被创建、评估和改进，并且有着清晰的执行分析的理由、动机和目标。

A. 商业计划　　B. 社会目标

C. 营利方针　　D. 商业案例

4. 在大数据分析商业案例的评估中，如果关键绩效指标不容易获取，则需要努力使这个分析项目变得 SMART，即(　　)。

A. 实际的、大胆的、有价值的、可分析的

B. 有风险的、有机会的、能实现的、有价值的

C. 具体的、可衡量的、可实现的、相关的、及时的

D. 有理想的、有价值的、有前途的、能实现的

5. 大数据分析的生命周期可以分为 9 个阶段，但以下(　　)不是其中的阶段之一。

A. 商业案例评估　　B. 数值计算

C. 数据获取与过滤　　D. 数据提取

6. 大数据分析的生命周期可以分为 9 个阶段，但以下(　　)不是其中的阶段之一。

A. 数据删减　　B. 数据聚合与表示

C. 数据分析　　D. 数据可视化

7. 大数据分析的生命周期可以分为 9 个阶段，但以下(　　)不是其中的阶段之一。

A. 数据标识　　B. 数据验证与清理

C. 分析结果的使用　　D. 数据打印

8. 数据标识阶段主要是用来标识分析项目所需要的数据集和所需的资源。标识种类众多的数据资源可能会提高找到(　　)的可能性。

A. 数据获取和数据打印　　B. 算法分析和打印模式

C. 隐藏模式和相互关系　　D. 隐藏价值和潜在商机

9. 在数据获取和过滤阶段，从所有的数据资源中获取到的所需要的数据接下来会

被(　　)并进行自动过滤,以去除掉所有被污染的数据和对于分析对象毫无价值的数据。

A. 整理　　B. 归类　　C. 打印　　D. 处理

10. 数据提取阶段主要是要提取不同的数据,并将其转换为大数据解决方案中可用于(　　)的格式。需要提取和转换的程度取决于分析的类型和大数据解决方案的能力。

A. 数据分析　　B. 打印输出　　C. 数据存储　　D. 数据整合

11. 大数据分析的数据输入中,数据验证和清理阶段是为了(　　)并移除任何已知的无效数据。

A. 完善数据结构　　B. 建立存储结构

C. 整合验证规则　　D. 充实合理数据

12. 数据聚合和表示阶段是专门为了将(　　)进行聚合,从而获得一个统一的视图。

A. 关键数据集　　B. 离散数据

C. 单个数据集　　D. 多个数据集

13. 数据分析阶段致力于执行实际的分析任务,通常会涉及一种或多种类型的数据分析。在这个阶段,尤其是在探索性分析的情况下,分析过程会(　　)。

A. 重复进行,直到数据被清零

B. 循环进行,直到人为终止

C. 自然迭代,直到适当的模式或者相关性被发现

D. 一次完成,分析结果被打印和存储

14. 数据可视化阶段致力于由使用者使用(　　)技术和工具,并通过图形表示有效的分析结果。

A. 图形设计　　B. 数据可视化　　C. Photoshop　　D. 数字媒体

15. 大数据分析结果可以用来为商业使用者提供商业决策支持,为使用者提供更多使用这些分析结果的机会。分析结果的使用阶段致力于确定(　　)分析数据能保证产出更大的价值。

A. 如何以及在哪里处理　　B. 怎样以及什么时候

C. 是否以及怎样　　D. 如何打印以及存储

大数据分析基本原则

【导读案例】

得数据者得天下

我们的衣食住行都与大数据有关，每天的生活都离不开大数据。同时，大数据也提高了我们的生活品质，为每个人提供创新平台和机会。通过大数据的整合分析和深度挖掘，发现规律，创造价值，进而建立起物理世界到数字世界到网络世界的无缝连接。大数据时代，线上与线下、虚拟与现实、软件与硬件、跨界融合，将重塑我们的认知和实践模式，开启一场新的产业突进与经济转型。

国家行政学院常务副院长马建堂说，大数据其实就是海量的、非结构化的、电子形态存在的数据，通过数据分析，能产生价值、带来商机的数据。

大数据是“21世纪的石油和金矿”

工业和信息化部原部长苗圩在为《大数据领导干部读本》作序时，形容大数据为“21世纪的石油和金矿”，是一个国家提升综合竞争力的又一关键资源。

“从资源的角度看，大数据是‘未来的石油’；从国家治理的角度看，大数据可以提升治理效率、重构治理模式，将掀起一场国家治理革命；从经济增长角度看，大数据是全球经济低迷环境下的产业亮点；从国家安全角度看，大数据能成为大国之间博弈和较量的利器。”马建堂在《大数据领导干部读本》序言中这样界定大数据的战略意义。

马建堂指出，大数据可以大幅提升人类认识和改造世界的能力，正以前所未有的速度颠覆人类探索世界的方法，焕发出变革经济社会的巨大力量。“得数据者得天下”已成为全球的普遍共识。

总之，国家竞争焦点因大数据而改变，国家间竞争将从资本、土地、人口、资源转向对大数据的争夺，全球竞争版图将分成数据强国和数据弱国两大新阵营。

苗圩说，数据强国主要表现为拥有数据的规模、活跃程度及解释、处置、运用的能力。数字主权将成为继边防、海防、空防之后另一大国博弈的空间。谁掌握了数据的主动权和主导权，谁就能赢得未来。新一轮的大国竞争，并不只是在硝烟弥漫的战场，更是通过大数据增强对整个世界局势的影响力和主导权。

大数据可促进国家治理变革

专家们普遍认为，大数据的渗透力远超人们的想象，它正改变甚至颠覆我们所处的时代，将对经济社会发展、企业经营和政府治理等方方面面产生深远影响。

的确，大数据不仅是一场技术革命，还是一场管理革命。它提升人们的认知能力，是促进国家治理变革的基础性力量。在国家治理领域，打造阳光政府、责任政府、智慧政府建设都离不开大数据，大数据为解决以往的“顽疾”和“痛点”提供强大支撑；大数据还能将精准医疗、个性化教育、社会监管、舆情检测预警等以往无法实现的环节变得简单、可操作。

中国行政体制改革研究会副会长周文彰认同大数据是一场治理革命(见图 4-1)。他说：“大数据将通过全息数据呈现，使政府从‘主观主义’‘经验主义’的模糊治理方式，迈向‘实事求是’‘数据驱动’的精准治理方式。在大数据条件下，‘人在干、云在算、天在看’，数据驱动的‘精准治理体系’‘智慧决策体系’‘阳光权力平台’都将逐渐成为现实。”

图 4-1　大数据治理

马建堂也说，对于决策者而言，大数据能实现整个苍穹尽收眼底，可以解决“坐井观天”“一叶障目”“瞎子摸象”和“城门失火，殃及池鱼”问题。另外，大数据是人类认识世界和改造世界能力的升华，它能提升人类“一叶知秋”“运筹帷幄，决胜千里”的能力。

专家们认为，大数据时代开辟了政府治理现代化的新途径：大数据助力决策科学化，公共服务个性化、精准化；实现信息共享融合，推动治理结构变革，从一元主导到多元合作；大数据催生社会发展和商业模式变革，加速产业融合。

中国具备数据强国潜力，2020 年数据规模将位居第一

2015 年是中国建设制造强国和网络强国承前启后的关键之年。今后的中国，大数据将充当越来越重要的角色，中国也具备成为数据强国的优势条件。

马建堂说，近年来，党中央、国务院高度重视大数据的创新发展，准确把握大融合、大变革的发展趋势，制定发布了《中国制造 2025》和“互联网＋”行动计划，出台了《关于促进大数据发展的行动纲要》，为我国大数据的发展指明了方向，可以看作是大数据发展“顶层设计”和“战略部署”，具有划时代的深远影响。

工业与信息化部正在构建大数据产业链，推动公共数据资源开放共享，将大数据打造成经济提质增效的新引擎。另外，中国是人口大国、制造大国、互联网大国、物联网大国，这些都是最活跃的数据生产主体，未来几年成为数据大国也是逻辑上的必然结果。中国成为数据强国的潜力极为突出，2010 年中国数据占全球比例为 10％，2013 年占比为 13％，2020 年占比将达 18％。届时，中国的数据规模将超过美国，位居世界第一。专家指出，中国许多应用领域已与主要发达国家处于同一起跑线上，具备了厚积薄发、登高望远的条件，在新一轮国际竞争和大国博弈中具有超越的潜在优势。中国应顺应时代发展趋势，抓住大数据发展带来的契机，拥抱大数据，充分利用大数据提升国家治理能力和国际竞争力。

资料来源：数据科学家网.

阅读上文，请思考、分析并简单记录。

(1) 为什么工业和信息化部原部长苗圩说："大数据是'21世纪的石油和金矿'"？

答：____

(2) 中国是人口大国、制造大国、互联网大国、物联网大国，为什么说："中国具备数据强国潜力，2020年数据规模将位居第一"？

答：____

(3) 请阐述，为什么说"得数据者得天下"？

答：____

(4) 请简单记述你所知道的上一周内发生的国际、国内或者身边的大事。

答：____

4.1 大数据的现代分析原则

随着大数据时代的到来，人们逐渐开始放弃使用传统单一数据仓库的想法，因为单一数据库难以驾驭数据的复杂多样性，而人们面临着各类令人眼花缭乱的平台以及无处不在的数据：本地的、第三方托管的、云端的。

数据的这种巨变给分析学领域带来了颠覆式的改变：新的业务问题、应用、用例、技术、工具和平台。过去一家软件开发商可以垄断分析软件，而如今开发分析软件的初创公司层出不穷，多数分析师更加喜欢开源分析方式而不只是流行的商业软件。

大数据时代，企业运转的节奏呈指数级加速，如果还是像过去那样花不少时间才实施一个分析预测模型,企业就会被市场淘汰。其次,因为没有任何一家厂商能够满足所有的分析需求,企业搭建起通过开放标准连接在一起的基于各种商业和开源工具的开放分析平台。相应地,组织必须定义一个独特的分析架构和路线图,以支持现代组织和经营战略的复杂性。

为此,大数据分析专家提出了 9 项核心原则作为建立现代分析方法的基础,这 9 项原则是:

(1) 实现商业价值和影响。构建并持续改进分析方法,以实现高价值业务影响力。

(2) 专注于最后一千米。将分析部署到生产中,从而实现可复制的、持续的商业价值。

(3) 持续改善。从小处开始进而走向成功。

(4) 加速学习能力和执行力。行动、学习、适应、重复。

(5) 差异化分析。反思你的分析方法从而产生新的结果。

(6) 嵌入分析。将分析嵌入业务流程。

(7) 建立现代分析架构。利用通用硬件和下一代技术来降低成本。

(8) 构建人力因素。培养并充分发挥人才潜力。

(9) 利用消费化趋势。利用不同的选择进行创新。

今天的商界正在打造下一代业务模式——商业 3.0 时代,即侧重自上而下的自动化、基于事实的决策、执行和结果(见图 4-2)。这 9 项分析原则自下而上地重塑分析方法,为组织绘制了一条通向分析方法的转型和成熟的道路。

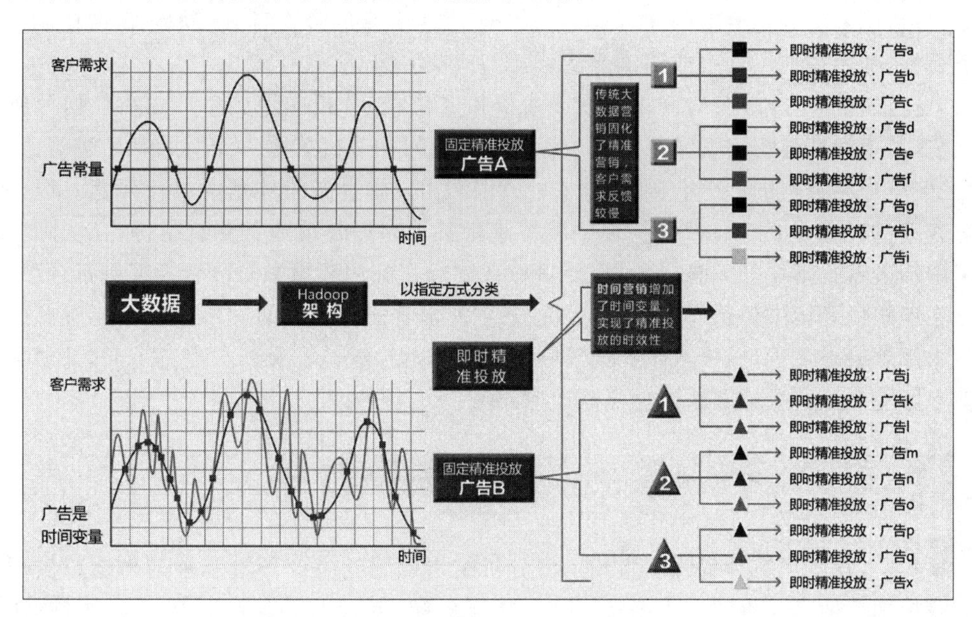

图 4-2 大数据时代的广告精准投放

为了增强自己的竞争优势,企业必须为自己的商业战略建立一个独特的分析路线图,以产生一些新的推动力,实现从信息时代向下一个新时代的转型,这是业务升级实现繁荣的关键因素。这个独特的分析框架还可以让企业系统性地识别各种机会,发现商业中的隐藏价值,这与其特定的商业策略和目标是一致的。

4.2 原则 1：实现商业价值和影响

现代分析方法的原则之一，就是聚焦分析那些具有潜在的改变组织游戏规则价值的项目。要保证组织能够实现价值，需要评估目前的状态来确定基线，并设定初始的、可以量化的和持续的业务目标。例如，目前的收入是每年 1 亿元，复合增长率是 4%。初步设定实现 15%的新增收入，并且希望未来每年贡献 10%的新增业务收入。

这样的指标可以很容易地识别和衡量，而那些潜在的指标在识别和衡量上就有一定难度，需要确定商业决策通常是由哪些因素决定的。首先要衡量这些因素的影响，然后有目的地建立对业务有直接影响的指标。过去，公司常常只是想有一个收益指标或者是一个运营成本指标，而不是两者兼顾。而如今，成熟的分析型组织通常建立起会兼顾资产负债表两头的衡量标准，即实现收益增长的同时必须有效地控制成本。

精明的企业可以通过逆向思维找到潜在的分析机遇。

通常情况下，在一个行业或公司内最难以解决的、根深蒂固的问题长时间存在，员工们已经把这些问题看作是工作中最难改变的限制条件。然而，在过去看似不可能解决的问题，其壁垒可能已不复存在，从瓶颈中释放出来后通常会创造出大量的商业价值。分析驱动型的组织敢于打破条条框框，并在他们所面临的行业或企业中寻找出最具挑战性的问题。做到这一点，就将开始确定如何通过创新数据、技术手段来解决或减少这类问题。例如，分析团队会寻找潜在的新资源——数据、共生关系的合作者或技术来帮助他们实现业务目标，而不是使用样本或回溯测试来找到解决方案。

要在最初和一段较长时间内实现商业价值，需要将分析应用到生产。在任何分析展开之前，需要验证分析模型结果的准确性。以往这项研究经常在一个“沙箱”中进行。“沙箱”是使用原始数据的一个有限子集，在一个人工的、非生产的环境中进行演练。但一个十分普遍的现象是：“沙箱”分析模型能够满足甚至超过各项业务测试指标，在实际生产环境中却表现得不尽如人意。所以，要争取在实际实施的环境中对分析模型进行评估，而不是在理想的环境中评估。现在，部署是全生命周期分析过程的一部分。一旦所有的潜在技术部署确定之后，在投入生产前要获得批准或程序确认。分析模型部署后，评估最初的业务影响并确定快速方法以便不断改善结果。

4.3 原则 2：专注于最后一千米

事实上，现实中很少有团队实现了将分析结果部署到生产环境和承诺为组织实现改变游戏规则后的商业价值。为了实现这个终极目标，可以进行逆向思维。通过与一线人员交流从战略到执行的每一个细节，了解组织中每一层级、每一天面临的挑战。这些领域的专家能敏锐地意识到制约他们成功的问题，清楚地认识到取得成功的代价。有了这样的认识，就为分析方法建立起量化的、远大的目标。例如：

（1）要获得的企业目标价值是多少？

① 收益提高 3%？

② 库存每年节省 1000 万元?

③ 部署的第一年总费用节省 1 亿元?

(2) 业务预期的服务水平是什么?

① 隔夜重新评估信用等级?

② 5min 内完成投资组合评价?

(3) 运作模式是什么?

① 如何将模型运用到生产?

② 这个分析模型需要与其他业务系统结合吗?如果需要,操作流程和决策如何改变?

③ 分析模型是否由其他商业系统引发?

④ 这个分析模型部署在一个地点还是多个地点?

⑤ 是否有跨国或本地的要求?

⑥ 模型更新的频率是多少?

(4) 什么是衡量商业影响的关键成功因素?

① 如何衡量成功?

② 什么是失败?

③ 团队要经历多长时间才能取得成功?

(5) 什么是模型的准确性?

① 模型准确性是否“足够好”可以马上实现商业价值?

② 模型需要多少改进以及在什么时间改进?

传统上,一个团队的定量分析师、统计人员或数据挖掘人员负责模型的创建,而第二个团队,通常是信息技术团队来负责生产部署。因为这往往会跨越组织边界,所以有可能在模型创建和模型部署或评分之间存在较长时间的滞后和割裂。这两个团队必须像一个团队一样发挥作用,即使组织边界存在且会持续下去。完整的生命周期方法可以使这两个团队进入合作状态,要求分析方法不仅是创建和评估初始分析模型,还要涵盖分析模型的实际生产部署和为了实现企业的经营目标而持续地重新评估。

运用现代分析方法,团队专注于提供快速的结果,而不是等待打造出“完美的”分析模型。他们通常以概念性验证或是原型开始,虽然项目范围有局限,但是可以帮助团队加快实现商业价值。他们迅速完善并改进概念性验证或原型,使其可以进行生产部署,取得系统性的收益。

4.4 原则 3:持续改善

持续改善,即在生产活动中不断提高,其核心是:

(1) 从小处入手。

(2) 去除过于复杂的工作。

(3) 进行实验以确定和消除无用之处。

重点在于快速实现价值。测试和学习可以带来许多小的改进并通向最终目标,这与花费较长的开发周期建设“完美”模型的现状形成鲜明的对比。构建和部署分析方法是十分复杂的定制项目，涉及多个不同的功能领域。现代分析团队要转变传统分析方法，消除项目周期中不必要的耗时步骤，这有助于提高在将商业反馈纳入流程的过程中的灵活性和响应能力，从而改善结果。

有持续改善作为指导原则，现代分析团队可以立即构建、部署模型，然后在很短的周期提高模型在分析和信息技术方面的应用，从而不断地提供商业价值。由此，分析团队经常使用混合型敏捷或快速应用开发方法来缩短周期，降低与跨部门团队合作的障碍。

4.5 原则 4：加速学习能力和执行力

现代分析团队需要通过新的组合的方法、工具、可视化以及算法来揭示不断增长的数据中的模式。通过尝试新的事物，将一个产业和问题的经验运用到完全不同的另一个产业和问题中去，现代分析团队将加快学习过程并创造出新的商业价值。但是，要孵化通过实验进行创新的水平，必须培养容错文化以便不断鼓励学习和改进。

例如，随着数据量的增加，分析团队从局限的、仅依靠统计的方法转移到有预测性的、机器学习的方法，这样可以完全利用所有数据。随着数据的剧增，应注意基础工具和基础设施需要尽可能减少数据的移动来实现商业目标。

根据行业标准，一个分析师60％～80％的开发时间将花在数据的准备和加工上。分析工作中，前期的手动数据加工应尽量减少，取而代之的是，数据准备工作实现自动化，也可以作为分析过程的一部分进行处理。这与企业加快发展步伐并在竞争中领先的需求相吻合。组织尽可能建立近乎实时学习的能力是一个越来越强的发展趋势。现代商业世界需要这样的能力，即能够实时发现规律并迅速采取措施，然后继续挖掘更深刻的洞察来改进下一周期。

4.6 原则 5：差异化分析

企业力求将推向市场的产品、客户服务和运营过程组合起来创造差异化竞争。分析可以通过简单地提供可比较的竞争分析洞察来支持每项独立活动。或者，它们可以用来高度差异化竞争策略，这也许意味着成为一个先行者——第一个在行业中使用分析方法，也可能意味着你的分析方法或你将分析部署到生产环境中的速度是差异化的。

许多企业在市场上观察并尝试学习其他企业的竞争格局。然而，这种典型的山寨做法通常意味着将自己置于市场的次要位置而不是领先地位。相反，分析领导型企业观察其他行业，并思考他们如何使用分析方法。他们借鉴其他行业的问题，并与其所处行业的问题进行类比，发现其他公司是如何使用分析来解决他们的问题的。他们开始寻找组织之外的新数据和方法，结成新的共同联盟以获得有利于组织的数据和方法，在行业或业务问题上应用新知识。要做到这一点，他们要超越自己的团队、部门或地域范围，找机会与其他数据和流程整合，建立对组织影响更广泛的分析解决方案。他们摒弃一直以来所遵守的约束规则，并找到新的方法来激发创新性分析。他们利用可用的组合分析方法的全部来创造改变游戏规则的价值，他们不只是创建预测，而是用自己的预测模型并通过优化预测模型确定最佳行动方案，以达到系统的最佳执行状态。这样持续不断地驱动最佳的行动方向，帮助他们实现差异化竞争优势。

4.7　原则6：嵌入分析

按需分析或专案分析是被偶尔执行的分析模型，它提供一个一次性洞察来帮助人们决策并采取行动。尽管这种方法是有用的并提供价值，却由于人工交互而速度缓慢。例如，过去金融交易员通过交易大厅的桌面工具来理解复杂的金融市场的相互依存关系。该工具会产生一个时点的市场状况，交易员用这些信息决定买或卖。如今，资本市场由“算法交易”主导，这是一个在桌面工具中体现了新一代算法的复杂程序，可以自动进行交易。淘汰人为交互和在复杂的金融市场中嵌入分析消除了整个系统中的摩擦。当分析模型内置于流程中，就可实现可重复性和可扩展性，这种强制性的执行带来了不可估量的市场商业价值。

4.8　原则7：建立现代分析架构

经过数十年的发展，分析架构经历了从独立的桌面到企业级数据仓库再到大数据平台的实质性转变。高性能计算环境，如集群和网格曾经被认为是专业环境，正逐渐演变成为主流的分析环境，这在全球的数据中心创造了一个综合的硬件和软件财富。

该模式正朝着全面建设精简分析架构的方向转变，如图4-3所示，基于简单性和开放

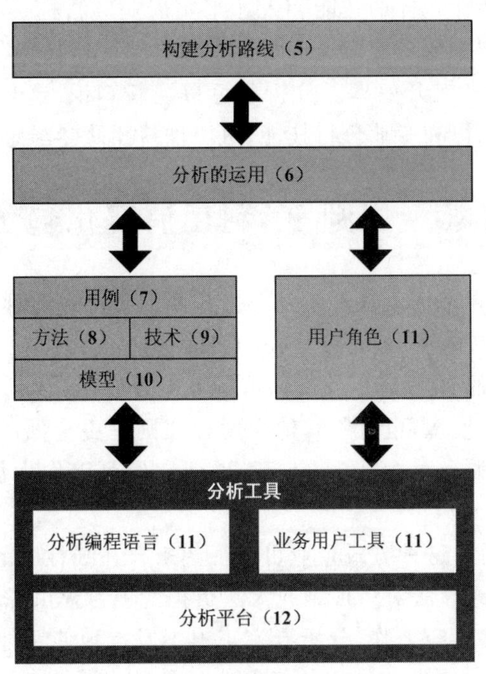

注：图中括号内的数字指示了在本书中的第n章

图4-3　现代分析框架

标准,充分利用便宜的硬件和开源软件,降低架构成本,提供平台的可扩展性和创新性。

这一创新支持数以千计的计算和数据密集型预测模型在生产部署上的执行,且具有不同的分析和服务水平要求的大型用户群。建设、管理和支持实现这些需求的生态系统意味着需要集成许多不同的硬件和软件产品,包括开源和专有的。即使只有一个单一的供应商,由于软件版本和并购,产品也常常不能无缝集成。精简分析架构使用私有的硬件解决方案,这些解决方案有着独特的价值,同时架构坚持开放性原则,提供可以与其他解决方案进行集成的接口。这种精简降低了复杂的管理和维护成本,同时为分析和从数据中发掘洞察提高了效率。

4.9 原则 8:构建人力因素

作为一群特殊的分析人才,数据科学家(或者说数据工作者)在计算机科学(软件工程、编程语言和数据库技术)、分析(统计、数据挖掘、预测分析、仿真、优化和可视化技术)和特定领域(行业、功能或流程的专业知识)有深厚的专业知识。人们越来越认识到,数据科学家实际上是一个团队,他们共同扮演数据科学家的角色。这些团队通常包括少数跨学科的数据科学家,他们同时也是高层领导。对于成熟的分析型组织,这是显而易见的,并反映了它们成长为分析型成熟组织的过程。

随着分析领域逐渐成熟,分析在组织中的应用广度和影响范围有所增加。在一个企业中,不再只有一个类型的角色需要建立、使用和理解分析方法。相反有多个角色或身份,各有不同的技能和责任。深谙分析的组织在组织中建立人力资源,了解他们现在有什么技能和人才,以及需要什么样的技能和人才来实现业务目标。各种角色和技能对业务的贡献不同,而且所有的技能对实现业务目标都很重要。当技能存在缺口时,这些组织就会通过培养个人或团队来提升效率。分析角色重视新知识,这是保持稀缺资源的关键。通过拓宽和提升兴趣、意识和专业分析技能,可以保持团队参与感并激发创新性。

4.10 原则 9:利用消费化趋势

信息技术的消费化在市场上势头正劲。当今的消费化有几种形式,其中包括“应用商店”(App Store)、众包和“自备”(Bring Your Own,BYO)。

具有分析应用程序的 B2B 应用商店和市场正不断涌现。有些应用程序属于受众窄、分散的案例,如信用评估模型,也有些其他应用程序则是更全面的端到端的案例,如多渠道营销模型。尽管没有哪个案例是 100%契合,但它们可以作为加快理解和降低成本的起点。

众包是一种外包,通过这种方式企业可以征集来自在线社区的建设性意见,以执行特定任务。众包分析模型或算法对于很难或无法负担的项目提供了利用外部专家的机制。

BYO 自助服务时代已经来临,分析专家正迫不及待地使用他们喜欢的工具、数据源和模型而不是标准的信息技术或指定的工具。虽然信息技术出于成本和易支持性的考量,通常力求标准化和整合供应商及工具,但是分析人士通常重视其他方面的考虑,例如用户接口的易用性、编程接口的灵活性和分析模型的广度。出于这种需求，已经出现了以下自助服务的方式。

(1) 自备数据(BYOD)：带上自己的数据是一种可以让组织结合自己的非竞争性数据来发现规律并从新的丰富数据源中发现深刻见解的方式。

(2) 自备工具(BYOT)：带上自己的工具是一种混合搭配开放源代码和专有技术工具的方式，以处理具体的服务水平协议的要求。

(3) 自备模型(BYOM)：带上自己的模型是一种利用应用商店和众包导出价值的方式。

作　业

1. 提出大数据的现代分析原则，下列(　　)不是需要考虑的因素。

A. 大数据时代，企业运转的节奏呈指数级加速，需要迅速建立和实施一个分析预测模型

B. 企业需要寻觅一家技术企业以建立统一、完善的分析平台

C. 企业搭建起通过开放标准连接在一起的基于各种商业和开源工具的开放分析平台

D. 企业必须定义一个独特的分析架构和路线图，以支持现代组织和经营战略的复杂性

2. 一个基于9项核心原则的方法成为建立现代分析方法的基础，但下列(　　)不是这些原则之一。

A. 实现商业价值和影响　　B. 专注于最后一千米

C. 加速学习能力和执行力　　D. 标准化统一分析

3. 一个基于9项核心原则的方法作为建立现代分析方法的基础，但下列(　　)不是这些原则之一。

A. 持续改善　　B. 嵌入分析　　C. 组合创新　　D. 差异化分析

4. 现代分析方法的原则之一就是(　　)那些具有潜在的改变组织游戏规则价值的项目。

A. 聚集分析　　B. 持续改善　　C. 嵌入分析　　D. 差异分析

5. 精明的企业可以通过逆向思维找到(　　)分析机遇，解决那些在过去看来不可能解决的问题。

A. 现成的　　B. 不存在的　　C. 潜在的　　D. 丢失的

6. 在现代分析环境中，所谓"沙箱"是(　　)。

A. 装满沙子的实验箱　　B. 使用原始数据的一个有限子集

C. 一个人工的生产环境　　D. 标准的分析软件环境

7. 现实中(　　)团队实现了将分析结果部署到生产环境和承诺为组织实现改变游戏规则后的商业价值。

A. 没有　　B. 一些　　C. 许多　　D. 很少有

8. 持续改善，即在生产活动中不断提高，其核心不包括(　　)。

A. 增加产量，团结员工　　B. 从小处入手

C. 去除过于复杂的工作　　D. 进行实验以确定和消除无用之处

9. 通过尝试新的事物，将一个产业和问题的经验运用到完全不同的另一个产业和问题中，现代分析团队将(　　)并创造出新的商业价值。

A. 增加更多人手　　B. 加快学习过程

C. 联系更多专家　　D. 组织更多活动

10. 在现代分析活动中，企业力求将推向市场的产品、客户服务和运营过程组合起来创造(　　)竞争。

A. 一致性　　B. 统一性　　C. 差异化　　D. 完全性

11. 经过数十年发展，分析架构经历了从独立的桌面到企业级(　　)的一个实质性转变。

A. 数据仓库再到大数据平台　　B. 大数据平台到数据仓库

C. 大数据平台到数据挖掘　　D. 数据挖掘到数据仓库

12. 在现代分析活动中，“数据科学家”实际上是一个(　　)。

A. 专家　　B. 英雄　　C. 领导　　D. 团队

13. BYO 自助服务时代已经来临，但以下(　　)不属于现代分析活动中的自助服务方式。

A. 自备数据　　B. 自备资金　　C. 自备工具　　D. 自备模型

构建分析路线

【导读案例】

大数据时代,别用"假数据"自嗨

2008年全球金融危机后,德、美、日、中等国家都不约而同地制定了振兴制造业的国家战略。虽然各国战略的侧重点不同,但通过物联网、大数据等技术,实现赛博世界(Cyberspace,指在计算机以及计算机网络里的虚拟现实)与物理世界深度融合,提升制造企业的竞争力,却是这些国家战略的共同目标。

世界著名的未来发展趋势学者,牛津大学教授维克托·迈尔·舍恩伯格在2012年出版的《大数据时代》中前瞻性地指出:"大数据带来的信息风暴正在变革我们的生活、工作和思维,大数据开启了一次重大的时代转型,将带来大数据时代的思维变革、商业变革和管理变革,大数据是云计算、物联网之后IT行业又一大颠覆性的技术革命。"

舍恩伯格还说:"大数据时代将改变商业与管理模式,大数据的分析将会使决策具有信息基础,大数据能令决策更准确,比以前更加明智。"

对于中国广大制造型企业(见图5-1)来讲,在竞争激烈、成本飙升的经济转型困难期,利用大数据等先进技术,充分挖掘企业内部潜力,对各类数据进行及时采集、科学分析,将是企业从粗放管理成功转型升级的一条有效途径。

图5-1 制造业

数据真实是前提

马云说:"数据是生产资料",但数据的准确真实是其前提。为此,DADA模型指出:

“基于准确真实的数据，通过各种算法进行数据处理与分析，然后根据分析结果和所需目标，找出最优的解决方案，即决策。最后是按照科学的决策进行精准的行动，形成闭环的迭代过程。”在这个模型中，如果数据不准确、不真实，得到的决策就不可能科学，就不能很好地应用于实际工作。

但在制造企业实际的运营过程中，由于习惯、技术手段等限制，很多场景下的数据都是靠人工汇报等形式进行采集，这就必然存在数据不及时、不客观、不准确、不全面等情况。这种情况下得出的结论往往是偏差的，甚至是错误的，因此不仅不能解决问题，反而增加了问题的复杂度与不确定性，很难看清问题所在，更谈不上科学管理了。

管理大师德鲁克说：“如果你无法度量它，你将无法管理它。”即便是你拥有很多数据，即便是花费了大量人力物力，如果数据不准确，管理仍然是不科学的，企业竞争力就难以提升。

引以为自豪的“假数据”

在传统管理模式下，往往因为数据的不准确、不真实而误导了管理者的判断和决策。某坐落于我国工业重镇武汉的大型国有企业，近年来企业发展快速。看到繁忙的生产车间，企业的李总感到非常满意，并常常自豪地向来宾介绍他们快速增长的业绩与各类先进的软硬件系统。

记得第一次与兰光创新技术团队进行交流时，李总提到他们的设备有效利用率(OEE)都在60%以上。兰光创新的售前经理听后感觉非常惊讶，因为在多品种、小批量的离散制造企业中，即便是管理非常精细的日本，也很难超过80%，欧美国家能达到70%就算是很优秀了，国内一般企业的OEE大多徘徊在30%～40%，这是兰光创新实施四万多台数控设备后的统计结果。

当获知这些数据都是统计员人工统计的时候，经验丰富的售前经理就猜到了大概的原因。几个月后，兰光创新为他们实施了设备物联网系统，通过该套系统可以实时、自动、准确地采集到每台设备的状态，包括开关机、故障信息、生产件数、机床进给倍率等众多翔实信息，每台设备都处于24h全天候的监控过程中，企业管理者可在办公室随时查看设备状态、任务生产进度。

同时，通过系统的大数据分析功能，从海量数据中分析出各种图形与报表，设备的各种数据、运行趋势、异常情况一目了然，管理者可以很好地进行生产过程实时、透明化管理。

数据精准，提效明显

项目实施完成后不久，当李总从系统查看设备利用率时，脸色突然变得异常难看，原来，他查看到的设备平均利用率只有36.5%，和他之前设想的60%有巨大的偏差！结过耐心解释，李总终于明白了原因：这个数据才是准确的，系统已经将调试、空转、等待、维修等无效时间全部去除，体现的是机床真正的切削时间，36.5%才是企业真实的设备利用率！而以前人工统计的时间比较粗糙，只是记录了加工开始与结束时间，中间大量的等待、调试等时间也被计算在内，而这些时间，恰恰是企业可以通过管理或技术手段进行压缩的，是企业挖掘潜力之所在。

系统运行一年后，当工程师回访时，李总高兴地说："现在，我的设备利用率已经平均到60%以上了，比去年提升了65%！我们统计科由原来的4人减少到了一人，并且这个人也不用现场统计，所有的数据全用系统自动采集，他只负责每周将统计分析的结果整理汇报，工作也高效多了。"最后，李总感慨地说："这套软件系统让我对生产过程'看得见、说得清、做得对'，对我们的生产管理帮助非常大！"

结语

从李总由衷的感慨中，我们真切地感受到，工业4.0与智能制造的浪潮已经来临，制造企业应该充分发挥设备自动化、管理数字化的优势，积极借鉴工业互联网、大数据技术等先进理念，将决策建立在准确、真实的数据基础上，避免以前在"假数据"基础上进行管理的尴尬现象。只有这样，管理与决策才是科学有效的，企业才会有更强的竞争力，企业才能转型成功。

大数据应用，应从"真数据"开始！

资料来源：朱铎先．兰光创新：2020-1-5.

阅读上文，请思考、分析并简单记录。

(1) 文中提及："实现赛博世界与物理世界深度融合，提升制造企业的竞争力"，请通过网络搜索，进一步了解"赛博世界"的内涵。请简单描述什么是"赛博世界"。

答：____

(2) 请分析文中所述的"假数据"是怎么产生的。

答：____

(3) 请阐述大数据时代，如何才能保证数据精准，避免"假数据"自嗨。

答：____

(4) 请简单描述你所知道的上一周发生的国际、国内或者身边的大事。

答：____

5.1 什么是分析路线

即将到来的是一个崭新的更加智能的自动化时代，新一代的信息化应用会利用从最聪明的大脑中得到的知识，与大量数据结合，快速地综合那些复杂的因素，并且识别出预测或规划最佳行为的模式。现代的大数据分析会紧密结合主要和次要的商业战略，同时具备主动调整的特性，使企业实现“飞跃”，或者以一种具备行业或企业特色的方式更快、更智慧地发展。

5.1.1 商业竞争 3.0 时代

商业竞争的 1.0 时代是传统的围绕企业内部开展的竞争，表现为谁家的产品好、营销强、渠道多等。这时，企业就好比一个有机体，企业间的竞争本质上还是一维竞争。

升级为产业链之间的竞争，就进入 2.0 时代，这时的整个产业链效率更高、反应更快。中国制造业能够处于全球领先地位，关键在于国内和出口市场规模巨大，产业链规模优势极为明显：成本低、速度快、覆盖全，这就好比是种群间的竞争。从单体的竞争升级为种群间的竞争，是二维竞争。

3.0 时代是三维竞争，类似为群落间的竞争、甚至是生态系统间的竞争（见图 5-2）。例如，淘宝的 C2C、B2C 生态强调种类繁多，京东的“京东到家”将社区店卷入，与之构建 B2C 生态，强调体验和物流，凸显一小时送达——竞争仍在角力中。企业如果不能尽快转型、布局生态，就可能被其他生态系统吃掉。

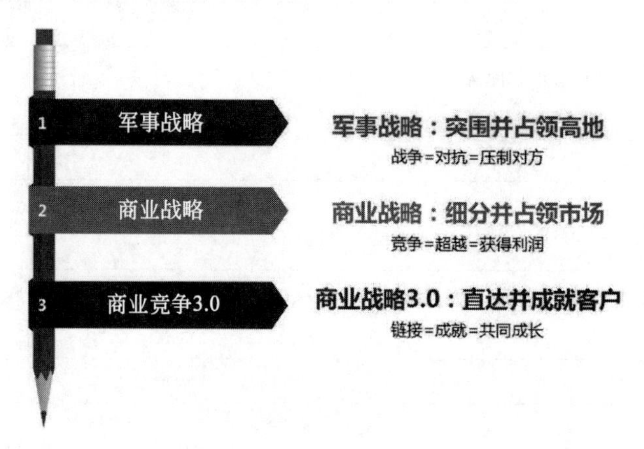

图 5-2 商业竞争 3.0 时代

下面来看看沃尔玛的例子。

在竞争 1.0 时代，沃尔玛不断提升企业自身经营效率，努力做到极致。1969 年，沃尔玛成为最早采用计算机跟踪库存的零售企业之一；1980 年，沃尔玛最早使用条形码技术提高物流和经营效率；1983 年，沃尔玛史无前例地发射了自己的通信卫星，随后建成了卫星系统。

不仅如此，沃尔玛在提升自身能力的同时，也与上下游企业共同构筑产业链竞争力，进入竞争2.0时代。1985年,沃尔玛最早利用EDI(电子数据交换)与供货商进行更好的协调;1988年,沃尔玛是最早使用无线扫描枪的零售企业之一;1989年,沃尔玛最早与宝洁公司等供应商实现供应链协同管理。

可以看出,在每一个历史阶段,沃尔玛总是扮演了先进生产技术领先应用的典范。沃尔玛依托自身规模与制造商形成低价战略,依靠自身的物流和信息流构建卓越的供应体系,形成那个时代的巨无霸。

进入竞争3.0时代,沃尔玛(见图5-3)却被阿里的电商业务超越了,这就是商业生态系统与产业链间的竞争。沃尔玛在新时代面前,高维打低维(三维打两维),曾经的优势不再,结果也不言自明。

图5-3 沃尔玛超市

沃尔玛企业的发展之路在现实社会中并不少见。我们经常可以看到,很多企业,特别是同一个行业的企业,他们生产类似的产品,甚至使用相同的工艺流程,但是他们中间有一些企业成功了,而有的停滞不前,有的干脆破产。我们感兴趣的,是那些成功企业做了什么创造了独特性,并且他们是如何做到这一点的。"What(什么)"描述了他们的经营战略,而"How(如何做)"或者说是他们业务战略的运营执行创造了他们在市场上的价值主张。成功企业执行上的差异优势创造了独特的价值主张,形成了可持续的差异化竞争。

5.1.2 创建独特的分析路线

企业试图通过组织中有序的执行来创建独特的优势。然而,全球市场正朝着比历史上任何时候都更快、更复杂的方向发展。当企业处于越来越多的数据和决策的"围城"之中时,如何寻找一个可持续发展的优势呢?企业可以量身定制其分析战略来支持他们独特的经营策略,以帮助实现业务目标;可以利用数据,或者转向更快的基于事实的决策执行。

要创建一个独特的分析策略,企业必须充分利用各种资源、专业知识和技术来创造出独特的分析路线图,推动其进入分析快车道,加速企业独特经营策略的运营执行。要创建一个独特的分析思路,企业需要突破条条框框,并确定如何利用分析来加强竞争优势。

如今，分析应用还处于起步阶段。要释放一个企业分析技术的全部潜力，需要商业与技术在资产和能力上都匹配的系统发现方法，在发现的过程中考虑如何应用各种能力。

(1) 业务领域。考虑如何将分析应用到一个新的业务领域或问题中。第一代的分析在客户与营销分析、供应链优化、风险和欺诈等业务领域获得了成功的应用。如今，随着第二代更强大的分析功能的问世，企业的各个方面都有利用分析的机会，如销售、市场营销、运营、分销、客户支持、财务、人力资源、风险、采购、合规、资产管理等，这意味着组织的每一项工作都可以从分析洞察中获益。企业核心价值主张中最重要的业务领域——"重大"和"微小"的基本策略——将从定制分析中获益最大，量身定制的分析将巩固独特的业务战略的运营执行。对于其他业务领域，市场上已经存在的分析解决方案可用于驱动非核心业务的竞争价值。这种组合为组织提供了一个独特的分析路线图(定制开发和购买的分析解决方案的组合)来巩固其独特的业务战略。

(2) 数据。考虑利用新的数据源来充实我们的分析洞察力。分析策略需要帮助企业超越自身的"围城"——利用企业传统事务处理系统以外的新兴数据源，丰富企业创造新的、高价值的洞察能力，同时驱动整个企业增长收入、降低成本，而不仅是在商业的某一领域。

当前的问题不是"如何利用已有的数据"，而在于"我想知道什么以及如何利用洞察力来增加企业的价值"。利用新的、强大的数据源很重要，但也要抓住机会通过已有信息点的连接来推导无法获得的信息。通过这些丰富的新数据组合，企业能够获得更加显著的商业价值。

(3) 方法。考虑采用创新的分析方法来发现新的模式和价值，发现和利用隐藏的模式。数据科学家是新一代的多学科科学家，他们剖析问题，用科学的方法采用分析技术的独特组合来发现新的模式和价值。数据科学家不是将问题仅仅看成简单的统计问题或运筹学问题，而是要理解业务问题并应用分析技术的正确组合(例如，数据挖掘加上仿真和优化)来解决问题和推动组织的巨大商业价值。因为很难找到具备所有这些技能的个体，更常见的是找到一个数据科学团队——具有来自数学、统计、科学、工程、运筹学、计算机科学和商学的混合技术、经验和观点，这些奇思妙想和团队间的密切合作产生了一种独特的方法来解决问题。这样的团队不仅存在于互联网企业，如谷歌和脸书，而且存在于大型银行、零售商和制药公司。

(4) 精准。考虑如果能够识别个体(人、交易或资源)而不是群体，那么会实现什么样的额外价值？精准或细粒度控制是洞察到个人，而不是群体或汇总数据，比如从传统的人口细分转换到一个体现精准营销的细分。例如，精准涉及理解某女士的购买行为与其邻居的购买行为是显著不同的，尽管她们的家庭收入和年龄几乎是相同的。该女士的购买行为由她是一个少年的单身母亲这样的事实驱动，而其邻居的购买行为却是由两个可爱幼儿的祖父母这个事实驱动。

更一般地，精准是关于理解人员、流程或事件中驱动个性化行为的独有特点的。通过了解个性化的行为，可以更精确地预测未来的行为。

(5) 算法。创建或使用尖端的算法来取得优势。算法是一个特定目标计算结果的步骤的组合。几乎任何你可以想到的问题都能有算法,从最简单的问题(比如求平均值)到复杂的、高度专业化的算法(如自动提取和分析化学位移差的自组织神经网络)。

在那些使用分析方法已经有很长一段时间的行业里,使用新的、创新的而且往往是专业化的算法,有助于推动淘汰竞争对手所需要的增量值。这在金融服务行业最明显,算法交易依赖于高度专业化算法技术的日益成熟。

(6) 嵌入。将分析嵌入到自动化的生产和操作流程中,来系统化我们的洞察,不断改善业务流程。这是用基于分析洞察力的持续执行,来达到实现组织最高价值的目的。通常,嵌入是通过用于评估和改进模型的连续闭环过程或自学习和自适应技术来实现的。通过不断学习和改进过程,来改善通常被认为过于复杂而难以执行的运营活动,但也正是这种技术为组织带来了持续不断的价值。

(7) 速度。加快分析洞察力的步伐,超越竞争对手。速度可以让你始终如一地超越竞争对手:当你使用分析速度来驱动洞察时,实际上打造了一个灵活且无摩擦的环境,让你的企业锲而不舍地超越自己的核心价值主张。

总之,独特的分析路线图利用这些方法的正确组合来驱动游戏规则的变革,产生组织的最高商业价值。分析路线图是创建一个统一、全面视角的关键,使得在不同阶段的分析项目都能够与企业的总体商业战略、目标相匹配。分析路线图形成后,可以作为一个组织的沟通机制。

利用分析手段设计、建立自己独特的分析路线图,可按照 8 个步骤来操作。

5.2 第 1 步:确定关键业务目标

分析路线图从一开始就要确定目标,也就是说需要清楚地了解企业的业务目标是什么。这样,分析应用才能够帮助企业实现最终目标。我们使用基本价值原则作为指导来创建一个简单的路线图。

例如,关键工作目标。我们要与一个顾问公司合作,为一家矿业公司完成咨询任务。这家矿业公司的第一原则是运营卓越,第二原则是客户至上。三个关键的业务目标如下。

(1) 通过运营流程提高效率。

(2) 减少浪费。

(3) 增加市场的灵活性。

5.3 第 2 步:定义价值链

在确定了主要的工作目标后,下一步就是定义公司的价值链。价值链在所有活动中识别出最主要或者最核心的活动,这为关注如何通过分析来增加商业价值提供了一个简便的框架。核心活动是商业项目中必须要使用定制的分析方案提供有竞争差异化的领域。辅助活动是分析的第二优先级领域,其作用仅仅是提供一些判断的依据。辅助活动分析一般采用市场上现成的分析解决方案,其中提供了通用的功能,而不是高价值的分析方案。

例如，采矿业的价值链(见图 5-4)。核心活动主要是勘测、开采、销售、市场营销以及产品运输，辅助活动是一系列业务及后台支持服务。

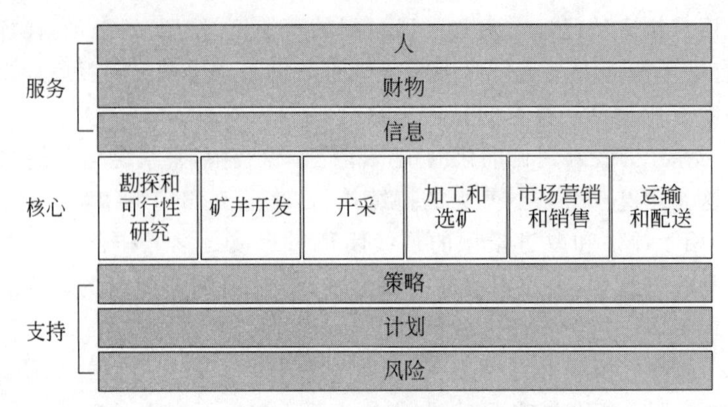

图 5-4　采矿业价值链

当我们把重点原则、重点业务目标和价值链结合在一起时，能够为核心活动创造出有差异化竞争优势的分析路线图开始展开。对于核心活动，分析方法需要高度定制以贴合商业流程，而在辅助的商业服务和支持领域，可以采用市场上通用的或现成的分析解决方案。

一个高阶的价值链被确定后，下一步是将价值链分解，直到达到限定的价值链步骤。通常情况下，三层就足够了。

例如，分解采矿业价值链中的核心活动。在采矿业核心活动的分解中，第一级包括项目启动、开采及加工、物流和销售(见图 5-5)。第二级包括勘探以及运输和航运的可行性研究。第三级是进行下一步特定的分解，以便开启头脑风暴，找到可以达成价值链上关键工作步骤业务目标的分析解决方案。

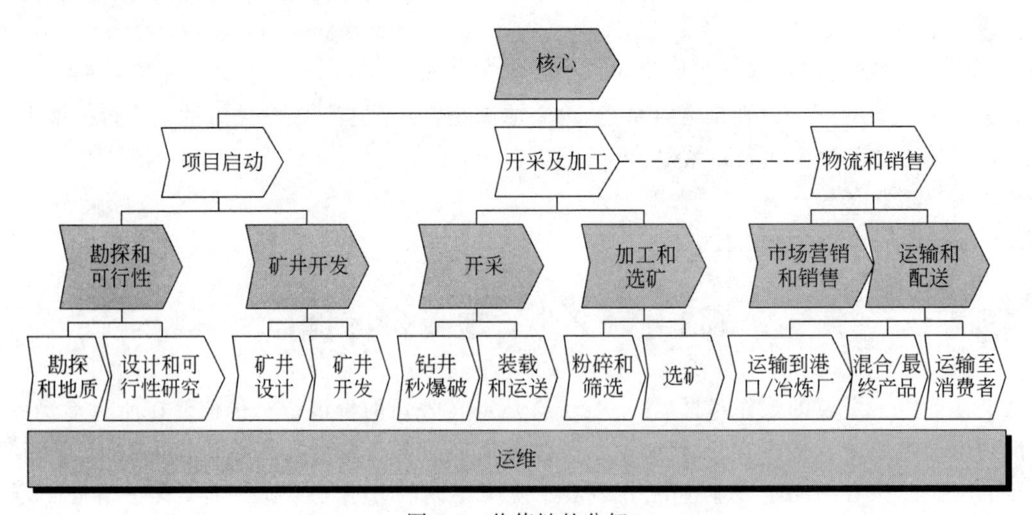

图 5-5　价值链的分解

5.4 第3步：头脑风暴分析解决方案机会

下一步是集思广益，想出价值链上每一个环节潜在的分析解决方案。价值链的每一个环节上都存在着多种可能的分析方案，包括战略、管理、运营、面向客户和科学。每种类型的分析解决方案在时间跨度、周转时间和部署上都不尽相同。

5.4.1 应用描述

下面是每一类分析应用的描述。

(1) 战略。战略分析并不频繁，但这类不经常使用的分析方法通常可以提供高价值，并在线下决策或流程中执行。它们通常对将来的一段时间(例如1～3年)提供预测全景图。

例如，设计战略性网络时，对整个网络的分布进行了分析和优化，以减少资本资产的支出，降低运营成本，并预测由网络扩张所带来的新市场、新需求。网络设计将定期进行评估(例如每年一次或每3年一次)，以确定是否需要改进。重新评估不会频繁进行，因为任何改变都将对整个供应链产生影响。

(2) 管理。这类不常用的分析方法通常可以在中期规划中提供价值。往往通过半自动或全自动流程实现这类分析。管理分析通常会提供更短时间的前景预估(例如3个月至1年)。

例如，需求规划考虑到了不同的需求输入，包括客户购买历史、库存水平、交货时间、未来的促销活动。更重要的是，预测购买需求并预测整个供应链相应的生产过程和产出。

(3) 运营。这类分析方法已经嵌入到公司的流程并作为日常运作的一部分被执行。运营分析适用的范围从实时(现在的)到短期内(今天或本周)。

例如，实时广告定向技术使用流媒体、实时网络、移动数据结合历史购买情况以及其他行为信息来即时在网站上播放有针对性的广告。

(4) 面向客户。这类分析方法的价值在于能够提供针对客户的调查，它们的范围也是实时或短期的。

例如，个性化医疗的分析使用个人生物识别技术、相关疾病知识的巨大资源库和匿名患者信息，帮助消费者认识到他们日常的行为对健康直接和长期的影响。

(5) 科学。这类分析法通常以知识产权的形式为公司增加新的知识。频率可以是周期性的(每年)或临时的(每隔几年)。

例如，药物发现分析根据已有的药物和疾病相关的信息确定现有药物的新应用。此外，科学分析法还可用于发现在分子水平上治疗疾病的潜在新衍生药物。

5.4.2 分析手段

通过头脑风暴活动，为价值链的每个环节想出不同的分析方法，通过分析来解决不同的商业问题。这一过程中要了解每种分析手段可以帮助解决的问题类型。分析手段包括以下几种。

(1) 描述性分析——这类分析手段描述发生在过去的事情。

① 发生了什么事?

② 为什么会发生?

(2) 诊断性分析——这类分析手段反复模拟随机事件,借此发现各种结果的可能性。

① 还有什么可能发生?

② 如果我们改变某些条件,会发生什么?

(3) 预测性分析——这类分析手段利用历史数据并从中发现有价值的联系和洞察,进行未来情况的预测。

① 什么事可能发生?

② 什么时候发生?

③ 为什么它会发生?

④ 如果照此趋势继续下去,会发生什么?

⑤ 在一些特定特征和可能的结果之间的关系是什么?

(4) 规范性分析——这类分析手段评估许多(或者全部)潜在的情况,确定最佳或一组最佳方案,以在各种约束条件下达到给定目标。

① 什么是最好/最坏的情况?

② 什么是最好的结果之间的权衡?

③ 什么是最好的执行计划?

为了获得灵感,现在开始在价值链上每一个环节都探寻问题。探寻的问题包括:

① 如果你能……将会怎么样?

② 在工作中有什么事你希望今天就知道,而不是未来才知道?

③ 什么将是一个有益的预警信号? 哪些数据将构成预警信号?

④ 你觉得哪里有隐藏的模式能够使你的公司受益?

⑤ 尽可能做出最好的决定将使你的公司哪方面受益?

⑥ 理解可能的最好决定中的权衡将对哪方面有利?

⑦ 缩小最佳结果的范围将对哪方面有利?

⑧ 了解各种场景将对哪方面有利?

⑨ 知道需求多少和哪里有需求将对你哪方面有利?

⑩ 知道接下来会发生什么将对你哪方面有利?

⑪ 知道什么是可能发生的最好的情况将对你哪方面有利?

⑫ 通过连接新的数据和系统你可以学到什么? 需要哪些数据? 需要整合哪些系统? 通过系统连接这些点的好处是什么?

⑬ 如何推动新的收入来源?

⑭ 怎么提高营利能力?

⑮ 如何鼓励创新?

⑯ 什么是可以超越竞争对手的正确投资?

⑰ 怎么知道什么时候去做……?

⑱ 如何提高高利润客户的忠诚度?

⑲ 如何找到更多的客户，并发展成最营利的客户？

⑳ 谁是最有可能干……的人？

㉑ 关于客户的事你有什么想知道，它将有助于你发掘新的商机或给客户提供更好的服务？

㉒ 什么是做某事的最佳方式？

㉓ 如果能预测到……你会怎样？

很多著名的头脑风暴技巧都可以帮助激发活跃思维，包括：

① 名义群体。是指在决策过程中对群体成员的讨论或人际沟通加以限制，群体成员是独立思考的。像召开传统会议一样，群体成员都出席会议，但群体成员首先进行个体决策。

② 定向头脑风暴。

③ 有引领的集体讨论。

④ 思维导图。思维导图软件是一个创造、管理和交流思想的通用标准，其可视化的绘图软件有着直观、友好的用户界面和丰富的功能，帮助有序地组织自己的思维、资源和项目进程。

⑤ 组内传递。

⑥ 问题献计献策。

对于参与头脑风暴的团队使用其中的一种或者几种适合的方法。

例如，识别分析解决方案。图 5-6 显示了一个有两个价值链环节的集体讨论会的结果。在这个例子中，使用分析应用法的一部分(即战略、管理和运营分析)来说明，可以把集体讨论的范围聚焦到部分可能的分析应用，或者也可以全范围使用。

	开采	加工与选矿
战略	· 战略综合规划优化	
管理	· 战术综合规划优化 · 矿井开发规划优化 · 基坑设计优化 · 地质建模 · 灾难恢复规划优化 · 运营训练驾驶舱模拟 · 装载、运输优化 · 矿井效益优化 · 移动设备优化	· 研磨优化 · 粉碎和筛选优化 · 选矿工艺的优化
运营	· 作业调度优化 · 地质矿床模型协调优化 · 装载、运输调度优化	

图 5-6　分析解决方案

5.5　第4步：描述分析解决方案机会

经过集思广益收集所有可能的分析方法之后，下一步就要详尽地阐述每个想法。这通常是对潜在方案的一个简单总结，提到的关键要素能够简洁地解释该想法。关键要素包括：

(1) 描述。对于潜在分析解决方案的总体解释。

(2) 可以解决的问题。根据经验，这部分总结最好以列表的形式将潜在可以解决的问题一一列出。

(3) 数据来源。提供关于方案的数据或数据来源的初始想法。

(4) 分析技术。提供关于方案用到的分析技术的初始想法。

(5) 对于价值链的影响。对价值链潜在的定性或定量影响的初步总结。

例如，分析解决方案描述。当开始将设想具体化时，一些合并或取消自然会出现。

5.6　第5步：创建决策模型

如果时间或预算允许，大多数企业都能够识别很多的潜在分析解决方案。因此，企业需要确定最急需处理的解决方案，拟定一个路线图。一个简单的决策模型可以帮助整个组织与利益相关方同时考虑到不同的决策标准并达成共识。

例如，评价标准。要建立一个简单的决策模型，需要建立可用于评估潜在分析解决方案的评价标准。评价标准可以是严格的定量分析，但通常定性和定量的组合标准往往就可以达到令人满意的效果。每个标准应根据与其他评分标准之间的比较而被赋予权重，从而确定其在整体决策上的重要性(见表5-1)。

表5-1　评估标准

评估标准	评估标准的描述	权重
商业价值契合度	解决问题的相关价值主张	35%
行业需求契合度	相关的复杂水平，不确定性(经常与时间成比例)，流程之间的相互关系	20%
价值原则契合度	与价值原则的契合度	15%
技术契合度	与解决问题相关的工具和人的能力	15%
数据契合度	数据的相关适用程度	10%
应用能力契合度	解决方案的相关需求和使用	5%

如表5-1所示的评价标准的样例中，矿业公司为分析解决方案的潜在投资回报率赋予了一个高权重，而为数据可用性赋予了一个较低的权重，因为该公司具有生成或获取新数据的能力。其他组织则可能对标准赋予的权重非常不同。

例如，评估规则。接下来的任务是为评价标准开发一个规则。这为潜在的分析解决方案进行评分提供了一致性。表5-2说明了定性的标准是如何被确定的。定量标准通常会基于范围进行评分。需要注意的是，矿业公司在现阶段选择使用定性标准评估商业价值，因为它不希望通过执行一个正式的商业计划规定严格的投资回报率，这会减缓整个流程。

表 5-2 评分规则

分数	商业价值契合度	行业需求契合度	价值原则契合度	技术契合度	数据契合度	应用能力契合度
1	没有回报或没有成本、产出或恢复驱动力	众所周知的问题与精确定义的解决方案	只满足三级驱动	无知识	大部分数据来源未知	
2	重要成本、产出或恢复驱动			了解领域知识或技术方法	一些数据来源未知	战略
3		高度复杂性和许多变量	满足二级驱动	存在软件模型	大部分数据来源已知	管理
4	高产出或恢复驱动性	决策具有高度不确定性	只满足一级驱动	存在书面模型	已知或可识别的数据源	
5	高风险/回报（产出、恢复或成本）驱动	流程相互关系中高层次取舍	满足一级和二级驱动	软件可用并且不需要开发	已知并且可用的数据源	运营

5.7 第6步：评估分析解决方案机会

在制定好评分规则之后，可以同利益相关者一起对潜在的分析机会给出评分。这可以集体共同完成，或通过个人单独评分最后将结果进行合并这样的过程来完成。

例如，得分决策模型。将应用加权标准来确定每个潜在的解决方案的加权得分，潜在的解决方案列表可以按照加权得分的顺序进行排列（见表 5-3）。

表 5-3 分数决策模型

机会	商业价值契合度	行业需求契合度	价值原则契合度	技术契合度	数据契合度	应用能力契合度	总加权得分
研磨优化	5	5	5	2	5	5	4.55
资产维护优化	4	5	5	4	5	5	4.5
库存管理优化	5	3	3	4	4	5	4.05
短期矿井规划优化	4	4	5	2	5	5	4
资产投资优化	4	3	4	4	4	5	3.85
资本资产组合优化	4	5	5	2	3	2	3.85
移动设备优化	4	3	5	2	5	5	3.8

续表

机　　会	商业价值契合度	行业需求契合度	价值原则契合度	技术契合度	数据契合度	应用能力契合度	总加权得分
勘探和前期开发投资组合优化	5	4	4	1	4	2	3.8
入库物流优化	3	5	4	4	4	2	3.75
粉碎和筛选优化	4	3	4	2	5	5	3.65
销售机会优化	3	4	4	4	4	3	3.6
人员名册优化	3	5	2	4	5	3	3.6
综合规划优化	2	5	5	5	2	2	3.5
地质统计建模	4	3	3	2	5	5	3.5
市场模拟	5	2	3	4	2	2	3.5
选矿工艺优化	3	4	5	1	5	5	3.5
矿井寿命优化	3	5	5	1	4	2	3.45
场景规划优化	3	5	4	2	4	2	3.45

既然与利益相关者之间已经达成共识，下一步就要考虑预算和时间的因素。为了做到这一点，可以采用以下几种办法。

(1) 自上而下规划。在这种方法中，管理人员建立一份预算和时间表。例如，一个1000万美元的三年期预算。

(2) 自下而上规划。这种方法会审视和评估每一个潜在的解决方案，来建立一个时间表和总预算。

(3) 自上而下和自下而上相结合。这种方法会设定一个最大预算和时间表，会调整潜在的解决方案来“契合”预算和时间表。

以下是在一些场景中需要解决的问题清单。

(1) 在整体业务方案中场景的上下文是什么——现状、难题、解决办法？

(2) 情景的目标是什么？

(3) 存在哪些业务问题？

(4) 如果有的话，什么是预先存在的条件、约束和依赖性？

(5) 什么是场景的触发器？

(6) 如果有的话，什么是瓶颈？

(7) 适用的业务规则有哪些？

(8) 如果有的话，有什么可被触发的替代方案？

(9) 什么是显著的商业结果？

(10) 如果有的话，什么是集成点？

(11) 在该场景下谁是关键的利益相关者？

(12) 包括来自内部和外部的哪些业务部门或利益相关者会受到场景的影响?

(13) 什么是经济和运营效益?

5.8 第7步:建立分析路线图

利用预算和时间安排的限制,加上高层次解决方案的描述,对于每一个潜在的分析解决方案,可以创建一个关于预算和项目进度的粗略估算。方法之一是使用螺旋方法创建更小范围内的项目,当这些更小范围的项目取得成功后,在这些初步成功的基础上继续进行下一阶段。通过使用这种方法,可以提前开始并完成更多的项目,可以更快地实现业务影响力和总结经验教训。

5.9 第8步:不断演进分析路线图

独特的分析路线图应该是不断演进的,不断地通过实施并使用分析作为一个战略杠杆来推动业务价值和实现对业务的影响。为了坚定不移地推进这条路线图,需要定期地进行更新和修正。更新的频率取决于业务按照路线图的执行速度。如果是一个快速成长的组织,具备一流的执行能力,那么业务的脉搏会跳动得更快,因此需要频繁地更新路线图。当业务需求为了响应市场而不断发生变化时,就可能会影响到路线图,因此需要不断更新路线图。科技日新月异,而这些变化可能会影响路线图的可行性。在路线图中建立一个闭环的变革管理流程,并一定要与相关团队共享这些变化,使每个人都与路线图的最新状态保持一致。

分析路线图上的每一个项目都具有既定的目标。作为项目实施的一部分,实际业绩和业务影响都要与既定目标进行比较,直到达到或超过目标。生产部署后,应该建立新的目标以推动持续分析的进程。对于任何失败的分析项目,应该对项目失败的原因进行彻底剖析,这样就可以在未来的项目中学习和避免同样的错误。

作　　业

1. 在现实社会中,我们经常可以看到,成功企业执行上的(　　)创造了独特的价值主张,形成了可持续的差异化竞争。

A. 人才优势　　B. 资金优势
C. 差异优势　　D. 技术优势

2. 当企业处于越来越多的数据和决策的"围城"之中时,为寻找一个可持续发展的优势,可以(　　)来支持他们独特的经营策略,以帮助实现业务目标。

A. 量身定制其分析战略　　B. 加大生产规模
C. 引进人才提高研究水平　　D. 厉行节约减少成本

3. 这种竞争形式类似为群落间的竞争,甚至是生态系统间的竞争,这就是(　　)。

A. 商业1.0　　B. 商业4.0　　C. 商业2.0　　D. 商业3.0

4. 要创建一个独特的(　　)策略，企业必须充分利用各种资源、专业知识和技术来创造出独特的分析路线图。

A. 竞争　　B. 学习　　C. 分析　　D. 发展

5. 如今随着第二代更强大的分析功能的问世，在企业的(　　)方面都有利用分析的机会。

A. 销售　　B. 各个　　C. 财务　　D. 采购

6. 数据科学家是新一代的(　　)，他们剖析问题，用科学的方法采用分析技术的独特组合来发现新的模式和价值。

A. 教育家　　B. 计算机专家

C. 多学科科学家　　D. 数学家

7. 精准或细粒度控制是洞察到个人，而不是群体或汇总数据。通过了解(　　)的行为，可以更精确地预测未来的行为。

A. 个性化　　B. 群体化　　C. 创新性　　D. 独特性

8. 分析路线图从一开始就要确定目标，也就是说需要清楚地了解企业的(　　)是什么。

A. 员工水平　　B. 资金能力　　C. 营利目标　　D. 业务目标

9. 在确定了主要的工作目标后，下一步就是定义公司的价值链。价值链在所有活动中识别出(　　)的活动。

A. 最漂亮　　B. 最核心　　C. 最廉价　　D. 最值钱

10. 经过集思广益收集所有可能的分析方法之后，下一步就要详尽地阐述每个想法，其中的关键要素不包括(　　)。

A. 数据来源　　B. 分析技术　　C. 价值等级　　D. 价值链影响

11. 企业需要确定最急需处理的解决方案，拟定路线图。一个简单的(　　)可以帮助整个组织与利益相关方同时考虑到不同的决策标准并达成共识。

A. 加权模型　　B. 决策模型　　C. 价值模型　　D. 时间模型

12. 建立分析路线图之后，对于每一个潜在的分析解决方案，可以创建一个关于预算和项目进度的(　　)。

A. 粗略估算　　B. 精确计算　　C. 混合运算　　D. 四则运算

大数据分析的运用

【导读案例】

数据驱动≠大数据

数据驱动这样一种商业模式是在大数据的基础上产生的，它需要利用大数据的技术手段，对企业的海量数据进行分析处理，挖掘出其中蕴含的价值，从而指导企业进行生产、销售、经营、管理(见图6-1)。

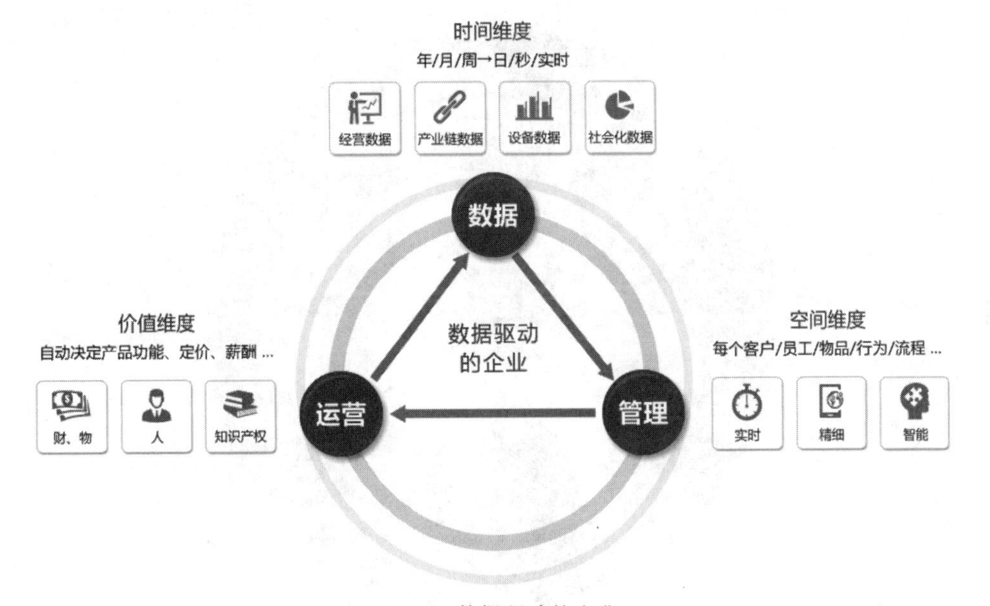

图6-1　数据驱动的企业

1. 数据驱动与大数据有区别

数据驱动与大数据无论是从产生背景还是从内涵来说，都有很大的不同。

(1) 产生背景不同。21世纪第2个10年，伴随着移动互联网、云计算、大数据、物联网和社交化技术的发展，一切皆可数据化，全球正逐步进入数据社会阶段，企业也存储了海量的数据。在这样的进程中，曾经能获得竞争优势的定位、效率和产业结构，均不能保证企业在残酷的商业竞争中保证自身的竞争优势，诺基亚、索尼等就是很好地例子。在这样的背景之下，数据驱动产生了，未来谁能更好地由数据驱动企业生产、经营、管理，谁才有可能在残酷的竞争中立于不败之地。

大数据早于数据驱动产生,但是都出于相同的时代,都是在互联网、移动互联网、云计算、物联网之后。随着这些技术的应用,积累了海量的数据。单个数据没有任何价值,但是海量数据则蕴含着不可估量的价值,通过挖掘、分析,可从中提取出相应的价值,而大数据就是为了解决这一类问题而产生的。

可见,数据驱动与大数据产生的背景及目的是有差别的,数据驱动并不等于大数据。

(2) 内涵不同。数据驱动是一种新的运营模式。在传统商业模式下,企业通过差异化的战略定位、高效率的经营管理以及低成本优势,可以保证企业在商业竞争中占据有利位置,这些可以通过对流程的不断优化实现。而在移动互联网时代以及正在进入的数据社会时代,这些优势都不能保证企业的竞争优势,只有企业的数据才是企业竞争优势的保证,也就是说,企业只有由数据驱动才能保证其竞争优势。

在这样的环境下,传统的经营管理模式都将改变以数据为中心,由数据驱动(见图 6-2)。数据驱动的企业,实际上是技术对商业界、对企业界的一个改变。消费电子产品经历了一个从模拟走向数字化的革命历程。与此类似,企业的经营管理也将从现有模式转向数据驱动的企业。这样一个转变,实际上也是全球企业面临的一场新变革。

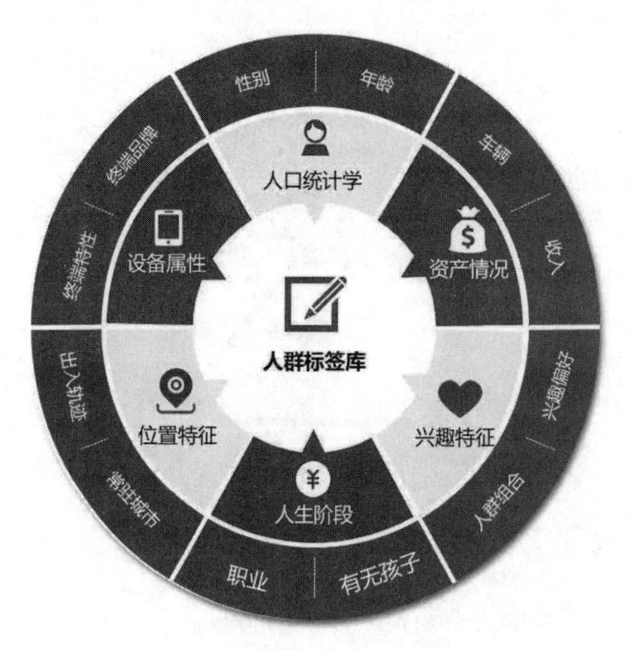

图 6-2　数据驱动的精准投放

2. 数据驱动与大数据有联系

数据驱动是一种全新的商业模式,而大数据是海量的数据以及对这些数据进行处理的工具的统称。二者具有本质上的差别,不能一概而论。

虽然数据驱动与大数据有许多不同,但是由上面的阐述可以知道,数据驱动与大数据还是有着一定的联系。大数据是数据驱动的基础,而数据驱动是大数据的应用体现。

如前所述,数据驱动这样一种商业模式是在大数据的基础上产生的,它需要利用大数据的技术手段，对企业海量的数据进行分析处理，挖掘出这些海量数据蕴含的价值，从而指导企业进行生产、销售、经营、管理。

同样地，再先进的技术，如果不用于生产时间，则其对于社会是没有太大价值的，大数据技术应用于数据驱动的企业这样一种商业模式之下，正好体现其应用价值。

资料来源：佚名. 畅想网. 2013/12/20.

阅读上文，请思考、分析并简单记录。

(1) 请在理解的基础上简单阐述什么是数据驱动。

答：

(2) 请简单阐述本文为什么说"数据驱动≠大数据"。

答：

(3) 请简单分析数据驱动与大数据的练习与区别。

答：

(4) 请简单描述你所知道的上一周内发生的国际、国内或者身边的大事。

答：

6.1 企业分析的分类

对企业的分析有一些不同的分类方法。下面针对不同类型分析的基本要求，研究需求将如何影响组织对分析方法和工具的选择。由于没有任何一个单一的方法和工具能够满足每一个需求，因此，对于所有层面分析决策的关键问题是：该怎样应用分析结果(见图 6-3)。

我们将企业分析归为以下 5 类。

(1) 战略分析。为高层管理人员服务的分析。

(2) 管理分析。为职能领导服务的分析。

(3) 运营分析。支持业务流程的分析。

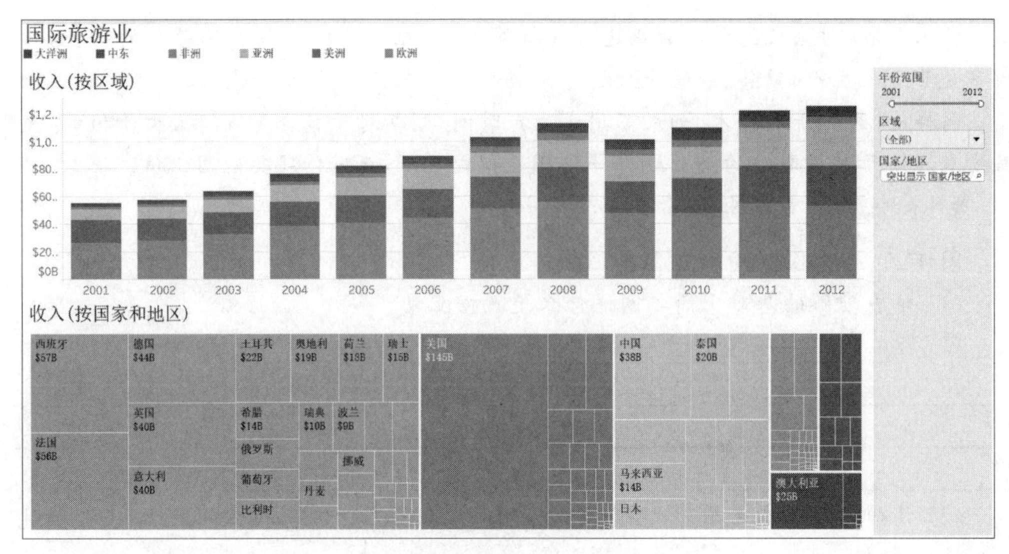

图 6-3　应用分析结果示例：旅游数据分析

（4）科学分析。支持发展新知识的分析。

（5）面向客户的分析。针对最终消费者的分析。

根据分析使用者在组织中的角色来描述不同类型的分析，讨论分析使用者的角色是如何影响分析项目的关键特征，包括时效性和可重复性，以及这些特征如何影响工具和方法的选择。在每个分析项目开始时，分析师一定要清楚的是：谁将使用这个分析？

6.2 战略分析

组织的战略分析主要针对高层管理人员的决策支持需求，解决战略级的挑战与问题。

战略问题（见图 6-4）有 4 个鲜明的特点。首先是风险高，如果战略方向不对会造成严重后果；其次，战略问题常常会突破现有政策的约束；第三，战略问题往往是不可重复的，在大多数情况下，组织解决了一个战略问题，不会再解决同样的另一个；第四，以何种方式推进是最好的，对此领导层没有达成共识，有很多不确定性，管理层对事实有不同的认识。换句话说，如果没有异议也就没有必要进行分析。

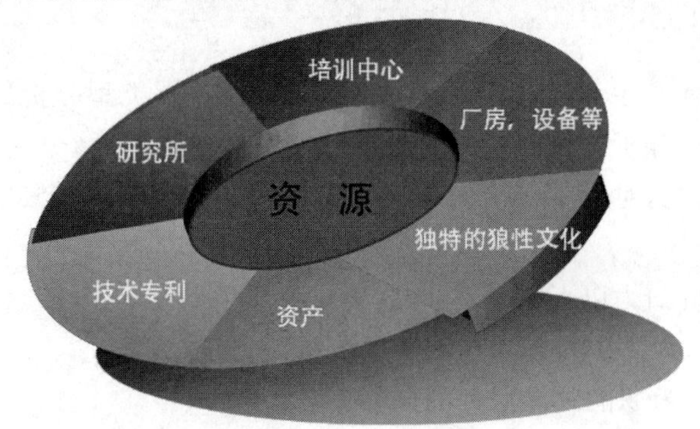

图 6-4　战略分析

战略问题的例子包括：

(1) 是否应该继续投资一条表现不佳的业务线？

(2) 一个拟议中的收购将如何影响现行的业务？

(3) 预计明年的经济大环境是怎么样的？会如何影响我们的销售？

由于高管依靠战略分析以达成共识，分析的价值更多地取决于信誉和该分析师的既往成就(而不是方法的精度或理论的缜密)。分析师的独立性也是关键，尤其是因为分析将用于解决管理层之间的异议。此外，分析结果的快速出台也很重要。

虽然某个问题对于某一家公司来说可能是一次性的，但其他公司却可能已经经历过类似的情况。与内部分析师相比，曾经处理过类似情况的经验使得外部顾问的价值大大提升。此外，回答战略问题通常需要使用一些不太容易获得的数据，例如组织外部的数据。

由于上述原因，基于独立性、可信性、过往成就的记录、紧迫性和外部数据，企业倾向于更多地依赖外部顾问进行战略分析。但是，分析型领导者会建立一个内部团队进行战略分析，这个团队一般在传统职能部门之外独立运行。

6.2.1 专案分析

专案分析是指针对一个特定的问题收集相关新数据并进行相对简单的分析：连接表、汇总数据、简单统计、编制图表等。企业会投入大量的时间和努力做专案分析。

传统商务智能很难或无法解决不可重复的问题和需要管理层关注的问题。那些基于数据仓库的商务智能系统非常适合重复的、基于历史的和在政策框架内操作的低层面的决策，而专案分析可以弥补高层管理人员的需求和商务智能系统能力之间的差距。

专案分析这种类型的工作往往会吸引具有丰富经验和能力的分析师，他们能够在压力下快速、准确地工作，团队专家的背景往往也是各种各样。例如，一家保险公司有一个战略分析团队，其中就包括人类学家、经济学家、流行病学家和具有丰富经验的索赔专家。

发展分析领域、业务和组织方面的专业知识可以增进战略专案分析师工作的可信度。更重要的是，成功的分析师会对数据持怀疑态度，为获得答案而进行很多主动的探索，这往往意味着要攻克更多的困难，例如，使用编程工具和细分数据来找到问题的根本原因。

因为专案分析需要灵活性和敏捷性，因此，成功的分析团队会突破标准流程而在IT部门之外运作，并允许分析师在组织和管理数据时具有更大的灵活性。

战略分析中分析工具的选择往往反映了不同的分析背景，因此差异可能很大。战略分析家使用SQL(结构化查询语言)、SAS(统计分析软件)或R(程序语言)进行工作并使用标准的办公软件工具(如Excel)展现其成果。由于战略分析团队往往较小，要求严格使用单一工具的意义不大。此外，多数分析师都会想用最好的工具并喜欢使用为一种特定问题而优化过的工具。

对一个战略分析团队来讲，最重要的是具备能够快速获取和组织任何来源及任何格式数据的能力。许多组织都习惯使用SAS，一些分析团队使用SAS获取和组织数据，但使用其他工具执行实际的分析工作。不断增长的数据量对传统的SAS架构的性能提出了挑战，因此分析团队越来越关注数据仓库厂商提供的一体机解决方案，如IBM、

Teradata、Pivotal 或者 Hadoop。

6.2.2 战略市场细分

市场细分既是组织高层所追求的战略，也是用于支持制定战略的分析方法。企业可以运用分析技术来进行战术性的针对营销，在这种情况下，内部客户是初级管理人员，而战略市场细分分析的客户则是首席营销官（CMO）和企业高级管理层的其他成员。

当企业进行如下几类活动时，需要对市场进行细分：开发新产品投放市场、进入新市场，或者重新激活已经进入市场饱和状态的产品线。通过将一个广阔的市场分割成有不同需求和沟通习惯的不同人群，企业可以找出更有效地解决消费者问题的方法并建立起消费者的忠诚度。

在大多数情况下，战略市场细分的目的是寻找更好的方法来挖掘还不是企业客户的消费者。细分分析通常包括从调查中捕捉的外部数据或者二手资料来源。外部顾问往往承担这一工作，因为他们有进行可靠的细分分析所需要的专业知识，也因为细分分析的工作总体而言并不经常进行，建立起内部分析能力不划算。

6.2.3 经济预测

在许多组织中，周期性的计划和预算通常从经济环境评估开始，这不是简单地猜测未来。管理层在很大程度上依赖于计量经济学预测中对于经济增长、通货膨胀、货币走势等指标的基准线预测。

计量经济学家使用数学、统计学以及高性能计算机来构建复杂的经济模型，然后使用这些模型来对关键指标进行预测。因为建立和维护这些模型是十分昂贵的，所以只有较大的企业才建立自己的经济计量模型。相反，大多数企业购买由专业公司所产生的预测数据，然后利用分析建立自身的关键指标与购买的经济指标之间的联系。

6.2.4 业务模拟

计量经济模型利用数学理论方法来构建复杂的大体量体系的模型。当预测的关键指标与主要经济指标走势一致时，这些模型非常有效。例如，一家全国性的百货连锁企业可能会发现自己的零售销量与家庭总消费支出的预测非常吻合。

尽管通过计量经济预测所产生的预测点估计对于战略规划是有用的，但在许多情况下，管理层更关心的是一系列可能的产出结果，而不仅仅是简单的一项预测。管理者们可能会关心某些明确定义的流程所带来的影响（如生产制造操作），或一些资产所带来的影响（如一套保险政策或一个投资组合）。在这种情况下，业务模拟是一个有用的应用方法。

业务模拟是一个随时间变化的真实世界体系的数学表现。模拟取决于代表着被模拟系统或流程的关键特征和行为的数学模型的初始结构。这个模型就代表这个系统，而一个模拟过程则表示在一系列假设下随时间变化的系统运作。

因为管理者可以调整假设，所以业务模拟是进行“假设”（what-if）分析的一个很好的工具。例如，一家人寿保险公司可以基于投保人行为、死亡率和金融市场情况等不同假设模拟自己的财务结果。管理者们就可以根据模拟的结果对是否要进入某一业务线、收购另一家运营商、对投资组合进行再保险或对其他具有战略影响的问题进行决策。

例如，北方信托是一家全球性的金融机构，它使用蒙特卡洛模拟来评估运营风险，蒙特卡洛模拟能够帮助人们从数学上表述物理、化学、工程、经济学以及环境动力学中一些非常复杂的相互作用。受到法律和国际标准的管理，风险评估是一项有很大影响力的工作。因此高层管理人员依靠这种分析来为资产质量和投资组合战略制定策略。而风险分析师使用一个开源的 R 语言工具 Revolution R Enterprise，在一系列的经济场景下模拟财务运营结果。在每一个场景中，分析师运行的模拟计算都包含数以百万计的迭代。

6.3 管理分析

为中层管理者需求服务的分析应用专注于具体的功能问题（见图 6-5）。

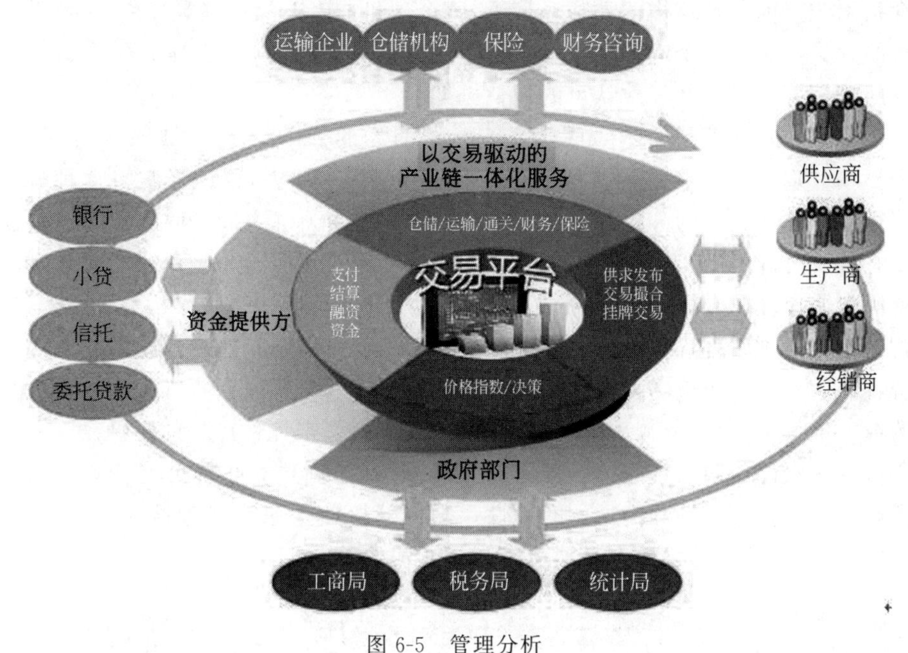

图 6-5 管理分析

（1）管理现金的最佳方式是什么？

（2）产品 XYZ 是否能够按照预期运营？

（3）营销计划的有效性怎么样？

（4）在哪里可以找到开设新零售店的最佳机会？

不同的功能问题有不同的专业术语，不同的专业分析也有其独特的分析时机或分析条件（如商店位置分析、营销组合分析、新产品的预测等）。而管理分析问题则一般分为以下 3 类。

（1）测量现有实体（如产品、项目、商店、工厂等）的结果。

（2）优化现有实体的业绩。

（3）规划和开发新的实体。

为企业开发报表工具、商务智能仪表盘、多维数据钻取等测量工具是当前商务智能(BI)系统的主要功能。在数据及时可信、报告易于使用的情况下,这样的系统将会十分高效,并且该系统反映了一个有意义的评估框架。这意味着活动、收入、成本和利润这些指标反映了业务功能的目标,而且能确保不同实体间的比较。

在BI技术的现状下,内部功能(销售、承保、店面运营等)分析团队往往要花费很多时间为经理们准备例行报告。例如,一个保险客户要求的一个评估报告实际上由超过100个SAS用户组成的一个工作组完成。

在一些情况下,报告花费了分析师大量的时间,因为企业缺少在必要的工具和引擎上的投资,不过这是一个很容易解决的问题。通常情况下,产生这种情况的根本原因是缺乏一致的评估标准。在缺乏计量准确的组织中,评估将成为一件困难的事情,在这种混乱的情况下,单个项目或产品的经理要寻求能够展现他们项目或产品最大优势的定制分析报告也会很困难。因为在这样的评估环境下,每个项目或者产品都是最优的,并且分析失去了管理的意义。对于这个问题至今没有合适的技术性解决方案,它需要领导者为组织制定清晰的目标并且建立其一致认可的评估框架。

对于规划和发展新的实体(如程序、产品或门店)的分析通常需要组织外部的信息,并可能需要一些现有员工中无人掌握的技能。由于这两个原因,组织通常将这种分析外包给拥有相关技能和数据的分析供应商。在组织内的分析师看来,这种分析的技术要求很像做战略分析所需要的。这种能力能够快速从任何融合了灵活敏捷的编程环境和功能支持的资源中快速获取数据,从而服务于广泛的通用性分析问题。

营销归因分析就是管理分析的一个很好的例子。归因分析利用历史数据和高级分析将消费者的购买行为与市场营销方案和效果关联起来。在电子商务和数字营销大规模出现前的单一市场中,营销依赖于对媒体市场的综合分析,来评估广告的影响。随着营销组合手段从传统媒体转向数字媒体,市场营销人员开始依赖建立在单个消费者层面的归因分析来衡量各个营销活动和沟通的有效性。归因分析使企业能够节省资金,增加每个营销活动的收入,并且个性化地定义消费者与企业间的关系。

6.4 运营分析

运营分析是为提高业务流程效率或效益的分析。管理和业务分析之间的区别有时是很小的,并且总体而言可以归结为汇总的程度和分析频率的差别。例如,首席营销官对所有营销方案的效果和投资回报率感兴趣,但是不太可能对某个项目运营细节感兴趣。而一个营销项目的经理会对该项目的运营细节十分感兴趣,但是不会太关注其他营销项目的运营效果。

在汇总程度和分析频率上的差异导致了相关类型的分析之间巨大的差异。一个首席营销官的关注重点应该在一个项目是“继续进行或者立即停止”的层次上:如果这个项目有效果的话就要继续为这个项目提供资金支持,如果没有效果则该项目应立即停止。这种类型的问题很适合使用融合了可靠利润指标和投资回报率指标的“仪表盘”模式的商务智能系统处理。另一方面,对于项目经理来说,他们感兴趣的一系列洞察指标不仅是这个项目的运营效果,而且是为什么这个项目能达到现在的运营效果以及能够怎样改进该项目。并且,这个例子中的项目经理会深入参与运营决策,如选择目标、选择目标受众、确定哪方提供分配资源、处理出现的异常反应,以及管理交付计划和预算,这是运营分析要达到的效果。

尽管任何一个BI软件包都可以处理不同层次和类型的运营问题,整个业务流程中不同性质的操作细节仍然使问题变得更加复杂。一个社交媒体营销方案的实施依赖于数据源和运营系统,这与网页媒体和邮件营销方案完全不同。预先批准和非预先批准的信用卡采集程序使用不同的系统来分配信贷额度。这些过程的一部分或者全部都是可以外包出去的。只有极少的企业能够成功地将他们所有的运营数据集成到单一的企业数据存储中。因此,通常商务智能(BI)系统很难全面地支持管理和业务的分析需求,更为常见的是,由一个系统来支持管理分析(对于一个或多个准则),而其他不同的系统和专案分析来支持运营分析。

在这种情况下,问题往往可以特定于某个领域,而分析师也能够在该领域中进行非常专业的分析。一个在搜索引擎优化方面很专业的分析师不一定擅长信用风险的分析。这与分析师使用的分析方法无关,而是有些类似于不同业务之间的区别,并且与在特定业务中使用的语言和术语以及在特定领域中使用的技术和管理问题有关。就像一个生物统计学家一定很了解常见的医疗数据格式和HIPAA法规(健康保险携带和责任法案);一个消费者信用风险分析师一定很了解FICO评分、FISERV格式和公平信用报告法(FCRA)。在这两个例子中,分析师都必须对组织的业务流程有深刻理解,因为这对识别改进项目的时机和确定分析项目的优先次序是十分重要的。

虽然运营分析可能会通过许多不同的方式来改进业务流程,但是大多数分析应用还是分为以下三类。

(1) 应用决策系统通过大量更优的决策来支持业务流程。例如,包括客户要求的信用额度增加或信用卡交易授权系统,通过采用平衡风险和收益的一致性数据驱动的规则来改善业务流程。将分析嵌入应用决策系统可以帮助组织优化“松”与“紧”标准之间的取舍问题,并能够确保决策标准反映实际的情况。与基于人工决策的系统相比,一个分析驱动的系统能够更快速和更稳定地运行,并且能够比人工决策系统考虑到更多的信息。

(2) 定位和路由系统可以通过自动转发提高事务处理的速度。例如,文本处理系统可以读取每个传入的电子邮件并将其发送到相应的客户服务专家那里。而在第一类里的应用决策系统主要用于对一系列事务中“是或否”“同意或取消”类型的决策进行建议,一个定向系统则是从候选项集合中进行选择并且可能从替代路线中做出高质量的决策。这种类型的系统对于业务的好处就在于它能够提高生产率、减少加工时间。例如,组织不再需要一个专门的团队来阅读每封邮件并将其转到相应的专家那里。分析的应用使这样的系统成为可能。

(3) 业务预测系统用于规划影响运营的关键指标。例如,利用预测的商店流量来确定人员配置水平的系统。这种系统通过对客户需求进行协调运作来确保本组织能够更高效地运营。同样,应用分析使这样的系统成为可能。虽然在理论上即使没有分析预测的部分也能够建立一个这样的系统,但是无法想象会有管理人员将运营寄托于这种侥幸的猜测。与前两种应用不同,预测系统通常使用总体数据而不是原子数据。

对进行分析报告的工作而言,能够迅速地从运营数据源(内部和外部)攫取数据的能力是至关重要的,正如将报告发布到一个通用的报表和BI展示系统中的能力也是很重要的。

部署能力是进行预测性分析工作的关键要求,分析人员必须能够将预测模型发布为预测模型标记语言(PMML)文件或是在可选择编程语言中可执行的代码文件。

6.5 科学分析

战略、管理和运营分析涵盖了各种不同类型的分析,管理者在不同层次依靠不同分析来做出决策。科学分析被用来帮助实现一个完全不同的目标:新知识的产生(见图6-6)。

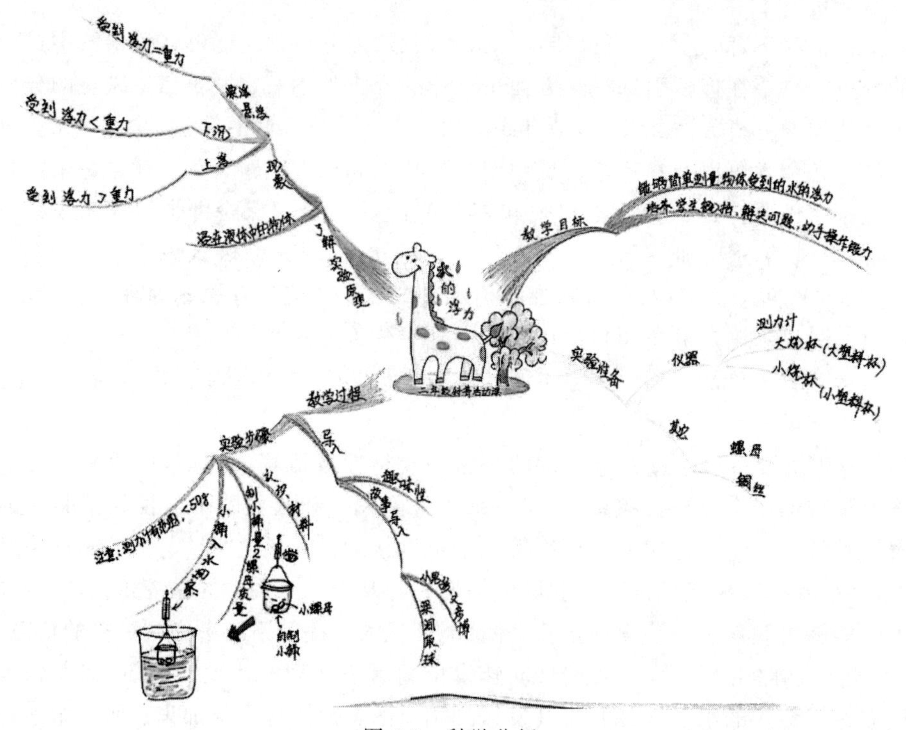

图6-6 科学分析

科学知识有两种完全不同的类型。由大学和政府资助的公共知识可以免费获得,私人知识则不同,知识产权法保护知识产权和为了开发商业产品而投资于知识的私人资本投资。由于成功知识产权的高潜在回报,对专用知识分析(如生物技术、制药和临床研究)的投资在分析总支出上占了很大的份额。

科学分析师十分重视使用能够经受住同行评议审查的分析方法,这种关注往往会影响他们对于分析技术的选择。比起预测结果,他们也往往更关心对方差产生原因的认识。这与其他商业应用形成了鲜明的对比,因为在其他商业应用中,预测结果是首要关心的问题。

例如，纽约州立大学布法罗分校拥有一家世界领先的多发性硬化症(MS)研究中心，团队研究来自 MS 患者的基因组数据，来识别那些变异后能够降低 MS 发病率的基因。由于基因产物需要与其他基因产物和环境因素相互作用而生效，因此该研究团队对于研究相互作用的基因组合十分感兴趣。

在基因组研究中使用的数据集是非常大的，并且分析计算十分复杂，因为研究人员要寻找数千基因与环境因素之间的相互作用。由于基因组合数量呈爆炸式增长，有可能要以百亿级的数量级来衡量可能的作用。纽约州立大学布法罗分校的团队使用 R 语言企业集成软件与 IBM 的专家集成系统一同来完成分析应用，以便简化和加速对于大数据集的复杂分析。

6.6 面向客户的分析

面向客户的分析被定义为是针对最终消费者解决问题而细分产品的分析。

就像前面所指出的，不同层级的管理者有时会借助外部供应商来满足因各种原因所产生的分析需求。但是，如果外部供应商所使用的分析方法和技术和内部团队所能提供的一样，我们并不认为这是一种完全不同的分析形式。

面向客户的分析区分产品与替代品，用于企业在市场上创造独特的价值。目前有三种不同类型的面向客户的分析，即预测服务、分析应用和消费分析。

6.6.1 预测服务

传统的分析咨询服务出售和交付的“产品”就是一个分析项目。咨询价格取决于完成项目所需要的咨询时间和所消耗资源的时间价值。对于预测服务而言，产品销售和交付给客户的过程就是一种预测的过程，而不是一个项目。价格取决于使用的预测事务结果的数量。信用评分是预测服务最著名的案例，在销售、市场营销、人力资源以及保险承保领域也有许多其他预测服务的案例。

组织能够通过内部开发或购买模型来满足预测服务的需求。但是，外部进行的预测服务往往有与内部不同的工作方式。外部开发者将预测模型成本分摊到很多项目上，这样可以使广大的小微企业市场也从预测分析中受益，否则它们根本无法负担。预测服务供应商也能够实现规模经济并且可以经常访问可能原本不能够获取的企业数据源。

6.6.2 分析应用

分析应用系统是预测服务的一个自然延伸，这是使用数据驱动的预测并支持一个业务流程所有或部分的商业应用系统(见图 6-7)。

例如：

(1) 抵押贷款申请的决策系统(使用申请人偿还贷款倾向的预测)。

(2) 保险承保系统(使用一个保险策略预期损失的预测)。

(3) 欺诈案件管理系统(使用单个或一组索赔是欺诈的可能性的预测)。

开发商经常采用“剃须刀和刀片”策略来销售和交付这些应用系统。在这种策略下，

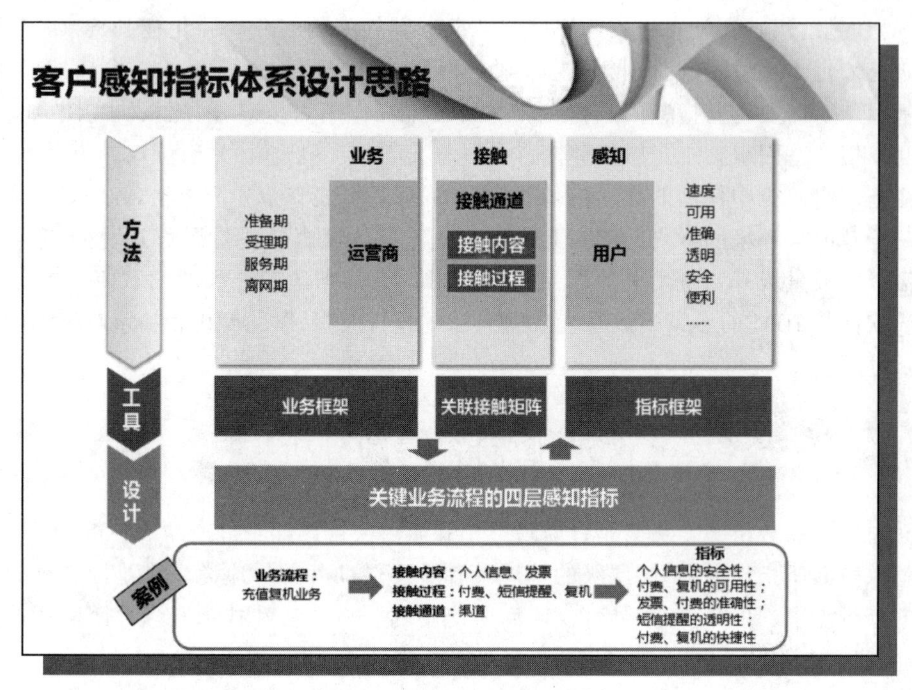

图 6-7　面向客户的分析

应用系统本身的固定价格与提供预测服务的长期协议是关联在一起的。

例如,[X+1]平台作为最早的编程营销中心而闻名,它旨在使品牌的数字营销更加有效并且更贴近消费者。该平台包括以交换为基础的普通广告购买,它结合了许多用于进行数据管理、现场决策、标签管理以及移动广告的工具。

[X+1]平台的核心是一个名为预测优化引擎(POE)的集中决策引擎,它利用 R 语言企业集成工具和由它的大数据框架管理的专有数据和第三方数据。POE 针对不同渠道的最佳受众,实时地通过网站和访客为个人定制信息。

6.6.3　消费分析

面向客户分析的前两类分析产品很相似,并且会与内部团队交付的战略、管理和运营分析产生冲突。而第三类,即消费分析,可能是最具冲击性并能够为企业带来最大潜在回报的分析。消费分析通过解决消费者的问题来以更有意义的方式区分企业的产品。

(1) 消费者查找信息有困难。谷歌的搜索引擎——大规模的应用文本挖掘解决了这个问题。

(2) 消费者寻找他们想要看的电影有困难。奈飞(Netflik)的推荐引擎解决了这个问题。

这些例子和许多其他的例子,包括脸书的新闻反馈引擎和 Match.com 的匹配算法,都是利用机器学习技术在这些问题上直接使客户受益。然而,那些提供间接受益服务的企业,则是通过建立网站流量,销售更多的产品,或以竞争对手不能轻易复制的方式来满足消费者需求。

6.6.4 案例：大数据促进商业决策

分析是帮助创建独特价值的工具之一，可以描述商业行为，掌握行业动向。但更重要的是，分析通过发现数据的规律，帮助揭示未知，使那些常常被忽视的机遇大放异彩，从而赋予人们去发现潜在的事情并赋予其自动化的能力，实现商务战略需要和节省运营成本。即使目标相互冲突，在大量可靠的数据支持下，分析也可以辅助进行复杂的和更好的决策。

1. 分析，助你无限可能

想象一下我们可以做到以下几点。

(1) 推出新产品，并用现在所需时间的一半使之开始营利。

(2) 不断地聘用具有合适技能和其他特定角色所需成功特质的人才，大大提高企业绩效，降低员工流失和培训成本。

(3) 在竞争对手做出决策之前，先确定他们的可能动向，并通过引入自己的战略行动，抢占市场先机，主动减缓竞争对手动向所带来的冲击。

(4) 为所有客户定制个性化的激励措施，实现利润最大化并提高客户忠诚度。

(5) 主动预测高昂的生产停机的可能性，做到未雨绸缪，消除或减少其影响。

(6) 不断地推出新产品以满足市场中潜在的、未被满足的需求。

(7) 对特定的微市场不断设定定价策略，最大限度地提高营利能力。

(8) 发现目标区域产品的空白市场，采取合适的战术部署，驱逐竞争对手，赢得客户。

那些了解如何系统性地推进分析应用并产生结果，并且具有高度分析成熟度的组织，是毋庸置疑的市场赢家。建立更好的前瞻性模型并从中提取价值，能够影响他们的业务战略并巩固其业务执行，这些分析驱动型的顶级执行组织正从先行者优势中收获回报，同时他们建立技术壁垒，使其竞争对手越来越难以与之匹敌。

以谷歌为例，分析使其成为在线广告世界的霸主。或者沃尔玛，通过供应链优化赢得“大箱零售大战”的胜利。再来看看 Capital One，通过分析创造并赢得了次级信贷市场。同时通过算法交易，金融市场已经无可挽回地被颠覆了。

许多分析方法在现在的市场中都获得了成功应用，但他们如何取得成功的细节往往被认为是商业秘密。然而，你会发现一个突破性的、创新的分析应用方法，可以激发你和你的团队。这些例子是关于将分析应用到新的业务领域和问题上，采用创新的方法并往往与新的数据相结合，在整个业务范围内推动分析洞察到一个新的精度水平。

2. 刺激客户，驱动更高利润

如今，绩效卓越的组织正在使用分析技术来为他们的业务锦上添花。为了做到这些，他们通过影响其战略举措，以及在他们的业务中通过系统的分析嵌入来实施执行，从而向分析驱动、无摩擦的环境发展。

迪恩·雅培是资深数据挖掘和预测分析专家，拥有的高级分析工作经验包括国防和商业行业在内的多种应用。目前，雅培是 Smarter Remarketer(更聪明的再营销人员)的首席数据科学家和联合创始人，Smarter Remarketer 是一个以客户为中心的营销智能平台，使零售商能够对消费者进行先进且精准的定位。在这个经常由"象牙塔"专家们主导的产业中，雅培的务实精神和针对现实问题提出的基于商业价值的分析方法，让他成功脱颖而出。

据雅培介绍，2010 年他帮助一个计算机硬件和设备服务中心的一个很小的、具备好奇心与创新性的内部团队创建了一个秘密武器。目前、这个秘密武器仍然是"公司核心战略资产，以致不能公开他们到底是做什么的。这个电子行业领域服务公司中的小团队，因为其极具创造性的模型所带来的成果，竟然成为公司营利中的摇滚明星"。

该公司承认现场服务存在一个问题，因为在首次预约服务中服务技术人员往往没有带合适的零件来修复存在的问题。这导致对客户承诺的延迟和低效，耗时和昂贵的返工，以及客户不满的增加。

为了防止货车不得不返回仓库去取所需的零部件，内部的信息技术团队分析了呼叫中心记录并开始尝试将呼入电话的关键词与货车上没有所需零部件的首次服务电话调度进行关联。这个小组开始在成功完成修复需要零件的服务呼叫中使用 SQL 来发掘关键词，来查看来自呼叫中心客户通话中的关键词与需要修复零件之间的关联。虽然最初文本分析的结果是有启发的，但是没有足够深刻的洞察力能让人系统地依赖于它。

雅培帮助这个团队挖掘结果，从关键词分析（实际上是文本分析）到基于决策树的预测模型分析。决策树是在多种选择和概率之间，使用树图来说明各种可行方案的分析类型。最初预测结果并不尽如人意。"数据修改"常用来指数据清洗和数据转换等复杂任务，使数据能够用于分析过程。经过进一步数据挖掘和修改后，这个团队意识到决策树的方法有两个缺点。当有很多已知信息（或相当密集的信息）时，决策树能够呈现较佳的效果。该小组一直在使用独立的工单，这种工单包含相对较少（或稀少）的信息，而且没有关于类似工单的历史信息。此外，没有很多的关键词为决策树提供决策支撑。

根据雅培的描述，这个团队开始了头脑风暴，这也正是创新发生的时候。团队使用来自一线的服务维修历史，针对每个工单来收集相关的描述性统计数据。他们使用如下统计数据：

(1) 针对每一段故障代码（例如 40 或 41），与维修零件相关联的故障代码所占比例？

(2) 针对每一个关键词，维修需要的零件有多少时间比例涉及这个关键词？

这些统计数据给决策树中的备选项赋予权重，从而显著地提高了决策的准确性。

将历史数据整合到决策树上目前观测到的分类变量中，这种整合数据被认为是数据中至关重要的一部分，可以解锁具有价值的洞察力。这项技术是常用的分析方法：并不是把一个单一变量添加到预测模型中，而是捕捉到关于变量的一个总结性信息或其他相关统计数据，并将其添加到模型中。例如，在欺诈分析中，针对交易购买记录，可以使用账单地址的邮政编码来看看它是否具有预测效用。但通常更具预测价值的是把另一个与邮政编码相关的可测特性联系起来。在结果出来之前可以看到所有邮政编码的历史欺诈率，因为目前的结果是已知的。

决策树建立之后，团队确认由于关键词有同义词与代替词，树中存在大量的重复信息。对于类似但不完全相同的信息，就会产生建立不同类型决策树的效果。这有效地为团队创建了一组规则或条件,可以结合使用来创建一个决策层次。

综合这些独特的方法——文本挖掘、描述性统计、集成学习——来建立一个预测模型,带给了他们一个非常可靠和准确的模型,可以持续增加营利能力并且提供令人满意的结果。模型通过该公司的呼叫中心应用程序接入访问,并允许该公司提前将可能需要的零件存放到维修卡车上,使服务技术人员可以在第一次呼叫维修中让客户满意。这给公司带来了竞争优势,并且提高了其客户的忠诚度,减少返工,并有效地利用了备件库存。

3. Gartner 察觉跨行业的行为分析

道格·兰尼是 Gartner 公司负责信息创新的副总裁,负责业务分析解决方案、大数据用例、信息学和其他数据治理的相关问题。兰尼在数据和分析领域是一位思想领袖和高产作家。他在信息经济学上的开创性研究和工作是必读物。作为一个研究者,兰尼访谈了很多高效地利用分析进行业务创新的客户。兰尼知道拥有分析技术和大数据,提升业务就有无穷的可能性,所以他鼓励客户向行业之外的革新者进行学习以获取适合他们的灵感和应用。例如,他们使用的是什么类型的数据?什么类型的分析?他们解决什么样的业务问题?他们优先考虑什么事?他们用各种新的方式看待问题吗?他们是否解决了一个并不真正存在的问题,但仍然有一个机会去解决它?兰尼分享了几个关于这些创新者的故事。

Express Scripts 是一个药房(见图 6-8),想要干预那些可能不会正确地使用治疗药方的患者。高血压、糖尿病、高胆固醇症、哮喘、骨质疏松症和多发性硬化症(MS)的治疗药物需要及时和持续地使用,防止危及生命。Express Scripts 构建了一个模型,分析了 400 个变量,包括处方史和病人所在地区的经济结构,预测病人是否会按规定服药。该模型目前对于预测患者是否按规定服药或是否实际会服药具有 90%的准确性。这使得 Express Scripts 可以制定人工干预监督,包括电话提醒和签订自动补充药物的合约。Express Scripts 采用了带声音的瓶盖,从而使得患者的服药率提高了 2%。该公司还为健忘的病人提供了一个计时器,提醒他们服药,使得服药率增加了 16%。

图 6-8 药房

黑暗数据是为了一个目的收集的数据,而未用于其他的用途。另一个有趣的案例研究是 Infinity Insurance,该公司意识到其坐拥黑暗数据的金矿:历史索赔调整报告。它挖掘历史索赔调整报告,并通过对报告中涵盖或排除的词汇和语言执行文本分析,使用数据来与已知的欺诈活动进行比较。通过执行这种类型的分析，该公司能够将其欺诈性索赔识别成功率从50%提高到88%。这削减了其索赔调查时间，并导致代位追回款的净利润增加了1200万美元。代位追偿是保险人从第三方追回债权损失的一种权利。此外，公司在其营销应用中使用了这些相同的洞察力，防止针对个人和组织可能提交的欺诈性索赔。

麦当劳给出了关于嵌入式操作分析的一个例子。麦当劳通过利用多媒体分析技术来显著改变流程，减少了大量浪费。麦当劳因其质量的一致性而享誉世界，但是使用包括色卡和卡尺在内的手工流程衡量汉堡包大小、颜色和汉堡包上的芝麻分布，需要耗费大量的时间。现在麦当劳在汉堡从烤箱出来时对其进行图像分析，并且可以自动调节烤箱。这种新的嵌入、实时分析流程，通过自动调整烤箱来保持公司的一致性和质量标准，每年减少了成千上万浪费的产品。

作　业

1. 由于没有任何一个单一的方法能够满足每一个需求，所以，对企业的分析有一些不同的分类方法。但下列(　　)不是这些分析方法之一。

A. 战略分析　　B. 管理分析　　C. 战术分析　　D. 运营分析

2. 面向客户的分析，是指针对(　　)的分析。

A. 业务伙伴　　B. 企业中层　　C. 产品下游　　D. 最终消费者

3. 战略问题有4个鲜明的特点，但下列(　　)不属于这些特点之一。

A. 营利显著　　B. 风险高

C. 战略问题不可重复　　D. 对推进方式缺乏共识

4. 下列(　　)例子不属于组织的战略问题。

A. 是否应该继续投资一条表现不佳的业务线

B. 一个拟议中的收购将如何影响现行的业务

C. 如何处理某个SUV翻车的事故

D. 预计明年的经济大环境会如何影响我们的销售

5. 基于独立性、可信性、过往成就的记录、紧迫性和(　　)，企业倾向于更多地依赖外部顾问进行战略分析。

A. 内部数据　　B. 核心数据　　C. 外部数据　　D. 重要数据

6. 专案分析是指针对一个(　　)问题收集相关新数据并进行相对简单的分析。组织会投入大量的时间和努力做专案分析。

A. 重大的　　B. 特定的　　C. 新的　　D. 旧的

7. 重要的是，成功的分析师会对数据持(　　)怀疑态度，为获得答案而进行很多主动的探索，这往往意味着要攻克更多的困难。

A. 怀疑　　B. 信任　　C. 重视　　D. 忽略

8. 对一个战略分析团队来讲，最重要的是具备能够快速获取和组织任何来源及任何格式数据的能力。不断增长的数据量对(　　)架构的性能提出了挑战。

A. 传统的 Word　　B. 现代的 Windows
C. 现代的 Excel　　D. 传统的 SAS

9. 市场细分既是组织高层所追求的战略，也是用于支持制定战略的分析方法。战略市场细分分析的客户是首席营销官(CMO)和企业(　　)的其他成员。

A. 财务部门　　B. 中层干部　　C. 基层领导　　D. 高级管理层

10. 为中层管理者需求服务的分析应用专注于(　　)功能问题。

A. 重要的　　B. 具体的　　C. 现实的　　D. 严重的

11. 运营分析是为(　　)或效益的分析。

A. 提高业务流程效率　　B. 降低生产成本
C. 提高生产线速度　　D. 降低生产现场浪费

12. 科学分析帮助实现一个完全不同的目标，即(　　)的产生。

A. 新技术　　B. 新产品　　C. 新知识　　D. 新质量

第7章 大数据分析的用例

【导读案例】

疫情之后的变化

新型冠状病毒成了2019年年末飞入2020年伊始的一只黑天鹅(见图7-1)！这只黑天鹅的出现,让多少企业/多少人乱了阵脚？但是,一切偶然的背后都是必然！哪里有危险,哪里就越有机会！

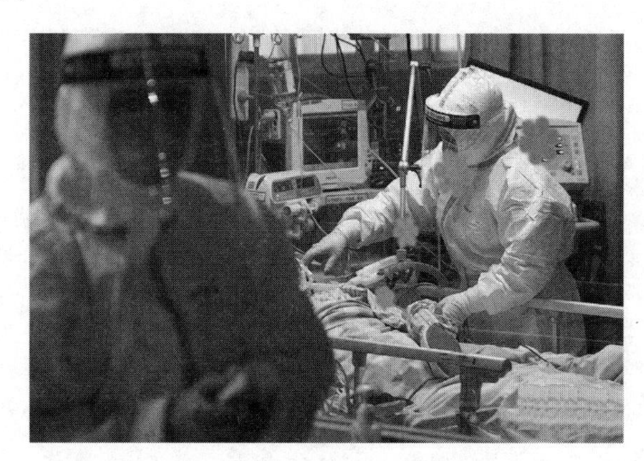

图7-1　2020新年伊始

举一个例子：2003年的非典,由于大家都不敢出门,刘强东把中关村的(京东)实体店铺搬到了线上,马云看到了C端购物的需求,顺势创立了淘宝！

2020年的今天,因为这次病毒大家又闭门不出,实体店空荡荡,但大街上依然有快递员、外卖员在奔波,像盒马鲜生、叮咚买菜、每日优鲜这样的平台,每天稍微晚一点儿都抢不到菜。所以,每一次大波折,都会倒下一批人,新站起来一批人！这是历史的规律。

那么,这只黑天鹅会对中国经济产生怎样的影响呢？

还是以非典做一个对比。2003年的非典,中国GDP约12万亿人民币,但是17年后的今天,中国GDP总量已经达到约100万亿。也就是说,中国现在整体的抗风险能力,已经是当年的近8倍多！正是基于此,可以坚信的是：无论这次的病毒怎么折腾,都不可能对中国经济产生动荡性的冲击,只能是带来局部的振荡。中国经济本来就处于大调整之中,而这一次事件,将使调整的步伐加速。以下是十大加速的变化。

1. “线上购物”对“线下购物”的加速替代

经历这次疫情之后，大家早已形成的线上购物习惯会被深度发掘，比如买菜，之前还是经常去菜场，但是这次疫情之后，很多人更习惯于在网上买菜了(见图7-2)。

图7-2 盒马生鲜

未来的购物一定绝大部分都是在线上完成的，即便是线下场景产生的交易，也会在线上进行，就好比顾客去商超买东西，手机当场就可以下单，然后商品很快送到顾客家里。

2. “体验式场景”对“传统实体店”的加速替代

既然购物都是在线上完成，那么实体店的存在价值在哪里？未来的实体店不再是以“销售产品”为中心，而是以“提供体验”为中心。人们去实体店不是为了买东西，而是为了购买各种“体验”。如果实体店依然把自己当成买卖的场所，那么将失去存在的价值。

消费者的需求，已经从对产品的满意度升级成了精神层面的满足感。商家需要营造出一种无与伦比的消费场景，需要构建能够把消费者带入到某种幻想场景的故事！实体店只要能够做到这一点，一定大有可为！

3. “线上获客”方式对“传统获客”方式的加速替代

经历这次疫情，很多企业才发现“线上获客”能力的重要性。无论是什么类型的企业，都必须拥有一种从线上获客的能力，传统的获客方式无非是电话、广告、分销等。但是这些模式的主动权越来越小，而且成本将越来越高。

线上获客的本质是靠内容获客，深一点儿来讲是靠价值获客，未来各种线上平台会越来越开放，图文、短视频、音频等各种形式都有，必须创造出有价值的内容去吸引客户。

4. “线上教育”对“传统教育”的加速代替

经历这次疫情，很多人将习惯于在家里学习，传统的学习、培训机构必须加速转型。

就像互联网改变了产品的流通路径一样，互联网同样也改变了知识传播的路径。以前知识传播是在教室中发生的，每个老师只能面对几十个最多上百个人授课。而现在一个老师可以在线上跟上万人乃至几十万人授课，而且这些学生来自全国各地。

这就是线上教育的核心优势，它使优势的教育资源平民化，而这一点恰恰是解决中国教育的核心问题。

5. “线上办公”对“传统办公”的加速代替

如果疫情持续2～3个月，就会有大量人群习惯于在家里办公，而且未来是个体崛起的时代，大量个体都脱离了公司独立发展，比如网红、自由职业、自媒体等，他们都不需要传统的办公室。

可以预测，2020年的写字楼租赁行情会进一步萧条，与此同时，各种线上办公软件会加速盛行，尤其是能够实现个体协同的办公软件，将被加速普及。除此之外，个体使用的办公家具也会流行，未来我们的工作将不再受地理空间限制。

社会越发达，人的独立性就越强，未来有能力的人都会变成独立的经济体，而且人与人的协作性也会加强。线上协同工作，是未来工作的主流。

6. "免费"对"收费"的加速取代

疫情中，徐峥的电影《囧妈》(见图7-3)突然放弃院线，改为线上免费收看，开了中国电影业的先河，彻底颠覆了传统电影行业的营利模式。这是一种必然，因为线上免费是大势所趋!

随着社会的发展，未来一定有越来越多的东西开始免费，越来越多东西的利润开始无限接近于0，那么商家靠什么盈利呢？靠收费的后移。今后商品的利润环节越来越后移，甚至是隐藏的，比如《囧妈》虽然免费，但是收看的人更多了，于是广告可以收费更多了，此外，电影的衍生品也可以赚钱。

图7-3　利润环节后移

7. "新型医疗"对"传统医疗"的加速代替

这次疫情，让我们看到了科学医疗体系的重要性，至少在初期，从武汉传来的消息都是关于医疗资源紧缺的。医疗问题的核心，在于医疗资源的更合理的分配，在于关键时刻医疗资源的调度能力，在于医疗资源的协同性和共享性。

我们相信，经历这一次疫情，中国的医疗体系的改革会被加速推动，比如国家第一时间就宣布为本次病毒的确诊患者免费提供治疗，那么在接下来的医疗改革中，互联网如何参与？民间资源如何参与？不同区域之间如何打通？需要我们在事后做一个详细探讨。

8. 智慧城市对传统城市的加速代替

城市是人类文明的重要载体，这一次疫情，武汉这个人口达到千万级别的城市，而且是九省通衢，在春运期间被封城，确实是人类有史以来的罕见事件。如果武汉的每一个市民的情况都被掌握，每一个人都可以被精确追踪，每一个流出人口都可以被定位，那么处理起来会更加井然有序，这就是智慧城市的价值。

智慧城市包括交通管理、物流供应链、应急灾备、信息溯源等，都会全面数据化，甚至具备了人工智能的灾备预测等。这体现了整个社会的管理水平，相信经历这一次疫情，中国在智慧城市的道路上又会前进一步！

9.“现代化治理”对“传统治理”的加速代替

城市是社会的一分子，有了智慧城市（见图7-4），就会有更加科学的治理手段，比如经历这次疫情，我们的治理方式，也会被倒着改革。比如信息披露的节奏，这次疫情的公开确实慢了一个节拍，当然其中原因是复杂的，但是无论怎么样，确实是晚了，导致我们在初期对疫情有了疏忽，那么未来会采取什么方式规避类似的事情？

现代化治理一定是以事实为依据，一切以人民群众的生命财产为第一考量，相信这次疫情之后，国家也会吸取经验教训，做好总结，并且落实下去。

图7-4 智慧城市

10. 新生活方式对旧生活方式的加速代替

之前，我们只顾埋头赚钱，为了钱我们牺牲健康，我们倡导996的作息。但是，经过这场疫情，人们的认知发生了彻底改变。

人只有在两种东西面前才能不把钱当回事：第一是健康，第二是自由。而现在这两种挑战同时摆在我们面前。大家终于发现：免疫力，才是一个人最大的竞争力，才是可以摧毁一切商业逻辑的降维打击。身心健康，将是未来检验一个人价值的关键指标，我们或许从此懂得如何生活了。

以上就是十大变化，它们会加速到来！

中华民族是一个经历过许多灾难的民族，也是一个不屈不挠的民族，每经历一次困难，就会坚强一次，成长一次，我们不仅没有被打倒，反而会变得更加强大。这种敢抗争、不怕输、不服气的性格，就是我们的民族精神，这是一个越挫越勇的民族，它的韧性不可想象。

对于企业来说，很多世界上伟大的公司都经历了两次世界大战，而我们现在经历了两次病毒的洗礼，我相信必然会有一部分企业迈上新的台阶！决定一个人最终高度的，往往并非起点，而是拐点，机遇都在拐点！

2020年是鼠年，意味着新的起点，相信经历这一次疫情，中国一定能站在新的历史起点！

资料来源：水木然. 水木然学社. 微信号：smr8700.

阅读上文，请思考、分析并简单记录。

(1) 请通过网络搜索，了解什么是“黑天鹅效应”？

答：

(2) 你怎么看：一切偶然的背后都是必然，越危险越有机会。请简述之。

答：

(3) 对文中所表述的“十大加速的变化”，你觉得哪些变化最有可能实现？

答：

(4) 请简单描述你所知道的上一周内发生的国际、国内或者身边的大事。

答：

7.1 什么是用例

前面从那些需要使用分析洞察力的组织角色出发，熟悉了相关的分析应用场景。下面换一个角度来看数据分析。关键的用例分析描述了分析师解决的通用问题和用于解决这些问题的方法和技术。由于没有任何一种技术可以解决所有分析问题，因此，了解企业使用分析方法的组成是构建企业分析架构的基础。

计算机开发中的统一建模语言(UML)是一种为面向对象系统的产品进行说明、可视化和编制文档的标准建模语言，它独立于任何具体程序设计语言。

用例(use case)，又称需求用例，是 UML 中的一个重要概念，它是软件工程或系统工程中对系统如何反应外界请求的描述，是一种通过用户的使用场景来获取需求的技术，已经成为获取功能需求最常用的手段。每个用例提供一个或多个场景，该场景说明系统是如何和最终用户或其他系统互动，也就是谁可以用系统做什么，从而获得一个明确的业务目标。用例一般是由开发者和最终用户共同创作，使用最终用户或者领域专家熟悉的语言。虽然用例这个概念最初是和面向对象一同提出的，但是它并没有局限于面向对象系统。

一个用例是实现一个目标所需步骤的描述，而分析用例是那些需要定义分析架构的组织所需要的关键要素之一。分析用例和分析应用程序之间存在着一种多对多的关系。在商业应用中,例如个性化营销和信用风险都是预测用例的实例。但是,个性化营销的应用也可能综合其他用例,如市场细分和图形化分析。用例模型是描述组织中的分析师所共用的流程的一种简便方式,即使这些分析师可能支持的是不同的业务应用。

由于分析方法存在着很大的不同,需要对用例进行区分。例如,虽然预测用例和解释用例使用了很多相同的技术,但它们的基本目标和输出是不同的。表 7-1 显示了按照使用案例以及应用程序分类来组织的分析应用。

表 7-1 应用和用例

用例	战略用例	管理用例	运营用例	科学用例	面向客户的用例
预测	重大灾难风险分析	市场活动计划	信用评分	副作用预测	体育竞猜
解释	市场占比分析	市场属性分析	质量缺陷分析	基因治疗分析	信用下调原因
预报	战略规划	年度预算	门店排班优化	天气预报	
发现					
文本和文件识别处理		内容管理	接收邮件分发	抄袭监测	文件搜索
分类	战略性市场划分	战术性市场分类		心理研究	
关联		市场容量分析	比对		建议
违规监测			网络威胁监测		
图形和网络分析		社交网络分析	欺诈检测	犯罪学	社交比对
模拟	业务场景分析	风险价值分析	市场活动模拟	天气模型	
优化	资本资产优化	营销组合优化	市场活动优化	粒子群优化	农业产出优化

深入理解组织的分析用例是非常重要的,因为分析架构的效率和有效性取决于对其支撑的业务流程的理解程度。使用相同用例的应用程序可以使用相同的技术,这就提供了一个节约成本的机会。另一方面,特定的用例则需要特定的工具和技术来实现。

7.2 预测用例

在预测用例中,我们分别讨论模型建立和模型评分,这两者指向同一个目标且都很重要,但模型评分往往需要组织中不同的人参与,通常有着不同的技术要求。

构建预测模型是分析中的经典用例,它是许多常见应用的基础,比如市场营销、信贷风险管理,以及许多其他商业领域(见图 7-5)。

大多数人都认为数据越多分析结果就会越好。在许多情况下,通过更大的数据集采样,分析师可以建立一个完美的模型。更大的分析数据集为分析师带来了新的机会和问

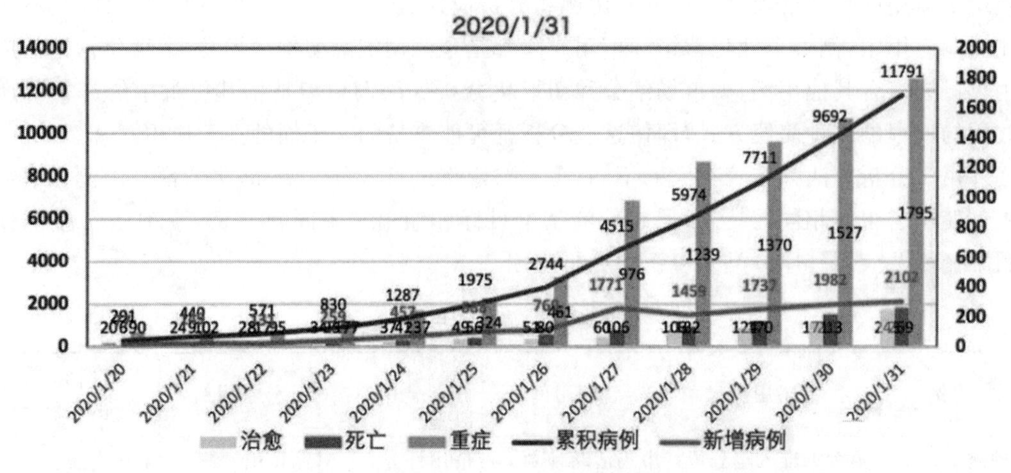

图 7-5 2020 年 1 月 31 日疫情数据跟踪

（图中曲线使用左坐标轴，体现累积病例和新增病例；条状图使用右坐标轴，体现治愈/死亡/重症人数）

题，这体现在以下三个方面。

（1）更多的用例、更多的观察结果、更多的数据行。分析师可以对样本进行分类处理，为每个分类建立特定模型，从而获得更好的整体预测。在使用采样分析方法时，更多的样本数量会减少模型的样本误差，提高模型精度。

（2）更多的变量、更多的特性、更多的数据列。通过搜索更多的潜在预测因子，分析人员可以通过识别信息增量值的变量改善预测模型。

（3）许多小模型。主要是对大量小群体的批量分析，例如商店、持有者或顾客。

这三种类型的问题对分析师需要的工具有不同影响。对于用例增加而带来的工作量增加，可以通过消除数据移动，使用并行处理并采用其他能够提高整体性能的技术来应对。总体模拟技术简化了在总样本中为各个子样本分类构建模型的工作。

从另外一个角度，为了解决字段的拓展，分析师必须使用降维技术（如特征选择或特征提取），或使用专门用于处理多维数据的技术。正则化和逐步回归是针对多维数据集进行回归算法的有效技术。分析软件应该能够支持针对多维数据集的稀疏矩阵运算以获得良好的性能。

分析师越来越多地寻求建立大量的、数以千计的模型。每个模型可能仅使用相对少量的数据，但作为一个整体，所有模型所需的数据集是非常大的（见图 7-6）。

例如：

（1）一个分析服务提供商为其零售客户在 SKU（库存进出计量单位）层面建立了超过一千多个消费者的“购买倾向”模型。

（2）一家有三千多个门店的零售商为每一位顾客建立各自的基于时间序列的消费预测。

（3）一家拥有数以百万计信用卡的发卡机构用每个账户的相关信息来评估拖欠和违约倾向。

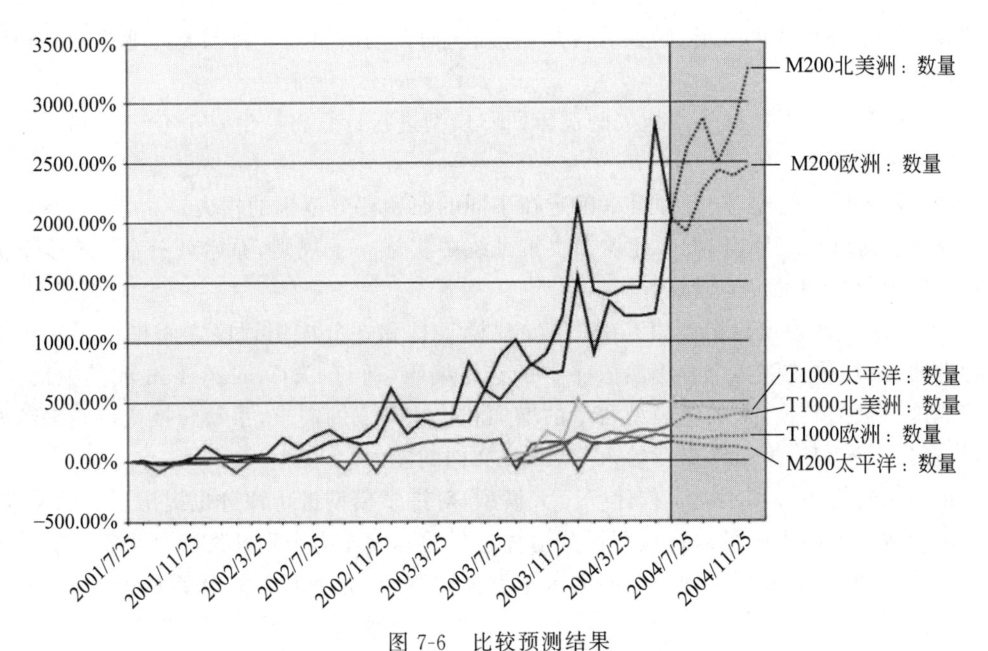

图 7-6 比较预测结果

（M200 型号的趋势线特别高，而 T1000 型号的趋势线较低且相对平坦）

（4）一家管理百万计仓位的投资银行用每支证券的历史表现数据来建立各自的走势模型。

在每一个模型层面，用于“很多小模型”的技术和用于“一个大模型”的技术是相同的，而且所使用的数据总量可能也是相同的。然而，它们的计算工作量和对特性的影响却有很大的不同。当独立模型的数量非常大的时候，分析师不可能分别建立每一个模型。相反，分析师需要一个模型的自动生成器，使分析师可以同时运行和监控许多模型的创建进程，同时能够对每个模型的有效性有着足够的信心。

评分活动使用预先建立的模型来计算在数据集中每个用例下预测值的数据，可以是单独计算或批量计算。评分是模型的部署，通常是高度并行的。这意味着，一个主进程可以分发任务给众多的工作进程以并行执行，最终结果是对各个分布式进程的输出进行一个简单组合。当有办法将预测模型从分析工作的开发环境传到生产数据仓库时，评分计算在大规模并行处理(MPP)数据库中相对容易实现。

对于评分计算和预测需要注意几个细节问题。首先，用于建立预测模型和用于评分的数据集大小之间没有必然的关系。完全可以通过使用一个大的数据集来建立模型，然后在每笔交易发生时对其进行实时评分。反过来也是如此，分析师可以基于一个样本来建立模型，然后用这个模型对众多的用例进行评分。

其次，分析人员可以从一个数据库建立预测模型，然后使用不同数据库的数据来进行预测。例如，信用风险分析师可能会使用某个企业数据仓库的数据来建立信用额度管理的违约模型，用于信用额度管理的自适应控制系统。利用这种方法的前提是，分析数据库必须是生产数据库的子集，但不能是超集。

第三，预测不是决策。评分是对新数据基于分析模型的简单计算，预测通常需要将原始评分进行某种形式的变形，转换成有用的形式，而自动决策需要将预测与业务规则相结合。例如：

(1) 对客户个人数据采用拖欠的逻辑回归模型进行计算将产生一个介于0和1之间的客户拖欠率概率。

(2) 利用历史数据，分析师可以确定在不同的原始评分范围的损失。

(3) 根据以上结果，分析师建议在决策系统中实施一条规则，原始评分在0.3以下的客户可以提供信用额度的增加。

PMML(预测模型标记语言)在预测性建模工具和评分应用程序之间提供了一个基于标准的接口，虽然许多企业仍然依靠手工重新编码(通过C、Java、Python或其他语言)来完成这一模型转换，但随着模型数量的增加和快速开发的需求，手动转换变得越来越困难，许多数据库和决策引擎支持导入PMML文档的能力。

正如构建许多模型不同于构建一个大模型，对许多模型进行评分也提出了新的需求。仅使用少数模型的组织可以将模型评分运算过程的开发作为个别开发项目来管理。随着模型数量的增加，对模型管理功能的需求越发强烈，使得企业可以在体系内部跟踪、监控和部署模型。

7.3 解释用例

所谓"解释"，泛指由一个指标的变化导致的其他指标的系统性变化。在某些情况下，业务主要关心的是预测——事先估算某种应对措施的价值。在其他情况下，企业寻求理解某种应对措施所产生的影响，但预测不是最重要的。还有一些情况下，企业两者都需要。理解这种区别非常重要，因为一些分析方法支持两个目标，而另一些非常适用于其中一个目标。大多数统计方法对预测和解释都是非常有用的，而机器学习方法主要用于预测。也有一些统计方法，如混合线性模型主要用于解释。

在响应归因分析中，营销人员主要关注的是营销举措(如促销或广告活动)所能带来的效果，预测是这种分析的副产品。许多营销举措是不可重复的，因此预测未来的反应并不重要，重要的是理解过去哪些活动达到效果，哪些活动没有达到效果和为什么。

信用风险分析是既需要预测也需要解释的一种应用。在决定是否给予客户信贷的过程中，贷款人想要尽可能好的预测。然而，贷款人也必须能够在拒绝时，给客户以合理的解释。

7.4 预报用例

时间序列分析和预报包括广泛应用于企业的一类独特分析，并且往往嵌入到企业系统中，用于管理制造、物流、门店运营等，有助于发现数据随时间变化的模式。通过识别数据集中的长期趋势、季节性周期模式和不规则短期变化，时间序列分析通常用来做预测。不像其他类型的分析，时间序列分析用时间作为比较变量，且数据的收集总是依赖于时间，一旦确定，这个模式可以用于未来的预测。例如：

(1) 零售商预测每小时品牌商店的客流量，并使用预报来排班。

(2) 酿酒厂为超过 700 项商品和物料预测库存水平，利用预报来调整生产和交付计划。

(3) 投资银行预报其投资组合中超过百万的持仓价格。

(4) 基于历史产量数据，农民应该期望多少产量？

(5) 未来 5 年预期人口上涨是多少？

时间序列图是一个按时间排序的、在固定时间间隔记录的值的集合，它充分利用时间序列，可以分析在固定时间间隔记录的数据。时间序列图通常用折线图表示，x 轴表示时间，y 轴记录数据值，例如，一个包含每月月末记录的销售图的时间序列（见图 7-7）。

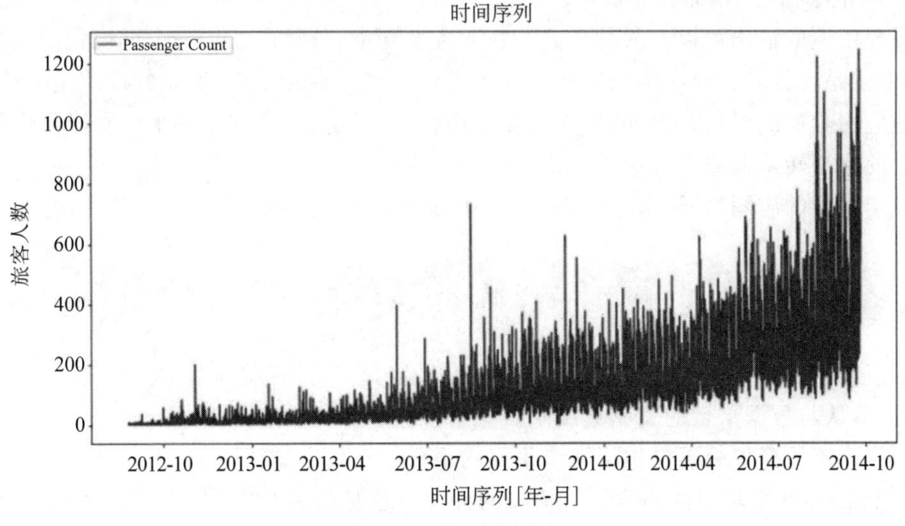

图 7-7　时间序列分析

大多数运营时间序列预报系统属于“很多小模型”的范畴，并不一定需要为每个预报处理大量数据。此外，倾向于使用相对简单和标准化的建模技术，但需要使用工具来自动化学习和预报过程。

然而，分析可能需要处理非时间序列形式的原子源数据。在这种情况下，分析人员需要执行数据准备步骤，把带时间标记的交易信息记录到时间序列中，执行日期和时间的计算，并创建延时变量用于自动回归分析。此步骤在 SQL 中执行可能非常困难或无法实现。分析师通常不在数据库中执行这种任务，而是使用专门的有时间序列功能的专业软件。

当处理大量的时间序列时，分析师无法单独处理每个模型，而必须依赖于适合进行时间序列分析的模型自动处理工具。

时间序列分析一般不需要独立评分。分析师可以直接将预测图形化或将它们转移到一个使用这些数据的应用程序中。传统的模型也可以同样处理，然而当时间序列的数目比较大时，模型管理能力仍然是必需的。

7.5 发现用例

有时分析师试图发现在数据中有用的模式,但并不需要正式预测、解释或预报。这样的模式有以下几种形式存在。

(1) 在文本或文档中有意义的内容。

(2) 同质的用例组。

(3) 对象之间的关联。

(4) 不寻常的用例。

(5) 用例之间的联系。

发现用例的输出可以有两种形式。在业务发现中,分析产品是一个可视化的结果,例如,词汇云是一种可视化文本中字数统计的方法。在运营发现中,发现的模式是一种传递给其他应用程序的对象。例如,欺诈检测应用程序可以使用异常检测来识别异常交易,并将识别的交易转给调查人员做进一步的分析。

关于发现的应用情况,由于使用了不同的技术和工具,将产生不同的场景。

7.6 模拟用例

模拟是“大分析”不依赖于“大数据”的一个例子。大多数模拟问题不依赖大型数据集,并且不从与数据平台的紧密集成中获益。

网格计算给模拟分析提供了一个很好的平台。在大多数情况下,模拟是高度并行的。运行一个 10 000 个场景的高度并行模拟的最快方法是将其分布到 10 000 个处理器上进行。仿真特别适于云计算,因为只有很少或没有数据移动来限制远程计算。

模拟也非常适合将负载下发到一个通用图形处理器(GPU,见图 7-8)。许多投资和交易业务使用 GPU 来进行基于市场模拟的实时投资机会分析。分析师反馈使用 GPU 设备进行模拟可以达到 750 倍的速度提升。

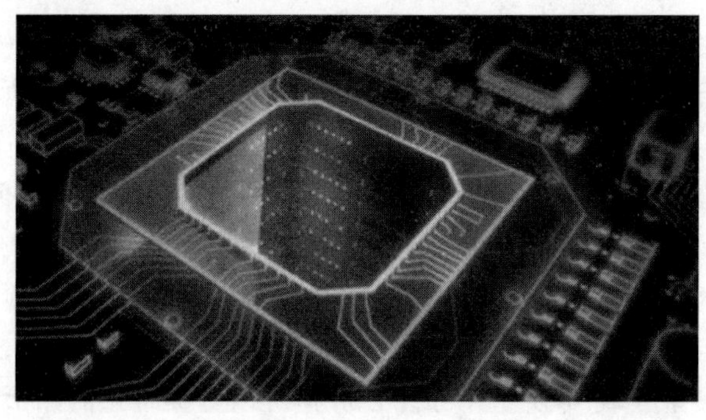

图 7-8 GPU

7.7 优化用例

数学优化是分析中的一个专业领域，它包括各种优化方法，如线性规划、二次规划、二次约束规划、混合整数线性规划求解、混合整数二次规划以及混合整数二次约束规划。虽然计算复杂，但这些方法对硬件 I/O 要求很低。因为即使是最大的优化问题的矩阵，相对于其他分析应用程序也是很小的。最先进的优化软件通常运行在多线程服务器上，而不在分布式计算环境中。

作业

1. 用例分析描述了分析师解决的通用问题和用于解决这些问题的方法和技术，(   )可以解决所有分析问题。

A. 有一些技术　　B. 没有任何一种技术
C. 多数现有的技术　　D. 不清楚是否有技术

2. 用例(use case)又称需求用例，是一种(   )的技术，已经成为获取功能需求最常用的手段。

A. 计算机程序设计　　B. 利用用户数据完善管理
C. 通过用户信息反馈来测试系统　　D. 通过用户的使用场景来获取需求

3. 每个用例提供一个或多个(   )，说明系统是如何和最终用户或其他系统互动的。

A. 场景　　B. 数据　　C. 程序　　D. 函数

4. 一个用例是实现一个目标所需步骤的描述，而分析用例是那些需要定义(   )的组织所需要的关键成功要素之一。

A. 程序模板　　B. 数据结构　　C. 分析架构　　D. 对象实例

5. 由于分析方法存在着很大不同，需要对用例进行区分，为此，研究者提出了 6 种分析用例，但下列(   )不属于其中之一。

A. 预测　　B. 测试　　C. 发现　　D. 优化

6. 构建(   )是分析中的经典用例，它是许多常见应用的基础。

A. 预测模型　　B. 数据模型　　C. 数据结构　　D. 程序模块

7. 为建立一个完美的模型，更大的分析数据集为分析师带来了新的机会和问题，但下列(   )是错误的。

A. 更多的用例、更多的观察结果、更多的数据行
B. 更多的变量、更多的特性、更多的数据列
C. 更好的算法和结构
D. 许多小模型

8. 预测通常需要将原始评分进行某种形式的变形，以转换成有用的形式，而自动决策需要将预测与(   )相结合。

A. 程序设计　　B. 数据结构　　C. 测试数据　　D. 业务规则

9. 所谓(　　)，泛指由一个指标的变化导致的其他指标的系统性变化。

A. 预测　　B. 解释　　C. 预报　　D. 模拟

10. (　　)和预报包括广泛应用于企业的一类独特分析，并且往往嵌入到企业系统中，用于管理制造、物流、门店运营等。

A. 时间序列分析　　B. 业务增长预测

C. 蒙特卡洛分析　　D. 线性增长估算

11. 有时，分析师会试图(　　)在数据中有用的模式，但并不需要正式预测、解释或预报。

A. 计算　　B. 评估　　C. 处理　　D. 发现

12. 在某些情况下，分析师将从文本中提取出的特性补充到预测模型中，称为(　　)问题。

A. 文件分析　　B. 数据分析　　C. 文本挖掘　　D. 数值分析

预测分析方法

【导读案例】

用手机信令大数据科学控制疫情

在网络中传输着各种信号，其中一部分是我们需要的（例如打电话的语音，上网的数据包等），而另外一部分是我们不直接需要，用来专门控制电路的，这一类型的信号就称为信令。信令的传输需要一个信令网。

严格地讲，信令是这样一个系统，它允许程控交换、网络数据库、网络中其他“智能”节点交换下列有关信息：呼叫建立、监控、拆除、分布式应用进程所需的信息（进程之间的询问/响应或用户到用户的数据）、网络管理信息。信令是在无线通信系统中，除了传输用户信息之外，为使全网有秩序地工作，用来保证正常通信所需要的控制信号。

新型冠状病毒肺炎在武汉的蔓延和传播引起了全国各地的重视，采取的手段从“封城”、停止一切聚集活动，到部分地区封闭交通，限制人口流动等，影响已涉及全国范围，而且各地应对的措施还在放大。从目前疫情的控制状况看，中国在控制疫情传播的体制优势可以说是发挥得淋漓尽致。但这些措施会大大增加经济成本和社会成本，损失巨大也是不可避免的。

与2003年SARS相比，我们的科技水平已经有了较大的提高，提高科技手段的运用，特别是利用互联网和手机信令的优势，完全可以通过数据的搜集和采纳，有针对性地解决防控疫情问题，减少因过度动员社会而造成的巨大经济和社会负担，也可以减少对城乡居民假期和正常生活的影响。

中国手机使用的覆盖率在成年人口中非常高，智能手机用户也占总手机用户的70%左右。2018年，全国手机用户达到14亿，和总人口基本相当。虽然其中双手机用户占一定比例，但除了少数的儿童和高龄老人之外，绝大部分人都在使用手机。通过手机定位可以迅速地找到每个人所在的位置，不只是当前所在位置，即使在过去的几个月内的位置也会留存。

从技术上来说，利用手机定位完全可以对一个地区甚至更大空间范围内的人口流动，进行详细的数据搜集（见图8-1）。近些年一些城市在举办大型活动、人口调查和旅游人口流向分析时，都采用了手机信令的数据搜集和整理，为提高大型活动的安全治理、人口空间的分布情况以及旅游景区管理提供了重要的科学和数据保障。因此可以说，目前真正能覆盖所有位置定位的数据源，手机信令相比其他互联网公司的数据更为可靠，因为手机基本实现了“全”覆盖。而无论腾讯还是阿里巴巴等各类互联网公司，只能做到对重点用户的数据搜集，不能做到全覆盖。

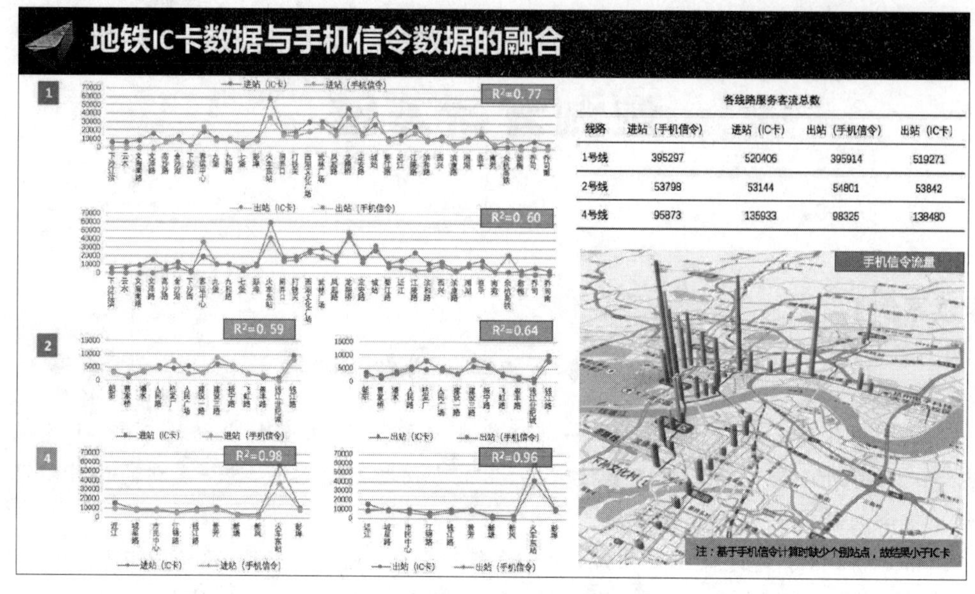

各线路服务客流总数

线路	进站（手机信令）	进站（IC卡）	出站（手机信令）	出站（IC卡）
1号线	395297	520406	395914	519271
2号线	53798	53144	54801	53842
4号线	95873	135933	98325	138480

图 8-1　手机信令数据的应用

掌握手机信令数据的是中国三大手机运营商，其中移动占 70%，电信和联通各占 15%。由于采取了手机实名制，我们也不用担心信息来源的准确性。拿到这三家公司的手机数据，就可以完全掌握近期中国人口的流向和分布，特别是针对某一个地区的人口流向和分布。例如，对于武汉来说，近半年内的人口流入和流出情况，手机信令数据可以做到每天每人 24h 内的定位。不仅是手机用户在本地的流动状况，即使是去外地，也可以通过分析去向，找到外地的手机运营公司。外地来武汉的人员，也可以通过手机信令数据得到他们流动和去向的具体情况。

三大手机运营公司的数据保存期限为半年，半年之后会因为新数据的增加，原数据被覆盖消除，因为手机信令的数据库存会占用资源和空间以及资金，但半年内的数据随时可以拿到。

如果现在发挥三大手机运营公司的优势，要求对来自武汉的人群过去一两个月的数据进行调查，可以做到对疫情重点地区人口流动的监测，可以监测到过去疫情发生这段时间人口流动的状况和分布，甚至可以追踪到这些人的去向，以及可能影响到新的人群的分布情况。如果放大调查范围，可以对武汉中心城区人口流动的状况继续跟踪监测。采取这些方法，就可以有针对性地解决防控和监测问题，提高疫情防控效率。

因此，建议国家有关部门召集三大手机运营商提供数据来源并抽调社会资源，与三大运营商一起进行大数据分析。相信采取这种办法进行疫情防控是目前最为有效的措施，几乎可以保证一个不漏地对与疫情接触的人员有效地管控和监测。

三大手机运营商可以充分发挥全国子公司的作用，配合这次手机信令数据调查。国家相关部门可以提供一定的财力支持，对于三大运营商所涉及的费用进行保障。同时也可以要求各级与疫情相关的重点城市和地区的政府，动员当地手机运营商，提供数据和人力，进行大数据分析。要求这些运营商公司的相关人员参加数据搜集和分析工作，确保对各地人员的流动状况提供准确的数据依据。

资料来源：李铁，中国城市和小城镇改革发展中心首席经济学家.

阅读上文，请思考、分析并简单记录。

(1) 什么是手机信令？普通手机用户需要运用这部分信号吗？

答：

(2) 文章作者建议如何将手机信令用于控制疫情？

答：

(3) 请分析，将手机信令用于控制疫情，是否会影响到个人隐私保护？如何加以控制？

答：

(4) 请简单记述你所知道的上一周内发生的国际、国内或者身边的大事。

答：

8.1 预测分析方法论

预测分析的目标是根据你所知道的事实来预测你所不知道的事情。例如，你可能会知道一所住房的特征信息——它的地理位置、建筑时间、建筑面积、房间数等，但是你不知道它的市场价值。如果知道了它的市场价值，你就能为这个房子制定一个报价。类似地，你可能会想知道一个病人是否会患有某些疾病，一个手机用户每月消费的通话时长，或者借款人是否会每月还款等。在每个例子里，都要利用那些已经知道的数据来预测需要知道的信息。精准预测能产生很大的好处，能带动商业价值的增加，因为可靠的预测能够导致更好的决策(如图 8-2 所示为某日新型冠状病毒感染病例模型)。

预测分析的流程包括 4 个主要步骤或部分，即业务定义、数据准备、模型开发和模型

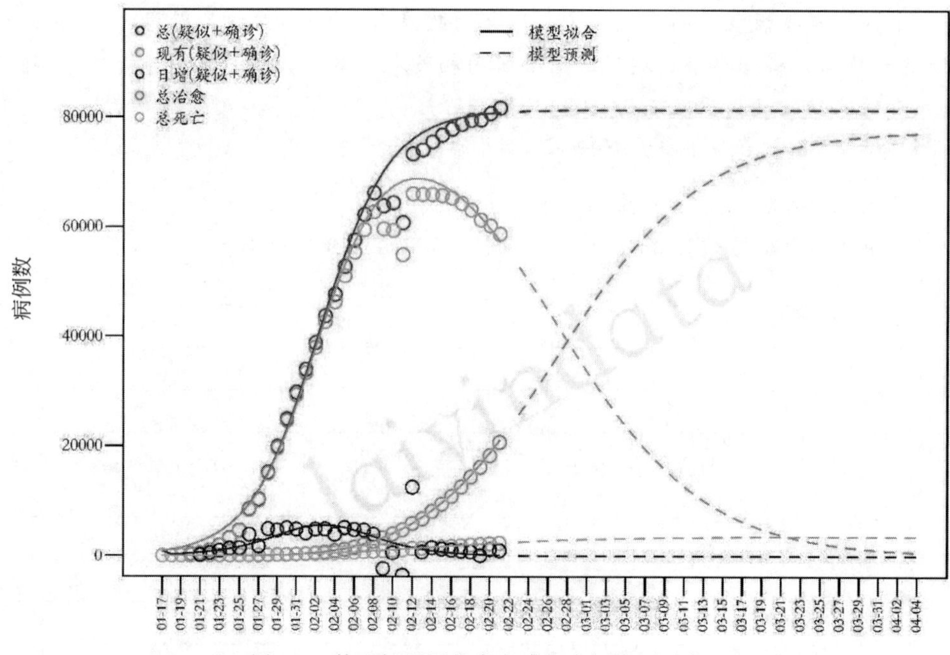

图 8-2　某日新型冠状病毒感染病例模型示意

部署，每一个部分又包括一系列子任务（见图 8-3）。应该明确的是，现代企业中的分析方法不只是一组数据的技术说明。还有一些必要的组织步骤来确保预测模型能够完成组织的目标，同时不会给业务带来法律法规的风险。

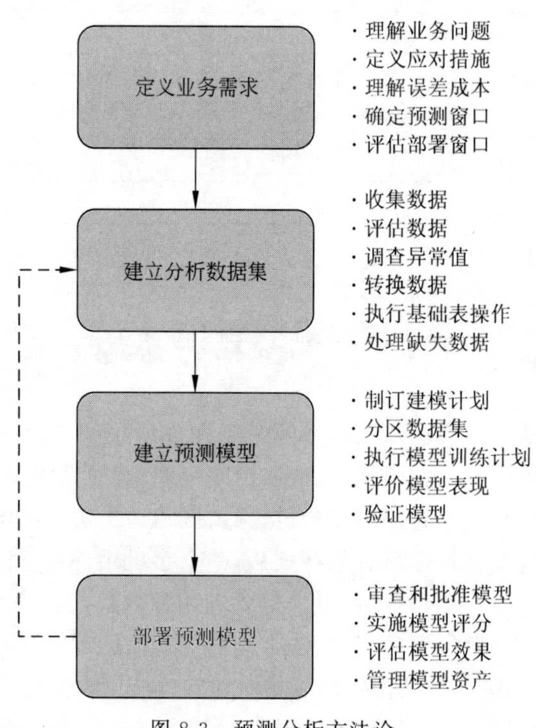

图 8-3　预测分析方法论

8.2 定义业务需求

一个分析项目应该以结果为导向，并且其结果也应该对业务产生积极的作用，但这一点常常会被忽略。例如，有的分析师往往不知道或者无法阐明他们所进行的分析会对项目的业务产生怎样的影响。

8.2.1 理解业务问题

每个分析项目都应该从一个清晰定义好的业务目标开始，并且从项目利益相关者的角度来进行阐述。例如：

(1) 将市场活动 ABC 的反馈率提高至少 $x\%$。

(2) 将欺诈交易损失减少 $y\%$。

(3) 将客户留存率提高 $z\%$。

分析师经常抱怨组织不用他们的分析结果。换言之，分析师花费了很大精力来收集数据、转换数据，运用分析构建预测模型，然后，该模型却被束之高阁，这样其实就是失败了。大多数的失败案例都是由于缺少精确定义的业务价值。这跟分析本身不同，实施预测模型是一项跨部门的活动，它需要利益相关者、分析师和 IT 等多方合作，并且也有既定的项目实施成本。

8.2.2 定义应对措施

应对的措施之一就是获得想要的预测内容。为了实现更大的价值，应对措施应该能对那些产出结果会影响组织关键指标的决策或者业务流程起到作用。例如，一个针对性的促销是否会对目标客户有影响，一个住房最可能的销售价格是什么，一个页面访问者最可能的下一次点击位置，或者一个足球赛中的进球分布。

在大多数分析案例中，应对措施代表了一种未来事件，因此你还不知道这种对策方法产生的结果。例如，一个信用卡发卡机构可能想要预测某个客户是否会在明年申请破产。一个发生在未来的事件本质上是不确定的，如果你的目的是为了避免给破产客户提供贷款从而减少债务损失，那么事后才得到的信息就太晚了。

在一些情况下，应对措施代表了一个当前或过去的事件。例如，如果因为一些原因无法获得破产记录，那么可以利用预测模型在其他客户信息的基础上估计一个客户是否之前已经申请了破产。

应对措施的时间维度应该是明确的。假设想要预测一个潜在借款人是否会在 10 年分期贷款里违约，应该定义违约的应对措施是在整个贷款周期内还是在一个更短的周期内？长期应对举措往往更适合商业决策，但是需要更多的历史数据去验证。预测长期行为也比预测短期行为更加困难，因为外部因素有更大的可能性来影响到希望模拟的行为(见图 8-4)。

对于任何商业应用，都有可能需要预测多种对策。

(1) 税务机关需要确定应该审核哪些纳税申报表：审计的成本很高，并且审计师的数量有限。为了最大限度地提高每个审计师带来的收益，税务机关应该同时预测瞒报收入的查出概率和税务机关可能收回的金额。

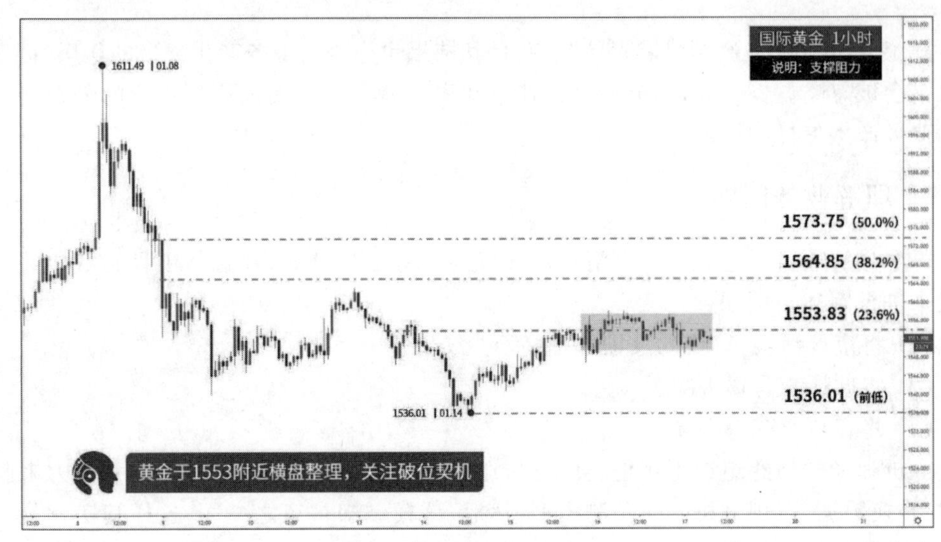

图 8-4　当日黄金价格走向

(2) 一所大学希望最大限度地提高在校友捐赠活动中的投资回报。为了正确制定不同的策略，校方应该预测两个概率：每个校友响应的可能性和每位校友可能会捐赠的金额。

如果面对很多商业问题，想要预测的就可能是多个应对措施。例如，为了最大限度地提高一场捐赠活动的投资回报率(ROI)，你会想知道预测捐赠活动的潜在目标是否会得到响应，以及如果响应了可能会捐助多少钱。

尽管存在单个模型对应多种应对措施建模的技术，但大多数分析师更愿意将问题划分成几个部分，然后针对每种应对措施分别建立预测模型。以这种方式分解问题，能够确保分析师针对每个应对措施产生的影响来独立优化预测模型，并且可以给业务使用者提供更大的灵活性。

例如，考虑两组可能的捐赠人：对活动响应度较低却有较高的平均捐赠额的人，以及对活动响应度较高却有较低的平均捐赠额的人。这两部分都有着相似的整体预期值。然而，通过细分应对行为和分别建模，客户可以区分这两组捐赠人并采用不同的策略。

大多数预测问题可以分成两类：分类和回归。在分类中，分析师希望预测将在未来发生的一个可分类的事件，在大多数案例中这是一个二值问题。因为消费者要么对一个营销活动做出响应要么不响应，负债人要么宣布破产要么不破产。在回归中，分析师希望预测一个连续值，例如，消费者将会消费的手机通话时长，或者购买者将会在一个时期里消费的金额。有一些技术适合分类问题，而另一些适合回归问题，还有一些则同时可以用于分类和回归。分析师一定要了解所预测的问题，从而选择正确的技术。

8.2.3 了解误差成本

在理想情况下，人们希望用一个模型就完美地预测未来的事件，但实际上这样的可能性不大。但放弃追求建立完美模型的想法，就应考虑模型要多精确才算“足够好”？

通常，预测模型必须能够提高决策的有效性，从而带来足够多的经济收益，以抵消开发和部署模型的成本。当风险价值较高时，预测模型能够产生很好的经济效益。如果风险价值较低，即使一个非常好的预测模型也只能提供很少的经济效益或几乎没有经济效益，因为做一个错误决策的损失很小。许多组织不愿意费心建立针对邮件营销活动的预测模型，就是因为发一封电子邮件给一个不会响应的消费者的增量成本很低，这也意味着你的邮箱里会有更多的垃圾邮件。

假设风险价值高到需要建立一个预测模型，那么这个模型的效果一定要比现有的针对性方案的效果好。预测模型的总体准确性十分重要，但一定要考虑到误差的成分。一个二值分类模型有两种正确的结果：它可以精准地预测一个事件是否会发生，或者它可以预测这个事件是否不会发生。同样它也有两种错误的结果：它可能错误地预测一个事件将会发生，或者它错误地预测这个事件不会发生。

假设开发预测模型的目标是预测在ICU（重症监护病房）的患者心脏骤停这个事件（见图8-5）。如果模型预测结果是该患者心脏会骤停，这个ICU的工作人员将会主动采取治疗措施，在这种情况下，患者有更大的可能活下来。否则，这些工作人员只会在患者心脏骤停时采取措施，到那时一切都太迟了。

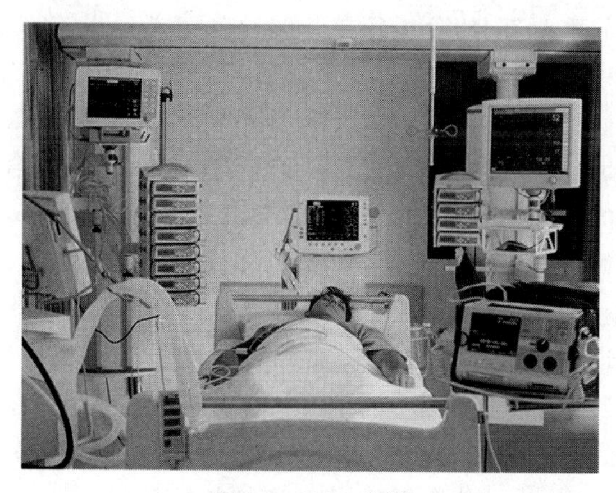

图8-5 ICU监测

如果一个预测模型错误地预测了该患者会心脏骤停，这个结果可以称作积极错误。如果预测模型预测该患者不会心脏骤停，但是患者实际上心脏骤停了，那么结果则被称作消极错误。在大多数实际的决策中，错误的代价是不对称的，这意味着积极错误的代价和消极错误的代价有天壤之别。

在这个案例中，积极错误的代价只是不必要的治疗，而消极错误的代价则是患者死亡概率的增加。在大多数医疗决策中，利益相关者将把重心放在最大限度地减少消极错误而不是积极错误上。

8.2.4 确定预测窗口

预测窗口对分析项目的设计有很大影响，它会影响到分析方法的选择和数据的选择。所有的预测都与未来发生的事件有关，但是不同的商业应用对预测提前的时间有不同的要求。例如，在零售业商店，排班人员可能只对明天或接下来几天的预期店铺流量感兴趣；采购经理可能会关注接下来几个月的店铺流量；而商场选址人员可能会关注未来几年的预测流量。

一般来说，随着预测窗口长度延长，模型预测的精确性会下降。换句话说，预测明天的店铺流量要比预测未来三年的店铺流量简单得多。这里有两个主要原因，一是预测窗口延长了，突发事件发生的概率会增加。例如，如果一个突发事件发生在店铺的附近，那么该店铺的流量将会发生改变。二是随着时间的变化，随机误差会累积增加，并且对预测产生很大的影响。

预测窗口也会影响预测中作为预测因子使用的数据。还是以零售业为例，假设想要提前预测一天中一个店铺的流量，使用建立在动态参数上的一个时间序列分析可能就很好用，比如过去三天中的每日流量。另一方面，如果想要预测未来三年的店铺流量，可能不得不加入一些基础要素数据，如本地住房建设情况、家庭分布、家庭收入变化以及竞争格局的变化。

8.2.5 评估部署环境

部署是分析过程的重要部分，分析师在开展预测建模项目工作前一定要了解预测模型的部署环境。有两种方式可以用来部署预测模型：批量部署或者事务部署。在批量预测中，评分机制会针对一组实体计算记录级的预测结果，并且将结果存储在一个信息仓库中，需要使用预测结果的商业应用可以直接从信息库中获取预测结果。在事务部署中，评分机制根据应用程序的请求对每个记录计算预测结果，该应用程序会立即使用预测结果。事务型的或者实时的评分对需要实时或很小延迟的应用至关重要，但是它们的成本也会更高，同时大多数应用并不一定需要较小的延迟。

分析师一定要知道一个应用程序可以在部署环境中获得哪些数据。这个问题很重要，因为分析师通常是在一个“沙箱”环境中开展工作，在这种环境中数据相对容易获取，也相对容易将其合并到分析数据集。而生产环境中可能存在运营上或者法律上的约束，这可能会限制数据的使用，或者让数据使用的成本大大增加。

从战略角度来说，如果目的是利用分析来确定什么数据对业务有最大的价值，那么在预测模型中使用当前部署环境没有的数据，可能会十分有效。然而在这种情况下，组织应该计划更长的实施周期。

部署环境也会影响分析师对分析方法的选择。一些方法，如线性回归或者决策树，生成的预测模型格式很容易在基于 SQL 的系统中实现。其他一些方法，如支持向量机或者神经网络，则很难实现。一些预测分析软件包支持多种格式的模型导出。但是，部署环境可能不支持分析软件包的格式，并且分析软件包可能不支持所有分析工具的模型导出。

8.3 建立分析数据集

为分析预测工作而准备数据的过程包括数据采集、评估和转换，建立分析数据集则是预测分析的第一步(见图 8-6)。分析师知道这个工作对于模型的有效性十分重要，他们会投入足够多的时间做好这项工作。数据准备工作需要占据整个周期的大部分时间，它们代表了流程改进和上下游协同的机会。

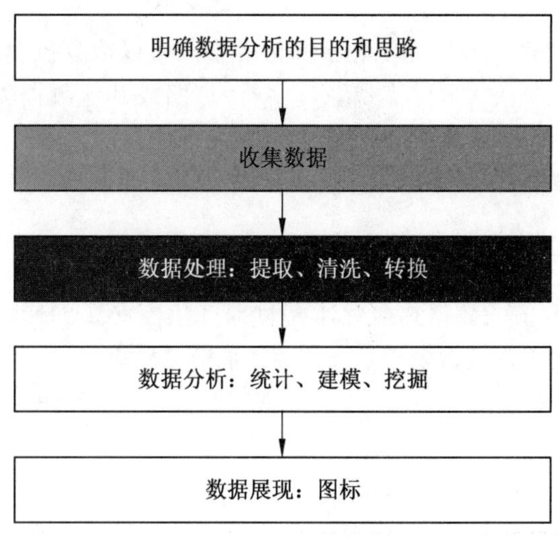

图 8-6　建立分析数据集

8.3.1 配置数据

理想状态下，分析师是将分析工具连接到一个高效的企业信息仓库中，而现实生活中的企业分析与上述理想情况相比，不同点在于：数据存在于企业内部和外部的不同资源系统中；数据清理、集成和组织处理使数据从“混乱”到“干净、有条理、可记录”。虽然企业在数据仓库和主数据管理(MDM)方面已经取得了长足的进步，但只有很少的企业能跟得上不断增长的数据量和愈加复杂的数据。

“主数据管理”描述了一组规程、技术和解决方案，这些规程、技术和解决方案用于为所有利益相关方(如用户、应用程序、数据仓库、流程以及贸易伙伴)创建并维护业务数据的一致性、完整性、相关性和精确性。

分析师是为那些有即时业务需求的内部客户工作的，所以他们往往会在 IT 部门之前开始工作，他们会花费大量的时间收集和整合数据。这些时间大部分都花在调查数据潜在来源、了解数据采集、购买文档和数据使用许可上。实际操作中，将数据导入分析“沙箱”只会花费相对很少的时间。

8.3.2 评估数据

当接收到数据文件时，分析师首先要确定数据格式是否与分析软件兼容，分析软件工具往往只支持有限的几种格式。如果可以读取数据,那么下一步就是执行测试,以验证数据是否符合相关文档。如果没有文档,分析师将花费一些时间来“猜测”数据格式和文件的内容。

如果数据文件是可读的,分析师会读取整个文件,如果文件很大,则读取一个样本文件,并且对数据进行一些基本的检查。例如对于表格数据,这些检查包括:

(1) 确定键值是否存在,这对关联到其他表是很必要的。

(2) 确保每个字段都被填充。字段不需要填充每一个记录,但所有行都是空白的字段可以从分析中删除。

(3) 检查字段的变化。每行都填充相同值的字段可以从分析中删除。

(4) 评估字段的数据类型:浮点、整数、字符、日期或其他数据类型,数据类型与特定平台相关。

(5) 确定在数据文件中是否有对应此项目应对措施的数据字段。

8.3.3 调查异常值

含有极端值或异常值的数据集会对建模过程产生不必要的影响,极端情况下甚至可能会使建立准确模型的工作变得困难。分析师不能简单地丢弃任何一个异常值(见图 8-7),例如,一个保险分析师不能简单地放弃“卡特里娜”飓风所造成的那部分损失。

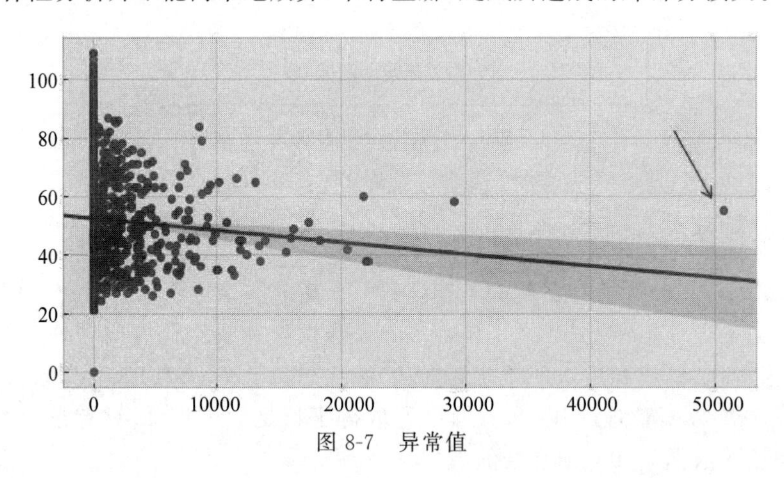

图 8-7 异常值

分析师应该调查离群值,以确定它们是否是在数据采集过程中人为造成的。例如,一位研究超市 POS 机数据的分析师发现了一些消费金额非常大的账户。在调查中,他发现这些“极端”的顾客是超市收银员在刷自己的会员卡,以使那些没有会员卡的顾客获得折扣。

又例如,研究租赁公司数据的分析师发现,在一个市场中出现了这样的不寻常现象,大量进行贷款申请的客户并没有随后激活和使用这些贷款。分析师和客户提出了一些假设来“解释”观察到的这种行为。但是在调查中分析师发现,系统管理员在系统中跑了很多测试申请,但是却没有将测试申请和真实客户申请进行区分。

8.3.4 转换数据

在建模开始前，必要的数据转换取决于数据的条件和项目的要求。因为每个项目要求的不同，对数据转换进行统一概括是不可能的，但是可以审查数据转换的原因以及通用类型的操作。

对研究数据进行转换的原因有两个。第一个原因是源数据与应用程序的业务规则不匹配。原则上，组织应在数据仓库后端实施流程，确保数据符合业务规则。这使整个企业有一致的应用程序。但实际上分析师往往必须在组织数据仓库之前进行分析工作，并且所用的数据也不是企业数据仓库的一部分。也有一些特殊情况，分析师会采用与企业业务规则不同的业务规则，以满足内部客户的需要。

分析转换数据的第二个原因是为了改善所建立预测模型的准确性和精确性。这些转换包括简单数学变换、“分箱”的数值变量、记录分类变量以及更复杂的操作，如缺失值处理或挖掘文本提取特征。一些预测分析技术需要数据转换，而分析软件包会自动处理所需的转换(见图 8-8)。

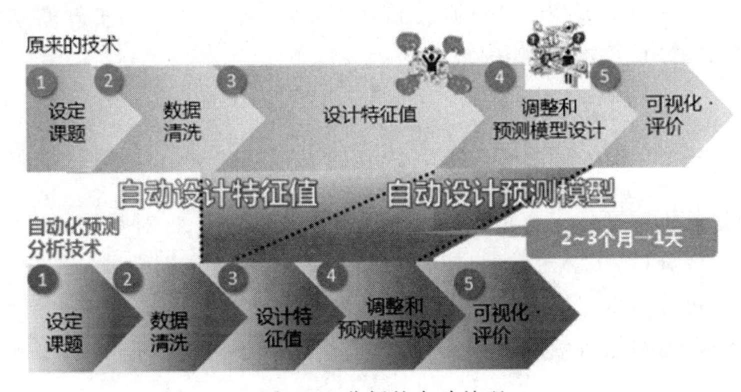

图 8-8 分析的自动处理

当分析师验证模型时，转换数据极大地提高了模型的精确性和准确性。然而，分析师应该问的最重要的问题是，这样的转换是否能够在部署环境中实现。分析沙箱中“规范”的数据不能改善预测模型在实际市场中的预测效果，除非在部署环境中的数据可以利用相同的转换变成“规范的”。

8.3.5 执行基本表操作

分析工具软件一般需要将全部数据(应对措施和预测因子)加载到一个单独表格中。除非所有需要的数据已经存在于同一张表中，否则分析师必须执行基本表操作来建立分析数据集。这些操作包括：连接表，附加表，选择行，删除行，添加一列并用计算字段填充，删除列，分组。

高性能的 SQL 引擎通常在表操作方面比分析软件更有效，分析师应尽可能地利用这些工具进行基本数据的准备。

8.3.6 处理丢失数据

数据可能会因为某些原因从数据集中丢失。数据有时是逻辑上丢失，例如，当数据表包括记录客户数据服务使用的字段，但是消费者却没有订购该服务时。在其他一些情况下，数据丢失是因为源系统使用一个隐含的零编码(零表示为空格)。数据丢失也可能是由于数据采集过程中人为的因素。例如，如果客户拒绝回答收入问题，该字段可能是空白的。

许多统计软件包要求每个数据工作表的单元格中都有值，并且将从表格中删除那些每列不是都有值的行。所以分析师使用一些工具来推断缺失数据的值，所使用的方法包括从简单的平均替代到复杂的最近邻方法。

对丢失数据的处理不会为数据增加信息价值，它们仅仅是为了可以应用那些无法处理缺失数据的分析技术。因为数据丢失很少是由于随机现象引起的，所以分析师需要在理解数据缺失的原因后，谨慎地使用推断技术来补足相关数据。

如同其他转换一样，分析师需要问自己是否能够在部署环境中将缺失的数据“修复”，以及“修复”所需的成本是多少。比起在分析数据集中“修复”数据，更好的做法是使用能够处理缺失数据的分析技术，例如决策树。

8.4 降维与特征工程

解决大数据分析问题的一个重要思路在于减少数据量。针对数据规模大的特征，要对大数据进行有效分析，需要对数据进行有效的缩减。进行数据缩减，一方面是通过抽样技术让数据的条目数减少；另一方面，可以通过减少描述数据的属性来达到目的，也就是降维技术。下面学习采用有效选择特征等方法，通过减小描述数据的属性来达到减小数据规模的目的。

8.4.1 降维

分析师常常将维度、特征和预测变量这三个词混用(视为同义词)。分析师利用两类技术来降低数据集中的维度：特征提取和特征选择。顾名思义，特征提取方法是将多个原始变量中的信息合成到有限的维度中，从噪声中提取信号数据。特征选择方法帮助分析师筛选一系列预测因子，选出最佳的预测因子在所完成的模型中使用，同时忽略其他的预测因子。特征提取比特征选择更为精致，有着悠久的学术使用历史，特征选择则是更实用的工具。

许多预测模型技术含内置的特征选择功能：这种技术自动地评估和选择可获得的预测因子。当建模技术中有内置的特征选择功能时。分析师可以从建模过程中省略特征选择步骤，这是使用这些方法的一个重要原因。

8.4.2 特征工程

特征是大数据分析的原材料，对最终模型有着决定性的影响。数据特征会直接影响使用的预测模型和实现的预测结果。准备和选择的特征越好,则分析的结果越好。影响分析结果好坏的因素包括模型的选择、可用的数据、特征的提取。优质的特征往往描述了数据的固有结构。大多数模型都可以通过数据中良好的结构很好地学习,即使不是最优的模型,优质的特征也可以得到不错的效果。优质特征的灵活性可以使简单的模型运算得更快,更容易理解和维护。

优质的特征还可以在使用不是最优的模型参数的情况下得到不错的分析结果,这样用户就不必费力去选择最适合的模型和最优的参数了。

特征工程的目的就是获取优质特征以有效支持大数据分析,其定义是将原始数据转换为特征,更好地表示模型处理的实际问题,提升对于未知数据的准确性。它使用目标问题所在的特定领域知识或者自动化的方法来生成、提取、删减或者组合变化得到特征。

特征工程包含特征提取、特征选择、特征构建和特征学习等问题(见图8-9)。

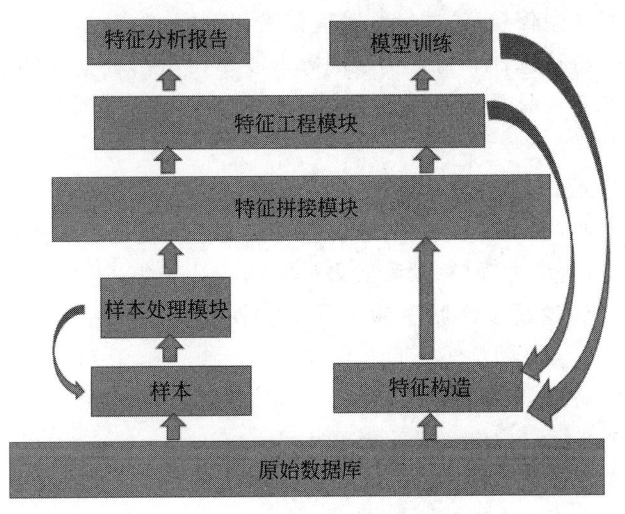

图8-9 特征工程整体架构图

(1) 大数据分析中的特征。特征是观测现象中的一种独立、可测量的属性。选择信息量大的、有差别性的、独立的特征是分类和回归等问题的关键一步。

最初的原始特征数据集可能太大,或者信息冗余,因此在分析应用中,初始步骤就是选择特征的子集,或构建一套新的特征集,减少功能来促进算法的学习,提高泛化能力和可解释性。

在结构化高维数据中,观测数据或实例(对应表格的一行)由不同的变量或者属性(表格的一列)构成,这里属性其实就是特征。但是与属性不同的是,特征是对于分析和解决问题有用、有意义的属性。

对于非结构数据,在多媒体图像分析中,一幅图像是一个观测,但是特征可能是图中的一条线;在自然语言处理中,一个文本是一个观测,但是其中的段落或者词频可能才是一种特征;在语音识别中,一段语音是一个观测,但是一个词或者音素才是一种特征。

(2) 特征的重要性。这是对特征进行选择的重要指标,特征根据重要性被分配分数并排序,其中,高分的特征被选择出来放入训练数据集。如果与因变量(预测的事物)高度相关，则这个特征可能很重要，其中，相关系数和独立变量方法是常用的方法。

在构建模型的过程中，一些复杂的预测模型会在算法内部进行特征重要性的评价和选择，如多元自适应回归样条法、随机森林、梯度提升机。这些模型在模型准备阶段会进行变量重要性的确定。

(3) 特征提取。一些观测数据如果直接建模，其原始状态的数据太多。像图像、音频和文本数据，如果将其看作表格数据，那么其中包含数以千计的属性。特征提取是自动地对原始观测降维，使其特征集合小到可以进行建模的过程。

对于结构化高维数据，可以使用主成分分析、聚类等映射方法；对于非结构的图像数据，可以进行线或边缘的提取；根据相应的领域，图像、视频和音频数据可以有很多数字信号处理的方法对其进行处理。

(4) 特征选择。不同的特征对模型的准确度的影响不同，有些特征与要解决的问题不相关，有些特征是冗余信息，这些特征都应该被移除掉。

在特征工程中，特征选择和特征提取同等重要，可以说，数据和特征决定了大数据分析的上限，而模型和算法只是逼近这个上限而已。由此可见，特征选择在大数据分析中占有相当重要的地位。

通常，特征选择是自动地选择出对于问题最重要的那些特征子集的过程。特征选择算法可以使用评分的方法来进行排序；还有些方法通过反复实验来搜索出特征子集，自动地创建并评估模型以得到客观的、预测效果最好的特征子集；还有一些方法，将特征选择作为模型的附加功能，像逐步回归法就是一个在模型构建过程中自动进行特征选择的算法。

工程上常用的方法有以下几种。

① 计算每一个特征与响应变量的相关性。

② 单个特征模型排序。

③ 使用正则化方法选择属性。求解不适定问题的普遍方法是：用一组与原不适定问题相“邻近”的适定问题的解去逼近原问题的解，这种方法称为正则化方法。

④ 应用随机森林选择属性。

⑤ 训练能够对特征打分的预选模型。

⑥ 通过特征组合后再来选择特征。

⑦ 基于深度学习的特征选择。

(5) 特征构建。特征重要性和特征选择是告诉使用者特征的客观特性，但这些工作之后，需要人工进行特征的构建。特征构建需要花费大量的时间对实际样本数据进行处理，思考数据的结构和如何将特征数据输入给预测算法。

对于表格数据，特征构建意味着将特征进行混合或组合以得到新的特征，或通过对特征进行分解或切分来构造新的特征；对于文本数据，特征构建意味着设计出针对特定问题的文本指标；对于图像数据，这意味着自动过滤，得到相关的结构。

(6) 特征学习。这是在原始数据中自动识别和使用特征。深度学习方法在特征学习领域有很多成功案例，比如自编码器和受限玻尔兹曼机。它们以无监督或半监督的方式实现自动的学习抽象的特征表示(压缩形式)，其结果用于支撑像大数据分析、语音识别、图像分类、物体识别和其他领域的先进成果。

抽象的特征表达可以自动得到，但是用户无法理解和利用这些学习得到的结果，只有黑盒的方式才可以使用这些特征。用户不可能轻易懂得如何创造和那些效果很好的特征相似或相异的特征。这个技能是很难的，但同时它也是很有魅力的、很重要的。

8.4.3 特征变换

特征变换是希望通过变换消除原始特征之间的相关关系或减少冗余，得到新的特征，更加便于数据的分析（见图 8-10）。从信号处理的观点来看，特征变换是在变换域中进行处理并提取信号的性质，通常具有明确的物理意义。从这个角度来看，特征变换操作包括傅里叶变换、小波变换和 Cabor 变换等。

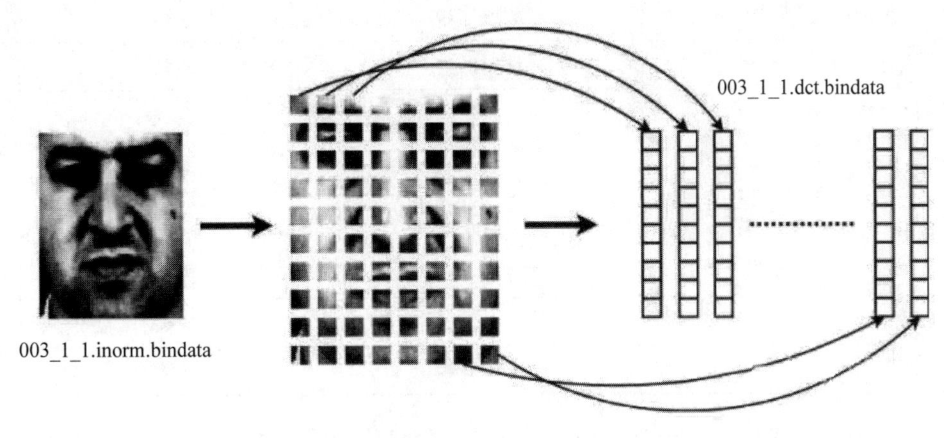

图 8-10 特征工程

从统计的观点来看，特征变换就是减少变量之间的相关性，用少数新的变量来尽可能反映样本的信息。从这个角度来看，特征变换包括主成分分析、因子分析和独立成分分析。从几何的观点来看，特征变换通过变换到新的表达空间，使得数据可分性更好。从这个角度来看，特征分析包括线性判别分析和方法。

8.5 建立预测模型

尽管分析师经常会偏爱某一种技术，但是对于一个基于特定数据集的问题而言，通常事先不知道用哪种技术才能建立最好的预测模型，分析师要通过实验来确定最佳模型。现代高效的分析平台能够帮助分析师进行大量的实验，并且分析软件包有时也会包括脚本编写功能，因此分析师可以通过批量方式来指定和执行实验。

8.5.1 制订建模计划

尽管事实上我们可以通过暴力搜索得到最佳模型，但是对于大多数问题，实验的数量可能会庞大到令人难以置信。因此，利用建模技术能够提供许多不同的变量给分析师，任何一个变量都可能对模型效果产生质的影响。同时，加入分析数据集的每一个新预测变量会产生许多种确定一个模型的方法。我们需要考虑新预测因子产生的主要影响和对模型的多种数学转换，以及新预测因子和其他已存在因子之间的交互影响。

分析师能够通过一些方法缩小实验搜索区间。首先，因变量和自变量的特征可以限定可行分析技术的范围(见表 8-1)。

表 8-1 变量特征限定技术方法

技术方法	因变量	自变量
线性回归	连续	连续
广义线性模型	依赖于分布	连续
广义相加模型	依赖于分布	连续
逻辑回归模型	分数或序数	连续
生存分析	事件时间	连续
决策树		
CHAID	分类	分类
分类和回归树	连续或分类	连续或分类
ID3	分类	分类
C4.5/C5.0	连续或分类	连续或分类
贝叶斯	分类	分类
神经网络	连续或分类	连续(标准化)

其次，分析师可以通过计算每个预测变量的信息值删除那些没有数值的变量，从而缩小实验范围。通过使用正则化或逐步回归建模技术，分析师建立了只包含正向信息值变量的一个初步模型。许多分析软件包包含内置特征选择算法，分析师还可以利用开放的特征选择分析工具。

8.5.2 细分数据集

对分析数据集进行分割或者分区应该是实际模型训练前的最后一步。分析师对于分割的正确数量和大小有不同的意见，但是在一些问题上达成了广泛的认同。

首先，分析师应该利用随机样本来创建所有的分区。只要分析师使用一个随机过程，简单采样、系统采样、分层采样、聚类采样都可以被接受。

其次，分析师应该随机选择一个数据集，并在模型训练过程中持续使用。这个数据集应该足够大，使分析师和客户可以对应用于生产数据的模型性能得出有意义的结论。

根据所使用的具体分析方法，分析师可以进一步将剩余的记录数据分为训练和剪枝数据集。一些方法(如分类和回归树)集成了一些原生的功能，可以对一个数据集进行训练，并且对另一个数据集进行剪枝。

在处理非常大量的记录时，分析师可以通过将训练数据分割为相等的子数据集，并对单个子数据集运行一些模型的方法来加速实验进程。在对第一个复制数据集运行模型后，分析师可以放弃效果不佳的模型方法，然后扩展样本大小。分析师也可以显式地测量当样本扩大时模型的运行效果。

8.5.3 执行模型训练计划

在这个任务中,分析师运行所需要的技术步骤来执行模型训练计划。所使用的技术和该技术的软件实现不同,具体的技术步骤也不同。然而理想情况下,分析师已经使用分析软件的自动化功能,或通过自定义脚本来使这个任务自动化完成。因为在一个有效模型训练计划中运行的单个模型数量可能会很大,所以分析师应该尽可能避免手工执行。

8.5.4 测量模型效果

当运行大量模型时,需要一个客观方法来衡量每个模型的效果,由此可以对候选模型排名并选择最好的模型。如果没有一个测量模型效果的客观方法,分析师和客户就必须依赖手工对每个模型进行评价,这样会限制可能的模型实验数量。

测量模型效果有许多方法。例如,“酸性测试”就是针对模型的业务影响,但要在建模过程中执行有效测量几乎不可能,所以分析师一般依靠近似测量。对测量的选择有以下4个一般性标准。

(1) 测量应该对指定的建模方法和技术具备通用性。

(2) 测量应该反映独立样本下的模型效果。

(3) 测量应该反映模型在广泛数据下的效果。

(4) 测量应该可以被分析师和客户双方理解。

一般来说,测量方法可以分为以下三类。

(1) 适合分类因变量的测量方法(分类)。

(2) 适合连续因变量的测量方法(回归)。

(3) 既适合分类也适合回归的测量方法。

对于分类问题,简单的总体分类准确性很容易计算和理解。所提出的列联表(“混淆矩阵”)的测量方法很容易理解(见表8-2)。

表 8-2 混淆矩阵

预测行为	实际行为		
	反应	无反应	总量
反应	312	4688	5000
无反应	224	44 776	45 000
总量	536	49 464	50 000

总体准确率:(312+44 776)/50 000=90%

整体分类准确率不区分积极错误和消极错误。但是在实际情况中,收益矩阵往往是不对称的,并且两类错误有不同的代价。一个预测模型可能会呈现出比另一种模型更好的总体准确率,但是除非理解积极错误和消极错误之间的区别,否则可能无法选出最佳的模型。

8.5.5 验证模型

在分析项目的过程中，一个分析师可能会建立几十上百个候选模型。模型验证有两个目的。首先，它能够帮助分析师探测过度学习，例如，一个算法过度学习训练数据的特征却无法推广到整体中；其次，验证帮助分析师对模型从最好到最差评级，以此来识别对业务最好的选择。

分析师要区别不同种类的验证：

(1) n 折交叉验证。

(2) 分割样本验证。

(3) 时间样本验证。

n 折交叉验证是一种能够确保分析师利用小样本的抽样数据，通过二次采样现有数据，实现多次重叠复制，并且对每次复制数据单独进行验证模型的方法。当数据非常昂贵时(如临床实验)，这是一种可使用的合理方法，但是对于大数据来说就不必要了。

在分割样本验证中，分析师将可用数据分割为两个样本，利用其中一个训练模型，而另一个用于验证模型。一些分析工具有内置的功能来指定训练和验证数据集，使分析师可以将以上两个步骤结合起来。

可以利用时间验证样本对模型进行部署前的二次验证。分析师在用于模型训练和验证的原始样本之外的不同时间点单独抽取样本。这是一个检查，用来确保模型准确性和精确性的估计是稳定的。

8.6 部署预测模型

在组织部署之前，预测模型(见图 8-11)并没有实际价值。在一些组织中，当建模结束时部署计划就开始了，这经常导致存在较长的部署周期。最坏的结果就是项目的失败，而这种情况经常发生。在一次调查中，只有 16% 的分析师说，他们的组织“总是”执行了

图 8-11 价格指数与预测

分析的结果。

部署计划应该在建模开始前就展开。分析师在开始建模前一定要理解技术、组织和法律的约束。计划开始早期,IT 组织可以与模型开发并行地执行一些任务,以减少总周期时间。

8.6.1 审查和批准预测模型

在许多组织中,部署的第一步是对预测模型的正式审查和批准。这个管理步骤有很多目的:首先,它确保了模型符合相关的管理个人信息使用的法律和法规;其次,它提供一个机会对模型和建立模型的方法进行同行审查;最后,正式批准模型投入生产环境所需资源的预算控制。

批准流程实际上在分析开始前就展开了。如果不能保证部署资源,开展一个预测建模项目将是毫无意义的。分析师和客户应该在收集数据前,充分了解数据使用的相关法律约束。如果法律和合规审查要求从一个模型中移除一个预测因子,分析师将不得不重新估计整个模型。

如果分析师和客户在项目开始阶段能够充分评测部署环境,审查步骤中就不应该有任何意外。如果模型使用的数据目前不在生产环境中,企业需要在数据源或者采取、转换和导入(ETL)流程环节进行投入来实现模型。这将增加项目的周期时间。

8.6.2 执行模型评分

组织以批量过程的方式或者单个事务的方式来执行模型评分,并且可以在分析平台中使用原生预测或者将模型转换为一个生产应用。

在组织和部署时,模式不同,执行的具体步骤也不同。在生产应用程序中的模型部署必然导致跨部门或跨业务单元的工作。在大多数业务中,IT 组织管理生产应用。这些应用可能涉及其他的业务利益相关者,他们必须在部署前审查并批准模型。这是分析开始前定义和了解部署环境非常重要的另一个原因。

在分析应用中的模型部署需要较少的组织间协作,但是并不高效,因为它对分析团队有额外的要求。作为一个默认的规则,分析软件供应商不设计或构建用于支持生产水平性能和安全要求的软件,并且分析团队很少有支持生产经营的流程和纪律。

批量评分非常适合使用不经常更新数据的高延迟性分析。当所有的预测因子有着相同的更新周期时,执行评分过程最有效的方式就是把它嵌入到 ETL 的过程中,更新存储分数的资料库。否则,一个被预测因子更新所触发的数据库过程将是最有效的。

单个事务评分是对低延迟性分析最好的模型,在低延迟性分析中业务需要使用尽可能新的数据。当预测模型使用会话数据时,必须有单个事务评分,例如,一个网站用户或者呼叫中心代表输入的数据。对于实时的事务评分,组织一般使用为低延迟设计的专业应用程序。

无论什么样的部署模式,分析师都有责任保证所产生的评分模型准确地再现经批准的预测模型。在一些情况下,分析师实际上会编写评分代码。更为常见的情况是,分析师会编写一个规范,然后参与应用程序的验收测试。

尽管今天存在一些技术能够取代人工编程来建立评分模型，但是许多组织缺乏使用这些技术需要的数据流和表结构的一致性，由此造成的结果就是人工编程对很多组织来说仍然是模型部署过程中的瓶颈问题。

8.6.3 评价模型效果

模型开发步骤结束时进行的验证测试为业务提供了信心，该模型将在生产部署时有效地运行。验证测试不能证明模型的价值，只有在部署模型后才能确定该模型的价值。

在理想情况下，预测模型在生产中会运行得像在验证测试中一样好。在现实情况中，模型可能会因为一些原因而表现得不那么好。最重要的原因是执行不力：分析师建立的分析数据集不能代表总体，不能对过度学习进行控制，或者以不可重现的方式转换数据。而且，即使完全正确执行的预测模型仍会随着时间的变化"漂移"，因为基础行为发生变化，消费者的态度和品味将会改变，一个预测购买倾向的模型无法像它首次部署时表现得那样好。

组织必须跟踪和监控已部署模型的运行效果，这可以用两种主要的方式进行。最简单的方法就是捕捉评分历史记录，分析在一个固定周期的评分分布，并且将观测到的分布与原始模型验证时的评分分布相比较。如果模型验证评分服从一个正态分布，应该假设生产评分也服从正态分布。如果生产评分与模型验证评分不一致，就可能是基础过程在一些方面发生了改变，从而影响了模型的效果。在信用评分应用程序中，如果生产评分呈现一个趋向更高风险的偏斜，业务可能要采用一些导致逆向选择的措施。

漂移的评分分布并不意味着模型不再起作用，但是应该对它做进一步调查。为了评测模型效果，分析师通过对比实际行为和评分来进行验证研究。实际上，这花费的时间和精力与从头重新建立模型一样。当现代技术可以使建模过程自动化时，许多组织会完全跳过验证研究，而仅仅是定期重建生产模型。

8.6.4 管理模型资产

预测模型是组织必须要管理的资产，随着组织扩大对分析的投资，这项资产管理的难度也在加大。

在最基本的层次上，模型管理只是一个编目操作：在一个合适的浏览和搜索库中，建立和维护每个模型资产的记录，往小处说，这减少了重复的工作。一个业务单元要求的项目，其项目需求可能与某一个现有资产的需求非常相似。理想情况下，一个目录包括响应和预测变量以及所需源数据的相关信息。这使组织在删除服务数据源时，能够确定数据依赖关系和所影响的模型。

在高层次上，模型管理库保留模型生命周期的信息。这包括从模型开发到验证的关键工作，如预期模型的得分分布，再加上定期从生产环境更新过来的数据。

更新模型管理库是预测建模工作流中的最后任务。

8.7 预测分析软件系统

预测分析使用的技术可以发现历史数据之间的关系，从而预测未来的事件和行为。因此，预测分析已经在各行各业得到广泛应用，例如，预测保险索赔、市场营销反馈、债务损失、购买行为、商品用途、客户流失等。

假设治疗数据显示，大多数患有ABC疾病的病人在用XYZ药物治疗后反映效果很好，尽管其中有个别人出现了副作用甚至死亡。你可以拒绝给任何人提供XYZ药物，因为它有副作用的风险，但这样一来，大多数病人就会继续受到疾病的折磨；或者你也可以让病人自己来做决定，通过签署法律文件来免责。但是，最好的解决方法是基于患者的其他信息，利用分析来预测治疗的效果。

预测分析的方法论与用例截然不同，一套方法论解释并且论证一系列步骤，它不仅刻画当前的做事方法，更具有规范性和前瞻性，它规定了为获得一个特定的产出结果而所需的方法。

在目前流行的众多分析方法中，最著名的两个是SAS SEMMA(数据挖掘方法体系)和CRISP-DM(跨行业数据挖掘标准流程，与SPSS结合使用)。

CRISP-DM系统的KDD过程模型于1999年欧盟机构联合起草。KDD即知识发现，是从数据集中识别出有效的、新颖的、潜在有用的，以及最终可理解模式的非平凡过程。通过近几年的发展，CRISP-DM模型在各种KDD过程模型中占据领先位置。

SAS(统计分析系统)是由美国北卡罗来纳州立大学于1966年开发的统计分析软件。1976年，SAS软件研究所成立，开始进行SAS的维护、开发、销售和培训工作。期间经历了许多版本，并经过多年来的完善和发展，SAS在国际上已被誉为统计分析的标准软件，在各个领域得到广泛应用。

SAS SEMMA包括下面这些部分。

Sample——数据取样。

Explore——数据特征探索、分析和预处理。

Modify——问题明确化、数据调整和技术选择。

Model——模型的研发、知识的发现。

Assess——模型和知识的综合解释和评价。

现代分析方法论应该充分利用现代分析工具所具有的功能。为了使效用最大化，分析师和客户应该全神贯注于项目过程开始和结论的部分——业务定义和部署上。问题定义和部署之间的技术开发活动，如模型训练和验证是很重要的，但是这些步骤中的关键选择却取决于如何定义这个问题。

作　业

1. 预测分析的目标是根据你所知道的事实来预测(　　)的事情。

A. 已经发生　　B. 不会发生　　C. 你不知道　　D. 很少发生

2. 预测分析使用的技术可以发现(　　)之间的关系，从而预测未来的事件和行为。

A. 历史数据　　B. 原始数据　　C. 当前数据　　D. 数据模型

3. 在目前流行的众多分析方法中，最著名的就是(　　)。

A. Excel　　B. WPS Office　　C. PowerPoint　　D. SAS

4. 预测分析的流程包括 4 个主要步骤，即业务定义、数据准备、模型开发和(　　)，每一个部分又包括一系列的任务。

A. 模型测试　　B. 模型部署　　C. 系统调试　　D. 数据更新

5. 一个分析项目应该以(　　)为导向，并且对业务产生积极的作用。

A. 数据　　B. 程序　　C. 结果　　D. 利润

6. 每个分析项目都应该毫无例外地从一个清晰定义好的(　　)开始。

A. 业务目标　　B. 方针政策　　C. 利润指标　　D. 质量指标

7. 分析项目大多数的失败案例都是由于缺少精确定义的(　　)。

A. 发展规模　　B. 方针政策　　C. 政治要求　　D. 业务价值

8. 在大多数的分析案例中，应对措施代表了一种(　　)，因此你还不知道这种对策方法产生的结果。

A. 重要对策　　B. 未来事件　　C. 应急措施　　D. 业务价值

9. 大多数分析师更愿意将问题划分成几个部分，然后针对每种应对措施分别建立(　　)。

A. 营利模式　　B. 数据结构　　C. 预测模型　　D. 系统架构

10. 在大多数实际的决策中，错误的代价是不对称的，这意味着积极错误的代价和消极错误的代价有(　　)。

A. 天壤之别　　B. 很多相似　　C. 相当一致　　D. 色彩差异

11. 预测窗口对分析项目的设计有很大影响，它会影响到(　　)。

A. 系统规模的设定　　B. 系统质量的要求

C. 启动时间的设置　　D. 分析方法的选择和数据的选择

12. 一般来说，随着预测窗口长度的延长，模型预测的精确性会(　　)。

A. 上升　　B. 反弹　　C. 下降　　D. 不确定

13. 部署是分析过程的重要部分，组织用两种方式来部署预测模型：批量部署或者(　　)。

A. 人事安排　　B. 事务部署　　C. 规模设置　　D. 质量要求

14. 为分析预测工作准备数据的过程包括数据采集、数据评估和转换，建立分析数据集是预测分析的(　　)。

A. 第一步　　B. 第二步　　C. 第三步　　D. 最后一步

15. 对分析数据集进行分割或者分区是实际模型训练前的(　　)。

A. 第一步　　B. 第二步　　C. 第三步　　D. 最后一步

16. 预测模型在组织部署(　　)都是没有实际价值的。

A. 之后　　B. 之前　　C. 前后　　D. 过程中

17. 解决大数据分析问题的一个重要思路就在于减少数据量。可以通过减少描述数据的属性来达到目的,这就是(　　)技术。

A. 降维　　B. 减法　　C. 复合　　D. 审计

18. (　　)是大数据分析的原材料,对最终模型有着决定性的影响。

A. 数据　　B. 特征　　C. 资源　　D. 信息

19. 特征工程的目的就是获取优质特征以有效支持大数据分析,其定义是将(　　)数据转换为特征,更好地表示模型处理的实际问题,提升对于未知数据的准确性。

A. 核心　　B. 结构　　C. 原始　　D. 大型

20. 特征工程包含(　　)、特征选择、特征构建和特征学习等问题。

A. 结构重组　　B. 特征提取　　C. 结构简化　　D. 数据清洗

21. (　　)是希望通过变换消除原始特征之间的相关关系或减少冗余,得到新的特征,更加便于数据的分析。

A. 特征选择　　B. 特征运算　　C. 特征加工　　D. 特征变换

预测分析技术

【导读案例】

日本中小企业的“深层竞争力”

什么是企业真正的竞争力？日本福山大学经济学教授、日本中小企业研究专家中泽孝夫以“全球化时代日本中小企业的制胜秘籍”为主题做了一次演讲，以下是演讲的主要内容。

在日本，一家企业经营得好不好通常有两个认定标准：

第一，企业每年平均到每一个人的利润状况。

第二，企业是否能够持续经营。以一定时间内的营收总额去判断一个企业的好坏，似乎也可以作为一个标准，但也有做得很大，后来却倒闭的企业。

在日本，经营100年以上的企业超过3万家，经营两三百年的企业也很多。为什么日本会有这么多长寿的中小企业？其中一定有独到之处。那它们的竞争优势究竟体现在什么地方？

这种竞争优势分为两种：一种是眼睛看得见的表层竞争力，比如产品的外观设计或者某项功能。但这种竞争力很容易被替代，例如，只要找到更好的人才，或者花钱把技术买过来，就可以解决，所以这不是真正的竞争力。真正的竞争力，是眼睛看不见的深层竞争力。

为什么行业最突出的企业反而失败了？

来看一个例子，明治维新后，纤维纺织业一直是日本的支柱产业。当时，有一家非常大的纺织公司叫钟纺，它出身名门家族，在当地很有声望，上市以后很快就变成行业第一。同一时期的公司还有东丽、帝人两家。钟纺是最风光的一家，但也是最快破产的一家。这三家公司面临的经营环境都一模一样，为什么东丽、帝人活下来了，最风光的钟纺反倒破产了？

原因在于东丽和帝人能够根据市场变化开发新的纤维材料，例如，开发出碳素纤维、无纺纤维等新产品。二者最大的差别在于产品开发能力。背后涉及的问题，其实是内部制造技术如何保证新产品的开发？通过新工艺实现新产品的能力就是属于深层次的能力。

还有一个原因是什么呢？钟纺当时拥有很多土地，而20世纪80年代中后期日本泡沫经济的时候，土地涨价很厉害，1日元买过来的土地可以卖到2000日元。这样一来，他们的心思就不在主业上,整天想的是如何用土地来做担保贷款投资,通过这个方法来做大规模。反过来,真正在主业纺织纤维的产品开发、工艺开发却被忽略掉了。钟纺就是因为太有钱了,热衷搞其他投资,从而忽略了主业,最后倒闭了。

丰田、日产发动机曾经一台成本要差五万日元,差距在哪里?

另一个案例,20世纪60年代,当时的日产规模是大过丰田的,因为它和另外一家公司合资,总规模远远超过丰田。但是30年之后,日产的营收规模就只有丰田的1/3了,而这期间丰田和日产的经营环境是一模一样的。

为什么会有这么大的区别?主要是看不见的深层竞争力在发挥着关键作用。例如,日产和丰田曾经同时推出过一款相似的车型,售价都为120万日元,但日产的发动机比丰田的发动机成本要高5万日元(现在相当于三千多元人民币),这样,日产的利润率就相对较低了,为什么会出现这种情况?

这是因为丰田在生产流程和制造工艺上竭尽全力、想方设法降低成本。五万日元的差异,实际上是制造能力的差异。而创造这种制造优势的人是企业现场的员工。

丰田是怎么做到的呢?在生产过程中难免会发生各种小故障,丰田员工会去琢磨:为什么会发生故障?原因在哪儿?怎么解决?而不是像其他公司那样,故障出现以后就叫技术人员过来处理。时间一久,就沉淀为一种"现场的力量",同样的产品,花5个小时和10个小时生产出来,价值是不一样的,丰田的现场是持续思考的现场。

东京大学的著名教授藤本隆宏,几年前曾做过一个关于交货周期的国家间比较,涵盖泰国、越南、马来西亚、日本和中国等亚洲国家。他发现,日本交货周期的能力是中国的5倍,换句话说,相当于中国的效率是日本的1/5。这会带来什么结果?就算中国的人工费用水平是日本的1/5也比拼不过日本。通常来说,人工成本占总成本30%左右,这样算下来,除非一个国家的人工成本是日本的1/10估计还有点儿竞争力,如果只是1/5、1/3,则根本就没有竞争力。

在丰田,也包括在大多数日本企业,如果一个新员工加入工厂5年,就可以去世界各地的兄弟工厂支援。通过调研发现:同样在菲律宾的日本工厂,一个当地的员工要做到15年左右才可以被派出去对海外进行支援,15年太长,其实是等不及的。

"同样做相机,为何柯达败了,这家企业却转型成功?"

做企业,其实就是为了提高产品附加值。产品价值是通过加工过程来实现的。这又涉及两方面,第一,在时间上做文章;第二,怎么做出好产品?这要在工艺、作业方法上下功夫,想办法降低不良率、不出不良品。

在大阪有一家叫东研的公司,开发出一项新的热处理工艺,可以做到目前热处理效果的5倍以上!技术开发出来了,没有生产设备咋办?技术是自己开发的,设备外面也没有,东研只有自己开发。所以,企业必须具备这种独特的技术开发能力,才能在竞争中取胜。

东研在泰国的工厂给丰田、电装做配套。当时在这个工厂里发生了一件事情:有一天,有个员工在对一批零件做热处理,已经连续做了3天,当天正在紧张地进行最后200个的加工。他越做感觉越不对劲,总觉得这200个和之前做出来的颜色不一样。他感到奇怪,想弄清楚为什么,于是马上通知客户。客户派人调查,结果发现最后200个产品是他们送错了材料。丰田非常感激,幸亏发现得及时,不然这200个零配件混到整车里面,这将是多大的麻烦?

为什么这个工人有这样的现场反应?尽管这位员工是泰国当地的员工,但他也能像日本人一样具备敏锐发现问题的能力,这属于“工序管理能力”。什么意思呢?通过生产线的管理体制,不论是哪个国家的人,只要按照这个方法在生产线上进行操作,就很快能具备这种敏锐发现问题的能力。这是一种现场的提案能力,员工会边做边思考“我能不能做得更好?”然后反向给领导提建议,从而把工序进行不断的优化。这种现场提案能力,慢慢会积淀出整个工艺流程、生产现场的力量。

这就叫看不见的深层竞争力。那么深层竞争力与表层竞争力之间是什么关系呢?

表层竞争力是深层竞争力的外在体现,深层竞争力是表层竞争力的来源。如果一个企业具备深层竞争力,它就会具备转型的能力。柯达为什么失败了?因为缺乏转型的能力!反而日本有几家同类型企业,转型得很好。

日本做传统相机的这些企业后来都转到哪里去了?比如奥林巴斯做相机,后来转到了化妆品、医疗器械,包括复印机领域。因为它掌握了原材料的开发能力、化学能力、成像能力。现在奥林巴斯是一个典型的医疗器械公司,它有一个产品,能把0.3mm的设备放到人的血管里做微创手术。

奥林巴斯还有一款CT扫描机,其技术来自于它的成像技术和解析技术。通过做相机,它掌握了相关核心技术,顺利切换到了其他领域(见图9-1)。

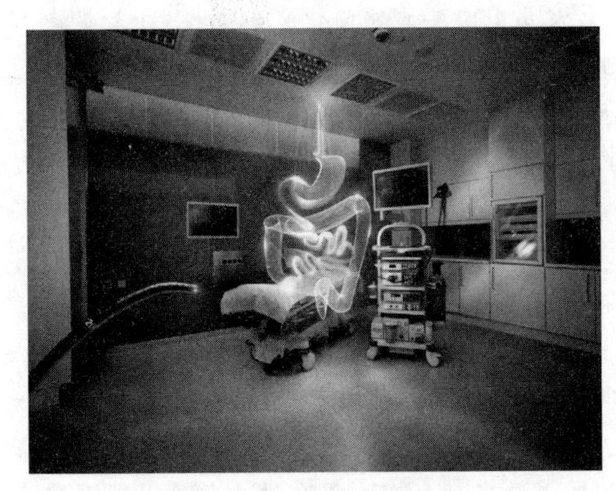

图9-1 奥林巴斯内镜系统

人工智能、新能源汽车、物联网在日本都是伪命题。

从深层竞争力出发,再去看当今社会流行的一些新概念,就会发现其实有些是伪命题。比如人工智能,其实是一种达成目的的手段。通过大数据做统计分析,从而找到最佳解决方案。但是,你想做什么产品、如何做得更好?这两个出发点是由人来决定的,原点还是要依靠人。

为了达到这个目的,用什么方法去获取大数据?通过音像可以获取大数据,通过感应器可以获取大数据,或者通过某种作业过程可以获取大数据,但前提是必须源于你有一个正确的目的,人工智能才能有效发挥作用。

另外，有人说接下来会是电动汽车的时代。但这种说法今天看来很难成立。全世界的汽车产量是每年一亿八百万台。而过去10年积累下电动汽车的产能呢？2019年是30万台，2020年可能会达到50万台。电动汽车的产量占比还是非常低的，为什么？

根本原因在于充电电池的生产供应能力跟不上，全世界最大的充电电池厂家是松下，电动汽车的发展受制于电池。传统燃油车一箱油可以跑400～500km，电动汽车充满也只能跑200～300km。对于消费者来说，电动汽车只是多了一种选择，并不能完全取代传统燃油汽车。

再者，汽车最重要的部分是发动机！可是你会发现，90%的汽车厂家使用的都是自己的发动机，通用产品很少。丰田曾和电装联合开发发动机，其实他们本身是一家，电装是从丰田分出来的，所以都是不对外的。

中日企业精密仪器加工能力，深层差距在哪里？

再来提一个概念——公差，指产品允许的尺寸误差。在日本，一般的公差是20～30μm，也就是说，只要在这个公差范围内组装，产品质量都是有保证的。技术人员比较追求完美，说我们能不能把公差控制在5μm以内，但那样的话，成本就会非常高。有人说，这是一种质量过剩。

再看中国，一般的公差是多少？50～60μm，大家觉得这是一个比较合适的公差，可关键在于针对什么领域。对于一般家电产品，按照这个公差组装出来是没有问题的。但对于一些精密产业，例如半导体，公差就必须控制在17nm以内。这样，中国就很难加工精密仪器。以半导体生产、半导体装备为例，目前只有荷兰和德国才能达到这种精度，所以全世界都只能从这两个国家进口。当然，日常生活所需的产品，中国的加工水平是完全可以满足的。

另外一个例子是，韩国和日本正在打贸易战，韩国有半导体工业，半导体工业最后有一道清洗工序要用到一种专门的清洗液，这种清洗液日本的生产量占全球70%的份额。日本不提供了，韩国就开始仿制，但是化学品和一般家电产品不同，没有办法进行解体，仿制非常困难，所以这时候整个韩国的半导体行业就运转困难了。

因为目前半导体生产用的高精度加工装备、核心零部件和特殊材料主要掌握在日本和德国手中。有意思的是，日本生产特殊材料所用到的大部分原料都来自中国，中国有原料却加工不出来。为什么会这样？因为这种技术积累和核心开发能力的建立，怎么都要积累50～70年。当前中国正是核心技术开发的积累期，此时非常有必要学习日本企业的深层而非表层竞争力，才能给未来发展打下坚实的基础。

资料来源：中泽孝夫. 中外管理杂志. 2019-9-8.

阅读上文，请思考、分析并简单记录。

(1) 什么是“表层竞争力”？什么是“深层竞争力”？

答：____________________

(2) 文章中指出的“行业最突出的企业反而失败了”，请简述为什么？有哪些典型例子？

答：______________________________

(3) 文章中为什么说：人工智能、新能源汽车、物联网在日本都是伪命题？

答：______________________________

(4) 请简单记述你所知道的上一周内发生的国际、国内或者身边的大事。

答：______________________________

9.1 关于预测分析技术

用于预测分析的技术已经有了一定的发展，目前有上百种不同的算法用于训练预测模型。许多统计技术同时适用于预测和解释，而有一些技术，如混合线性模型，主要用于解释，也就是分析师想要评价一个或者多个措施对于其他措施的影响。

一些预测分析的关键技术(如线性回归)是成熟的、易理解的、广泛应用的，并且在很多软件工具中容易获得。统计分析和机器学习是大数据预测分析的两个重要技术。细分、社会网络分析和文本分析等无监督学习技术有时也在预测分析工作流中起着重要的作用。

9.2 统计分析

统计分析就是用以数学公式为手段的统计方法来分析数据(见图 9-2)。统计方法，例如线性回归，利用已知的特征来估计数学模型的参数。分析师试图检验设定的假设，比如利率符合特定的数学模型。这些模型的优势在于它们具有高度的可归纳性。如果能证明历史数据符合已知的分布，就可以使用这个信息来预测新情况下的行为。

例如，如果知道炮弹的位置、速度和加速度，可以用一个数学模型计算来预测它将在哪里落下；这样类推，如果能证明对营销活动的反馈遵循一个已知的统计分布，可以根据客户的过去购买记录、人口统计指标、促销的品类等，胸有成竹地预测营销活动的效果。

统计方法大多是定量的，但也可以是定性的。这种分析通常通过概述来描述数据集，比如提供与数据集相关的统计数据的平均值、中位数或众数，也可以被用于推断数据集中的模式和关系，例如回归性分析和相关性分析。

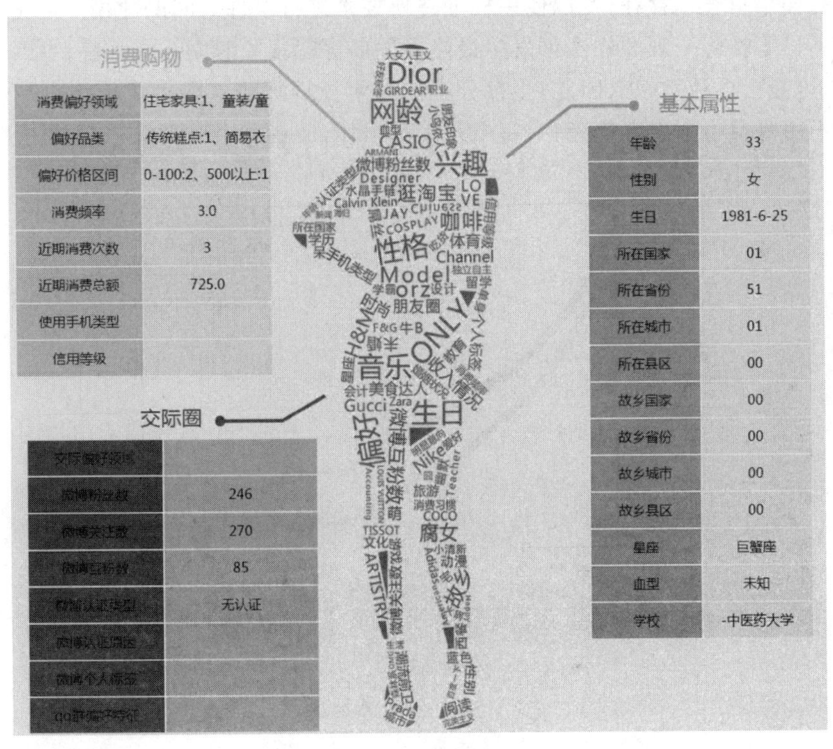

图 9-2 统计分析

统计方法面临的问题是,现实生活中的现象经常不会符合已知的统计分布。

9.3 生存分析

在一些商业应用中想要预测的因变量是事件的时间。时间长度可能是一生那么长,比如为生命保险业务建立人类死亡率模型,或者可以是设备故障的时间、客户账户流失的时间,或者任何其他类似的想要预测的生存场景。

事件时间的测量为分析师提出了特别的问题。假设想要预测接受癌症治疗病人的生存时间。在三年后,其中的一些病人已经死亡,然后可以对这些病人分别计算生存时间。但是还有很多病人在三年后仍然活着,就无法知道他们确切的生存时间。统计学家将这个问题称为审查,这是一个当尝试利用在有限时间内获取的数据对时间因变量建立模型时出现的问题。

有两种审查,分别是右审查和左审查。如果只知道相关事件是在某个日期之后,如之前案例中在研究结束时存活的患者的情况,那么该数据是右审查的。另一方面,如果只知道事件的开始在某个日期之前,那么该数据是左审查的。例如,如果知道研究中的每个患者在研究开始之前接受治疗,但是不知道治疗的具体日期,该数据是左审查的。数据也可以既是右审查的也是左审查的。

生存分析是所开发的用于处理审查事件时间因变量的一系列技术(见图 9-3)。值得注意的是，如果审查不存在，可以使用标准建模技术进行事件时间的建模。但是对于一些研究，将不得不在每个观测样本都发生最终事件前等待很长时间。在癌症治疗的实验中，一些病人可能会再活 20 年，因此，生存分析技术使分析师能够最大可能地利用可获得的数据，而不用等待每个患者都死亡、每个样本都损坏，或者每个监测账户都关闭。

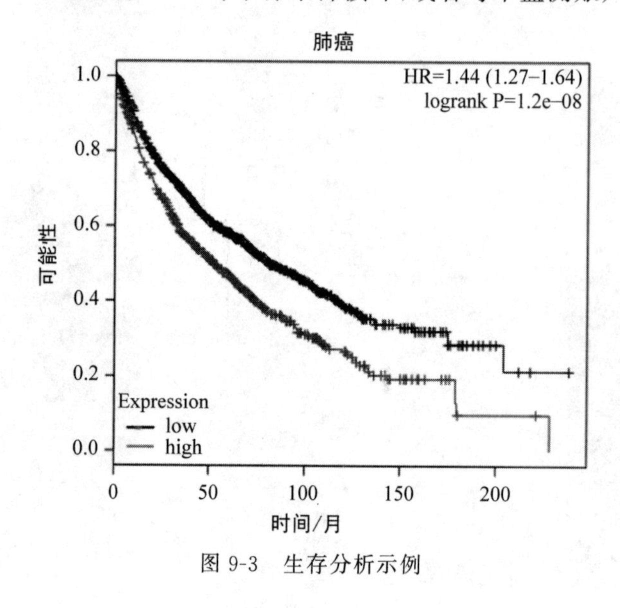

图 9-3　生存分析示例

常用的统计软件包(例如 SAS、SPSS 和 Statistica)以及在开源软件 R 中都有很多进行生存分析的软件包。

9.4　有监督和无监督学习

以学习活动为例，在学习中经常可以“举一反三”。以高考为例，高考的题目在上考场前考生未必做过，但在高中阶段学习时考生做过很多题目，掌握了解决这类题目的方法。因此，在考场上面对陌生题目时考生也可以算出答案。在高中“题海战术”的做题训练中，参考答案是非常重要的，而这里的答案就是所谓的“标签”。假设两个完全相同的人进入高中，一个正常学习，另一人做的所有题目都没有答案，那么想必第一个人高考会发挥较好，第二个人则可能会发疯。在学习中，如果所有练习都有答案(标签)，则为有监督学习(又称监督学习)，而如果没有标签，那就是无监督学习。

此外还有半监督学习，是指训练集中一部分数据有特征和标签，另一部分只有特征，综合两类数据来生成合适的函数。

9.4.1　有监督学习

“有监督学习”是指需要定义好因变量的技术，是从标签化训练数据集中推断出函数的机器学习任务(见图 9-4)。显然，大数据分析师主要使用有监督学习技术进行预测分析。如果没有预先设定的因变量，分析师会试图识别特征，但不会试图预测或者解释特定的关系，这些用例就需要运用无监督学习技术。

图 9-4 标签数据

训练数据由一组训练实例组成。有监督学习是最常见的分类(注意和聚类区分)问题。在有监督学习中，每一个例子都是由一个输入对象(通常是一个向量)和一个期望的输出值(也被称为监督信号)组成。通过有监督学习算法分析训练数据并产生一个推断的功能，可以用于映射新的例子。也就是说，用已知某种或某些特性的样本作为训练集，从给定的训练数据集中学习出一个函数(模型参数)以建立一个数学模型(如模式识别中的判别模型，人工神经网络法中的权重模型等)，当新的数据到来时，可以根据这个函数预测结果，即用已建立的模型来预测未知样本，这种方法是最常见的有监督学习的机器学习方法。有监督学习的目标往往是让计算机去学习已经创建好的分类系统(模型)。

有监督学习是训练神经网络和决策树的常见技术。这两种技术高度依赖事先确定的分类系统所给出的信息，对于神经网络，分类系统利用信息判断网络的错误，然后不断调整网络参数。对于决策树，分类系统用它来判断哪些属性提供了最多的信息。

在有监督学习中，训练集的每一个数据已经有特征和标签，即有输入数据和输出数据，通过学习训练集中输入数据和输出数据的关系，生成合适的函数将输入映射到输出，比如分类、回归。

常见的有监督学习算法是回归分析和统计分类，应用最为广泛的算法有以下几个。

(1) 支持向量机(SVM)。

(2) 线性回归。

(3) 逻辑回归。

(4) 朴素贝叶斯。

(5) 线性判别分析。

(6) 决策树。

(7) k-近邻(kNN)。

9.4.2 无监督学习

虽然大数据分析师主要使用有监督学习进行预测分析，但如果没有预先设定的因变量，分析师会试图识别特征，不会试图预测或者解释特定的关系，这些用例就需要用无监督学习技术。

“无监督学习”是在无标签数据或者缺乏定义因变量的数据中寻找模式的技术(见图 9-5)。也就是说，输入数据没有被标记，也没有确定的结果。样本数据类别未知，需要根据样本间的相似性对样本集进行分类(聚类)，试图使类内差距最小化，类间差距最大化。

图 9-5 无标签数据

无标签数据，例如位图图片、社交媒体评论和从多主体中聚集的心理分析数据等，其中每一种情况下，通过一个外部过程把对象进行分类都是可能的。例如，可以要求肿瘤学家去审查一组乳腺图像，将它们归类为可能是恶性的肿瘤(或不是恶性的)，但是这个分类并不是原始数据源的一部分。无监督学习技术帮助分析师识别数据驱动的模式，这些模式可能需要进一步调查。

无监督学习的方法分为以下两大类。

(1) 一类为基于概率密度函数估计的直接方法：指设法找到各类别在特征空间的分布参数，再进行分类。

(2) 另一类是称为基于样本间相似性度量的简洁聚类方法：其原理是设法定出不同类别的核心或初始内核，然后依据样本与核心之间的相似性度量将样本聚集成不同的类别。

利用聚类结果，可以提取数据集中的隐藏信息，对未来数据进行分类和预测。应用于数据挖掘、模式识别、图像处理等。

在预测分析的过程中，分析人员可以使用无监督学习技术来了解数据并加快模型构建过程。无监督学习技术往往在预测建模过程中使用，包括异常检测、图与网络分析、贝叶斯网络、文本挖掘、聚类和降维。

9.4.3 有监督和无监督学习的区别

有监督学习与无监督学习的不同点如下。

(1) 有监督学习方法必须要有训练集与测试样本。在训练集中找规律,而对测试样本使用这种规律。而无监督学习没有训练集,只有一组数据,在该组数据集内寻找规律。

(2) 有监督学习的方法是识别事物,识别的结果表现在给待识别数据加上了标签,因此训练样本集必须由带标签的样本组成。而无监督学习方法只有要分析的数据集的本身,预先没有什么标签。如果发现数据集呈现某种聚集性,则可按自然的聚集性分类,但不予以某种预先分类标签对上号为目的。

(3) 无监督学习方法寻找数据集中的规律性,这种规律性并不一定要达到划分数据集的目的,也就是说不一定要"分类"。这一点要比有监督学习方法的用途更广。如分析一堆数据的主分量,或分析数据集有什么特点都可以归于无监督学习方法的范畴。

在人工神经元网络中寻找主分量的方法属于无监督学习方法。

9.5 机器学习

机器学习专门研究计算机怎样模拟或实现人类的学习行为,以获取新的知识或技能,重新组织已有的知识结构,使之不断改善自身的性能(见图 9-6)。

图 9-6 机器学习

机器学习与统计技术有本质上的区别,因为它们不是从一个关于行为的特定假设出发,而是试图学习和尽可能密切地描述历史事实和目标行为之间的关系。因为机器学习技术不受具体统计分布的限制,所以往往能够更加精确地建立模型。

9.5.1 机器学习的思路

机器学习的思路是这样的：考虑能不能利用一些训练数据(已经做过的题),使机器能够利用它们(解题方法)分析未知数据(高考的题目)？最简单也是最普遍的一类机器学习算法就是分类。对于分类,输入的训练数据有特征,有标签。所谓学习,其本质就是找到特征和标签间的关系。这样当有特征而无标签的未知数据输入时,就可以通过已有的关系得到未知数据标签。在上述分类过程中,如果所有训练数据都有标签,则为有监督学习。如果数据没有标签,就是无监督学习,即聚类(见图9-7)。在实际应用中,标签的获取常常需要极大的人工工作量,有时甚至非常困难。

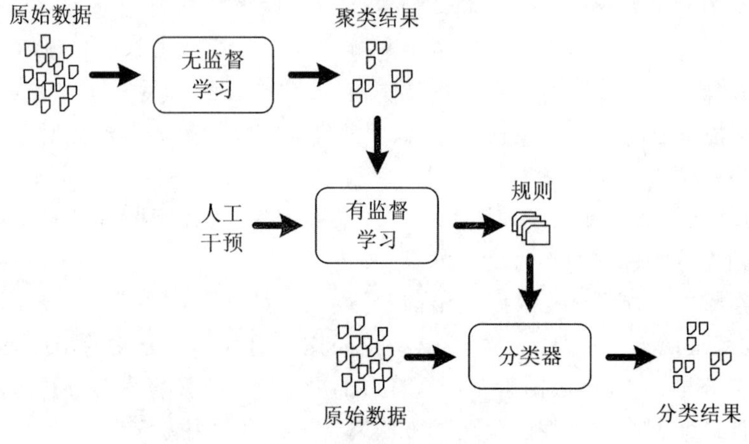

图9-7 机器学习示意

在有监督学习和无监督学习之间,中间带就是半监督学习。对于半监督学习,其训练数据的一部分是有标签的,另一部分没有标签,而没标签数据的数量常常极大于有标签数据数量(这符合现实情况)。隐藏在半监督学习下的基本规律在于:数据的分布必然不是完全随机的,通过一些有标签数据的局部特征,以及更多没标签数据的整体分布,就可以得到可以接受甚至是非常好的分类结果。

人类善于发现数据中的模式与关系,不幸的是,我们不能快速地处理大量的数据。另一方面,机器非常善于迅速处理大量数据,但它们得知道怎么做。如果人类知识可以和机器的处理速度相结合,机器可以处理大量数据而不需要人类干涉——这就是机器学习的基本概念。

机器学习已经有了十分广泛的应用,例如,数据挖掘、计算机视觉、自然语言处理、生物特征识别、搜索引擎、医学诊断、检测信用卡欺诈、证券市场分析、DNA序列测序、语音和手写识别、战略游戏和机器人运用,其中很多都属于大数据分析技术的应用范畴。

然而,机器学习技术会过度学习,这意味着它们在训练数据中学习到的关系无法推广到总体中。因此,大多数广泛使用的机器学习技术都有内置的控制过度学习的机制,例如,交叉检验或者用独立样本进行修正。

随着统计和机器学习这两个领域的不断融合,它们之间的区别正逐渐变小。例如,逐步回归就是一个建立在两种传统方法之上的混合算法。

9.5.2 异常检测

一位从事连锁超市信用卡消费数据分析的分析师注意到有一些客户似乎消费了非常大的金额。这些"超级消费者"人数不多,但在总消费额中占有非常大的比例。分析师很感兴趣:谁是这些"超级消费者"?有没有必要开发一个特殊的计划来吸引这些消费者?

在更深入的调查中——经历了一个相当大的数据挖掘过程——分析师发现那些所谓的"超级消费者"实际上是为没有会员卡的用户刷了自己会员卡的超市收银员。

1. 异常及其检测

一个异常现象是在某种意义上不寻常的情况。它可能是在某个指标上数值过大，比如银行储户有一笔金额很大的现金提款，或者是在多个指标上呈现出一种不符合常规的模式。根据业务场景，异常值可能意味着一种可疑活动、一个潜在的问题、一种新趋势的早期迹象，或者仅仅是一个简单的统计异常。不论是哪种情况，异常值需要进一步调查。通常，只有当异常是由数据采集过程中人为因素引起时才将异常值从分析数据集中移除。调查异常值会花费大量的时间，因此，需要用常规方法尽可能快地识别数据中的异常。

异常检测是指在给定数据集中，发现明显不同于其他数据或与其他数据不一致的数据的过程。这种机器学习技术被用来识别反常、异常和偏差，它们可以是有利的，例如机会，也可能是不利的，例如风险。

异常检测的目标是标示可疑的案例。为方便起见，可以将异常检测方法分为以下三大类。

(1) 基于一般规则的方法。

(2) 基于自适应规则的方法。

(3) 多元方法。

异常检测与分类和聚类的概念紧密相关，虽然它的算法专注于寻找不同值。它可以基于有监督或无监督的学习。异常检测的应用包括欺诈检测、医疗诊断、网络数据分析和传感器数据分析。如图 9-8 所示的散点图直观地突出了异常值的数据点。

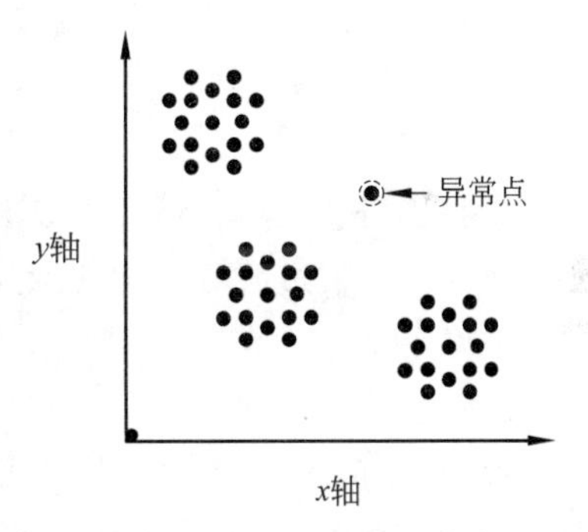

图 9-8　散点图突出异常点

例如，为了查明一笔交易是否涉嫌欺诈，银行的 IT 团队构建了一个基于有监督的学习使用异常检测技术的系统。首先将一系列已知的欺诈交易送给异常检测算法。在系统训练后，将未知交易送给异常检测算法来预测他们是否欺诈。

异常检测适用的样例问题可以是：

(1) 运动员使用过提高成绩的药物吗？

(2) 在训练数据集中，有没有被错误地识别为水果或蔬菜的数据集用于分类任务？

(3) 有没有特定的病菌对药物没有反应？

2. 单变量和多变量异常检测

在许多情况下，简单的单变量方法就足够了。在单变量异常检测中，分析师只需要运用简单的统计方法，这个过程会标记那些数值超过限定的最小值或最大值或者超过平均值给定标准偏差的记录。对于分类变量，分析师会把变量值与一列已接受的值相比较，标记那些不在列表中的记录。例如，一个代表居住在中国的客户数据集中，一个"省/市/自治区简称"的变量应该只包括 2 个字节的可接受值，在这一项有任何其他值的记录就需要分析师审查。

不过，异常检测的单变量方法可能会遗漏一些不寻常的模式。例如，一个人高 1.87m，体重 48kg，这个人的身高和体重都没有超标，但是两者合起来就有点儿不寻常了。分析师利用多变量异常检测技术来识别这些特殊情况。分析师可以使用许多技术，例如，聚类、支持向量机和基于距离的技术(如 k 最近邻域法)。当异常检测的主要目的是分析时这些技术非常有用，但在预测分析的过程中使用较少。

多变量系统会检查许多指标，并标记那些与设定统计模式不符的情况。由于无法在每辆车进站时进行物理检查，铁路公司会对每辆进站的车进行扫描并记录大量扫描数据。采用多元异常检测，该公司可以将检查目标聚焦在那些行为异常的车上。车有什么问题是事先不知道的，但检查员可以决定车是否需要修理。

异常并不意味着不良行为本身。一个不寻常的交易可能意味着欺诈者已经劫持了信用卡账户，或者它可能意味着合法的持卡人想要进行一笔大额消费。因此，组织使用异常检测来安排人工检查的优先顺序，包括欺诈调查员、呼叫中心代表或车辆检修人员。这些系统通常需要"调校"，确保人类的分析师不被误报所淹没。异常分析员会评估特定案例与正常情况的偏差程度，但分析员不能独自确定区分异常情况的准确分界点，这必须由业务来确定。

在交易进行过程中实时进行异常检测的分析，组织从中获得的收益最大。一旦信用卡发卡机构批准了交易，如果交易是欺诈性的，可能很难或者无法挽回资金损失。

9.5.3 过滤

过滤是自动从项目池中寻找有关项目的过程。项目可以基于用户行为或通过匹配多个用户的行为被过滤。过滤常用的媒介是推荐系统。通常过滤的主要方法是协同过滤和内容过滤。

协同过滤是一项基于联合或合并用户过去行为与他人行为的过滤技术。目标用户过去的行为，包括他们的喜好、评级和购买历史等，会被相似用户的行为所联合。基于用户行为的相似性，项目被过滤给目标用户。协同过滤仅依靠用户行为的相似性。它需要大量用户行为数据来准确地过滤项目。这是一个大数定律应用的例子。

内容过滤是一项专注于用户和项目之间相似性的过滤技术。基于用户以前的行为创造用户文件，例如，他们的喜好、评级和购买历史。用户文件与不同项目性质之间所确定的相似性可以使项目被过滤并呈现给用户。和协同过滤相反，内容过滤仅致力于用户个体偏好，而并不需要其他用户数据。

推荐系统预测用户偏好并且为用户产生相应建议。建议一般关于推荐项目，例如电影、书本、网页和人。推荐系统通常使用协同过滤或内容过滤来产生建议。它也可能基于协同过滤和内容过滤的混合来调整生成建议的准确性和有效性。例如，为了实现交叉销售，一家银行构建了使用内容过滤的推荐系统。基于顾客购买的金融产品和相似金融产品性质所找到的匹配，推荐系统自动推荐客户可能感兴趣的潜在金融产品。

过滤适用的样例问题可以是：

(1) 怎样仅显示用户感兴趣的新闻文章?

(2) 基于度假者的旅行史,可以向其推荐哪个旅游景点?

(3) 基于当前的个人资料,可以推荐哪些新用户做他的朋友?

9.5.4 贝叶斯网络

托马斯·贝叶斯(1702—1761)是英国数学家、数理统计学家和哲学家,对概率论与统计的早期发展产生过重大影响,他发展的贝叶斯定理(又称贝叶斯公式、贝叶斯法则)用来描述两个条件概率之间的关系,是统计学中的一个基本工具。

尽管贝叶斯定理是一个数学公式,但其原理无需数字也可明了:如果你看到一个人总是做一些好事,则那个人多半会是一个好人。这就是说,当你不能准确知悉一个事物的本质时,可以依靠与事物特定本质相关的事件出现的多少去判断其本质属性的概率(见图9-9)。用数学语言表达就是:支持某项属性的事件发生的愈多,则该属性成立的可能性就愈大,这是概率统计中应用所观察到的现象对有关概率分布的主观判断(即先验概率)进行修正的标准方法。

图9-9 贝叶斯定理

但是,行为经济学家发现,人们在决策过程中往往并不遵循贝叶斯规律,而是给予最近发生的事件和最新的经验以更多的权值,在决策和做出判断时过分看重近期的事件。面对复杂而笼统的问题,人们往往走捷径,依据可能性而非根据概率来决策。这种对经典模型的系统性偏离称为"偏差"。由于心理偏差的存在,投资者在决策判断时并非绝对理性,会出现行为偏差,进而影响资本市场上价格的变动。但长期以来,由于缺乏有力的替代工具,经济学家不得不在分析中坚持贝叶斯定理。

例如,生命科学家用贝叶斯定理研究基因是如何被控制的;教育学家意识到学生的学习过程其实就是贝叶斯法则的运用;基金经理用贝叶斯法则找到投资策略;谷歌用贝叶斯定理改进搜索功能,帮助用户过滤垃圾邮件;无人驾驶汽车接收车顶传感器收集到的路况和交通数据,运用贝叶斯定理更新从地图信息。在人工智能领域,机器翻译中更是大量用到贝叶斯定理。

其实阿尔法狗也是这么战胜人类的,简单来说,阿尔法狗会在下每一步棋的时候,都计算自己赢棋的最大概率,就是说在每走一步之后,它都可以完全客观冷静地更新自己的信念值,完全不受其他环境影响。

贝叶斯推理是一种正式的推理系统,它反映了人们在日常生活中所做的事情:使用新的信息来更新人们对于一个事件发生概率的推测。例如,一个汽车经销店的销售人员必须决定要花多少时间在“顺路走进来看看”的人身上。销售人员从经验中总结出,这些消费者中只有很少的比例会购买车,但是他也知道,如果这些人目前拥有的汽车品牌正好是经销商有的品牌,则购买的可能性会明显增加。利用贝叶斯推理,销售人员会询问每个“顺路走进来看看”的人目前开什么车,然后利用这些信息来相应地定位这个潜在的客户。

假设有某个实体的大量数据,并且想了解什么数据对于预测一个特定的事件是最有用的。例如,你可能会很感兴趣一个按揭贷款组合中贷款违约的建模问题,并且拥有关于借款人、抵押物和当地经济条件的大量数据。贝叶斯方法会帮助识别每个数据项的信息价值,便于你可以集中精力在最重要的预测因子上。

一个贝叶斯简明网络代表一个数学图中变量之间的关系,表达在图中作为节点的变量和作为边的有条件的依赖关系(见图 9-10)。当与业务利益相关者共同定义预测模型问题时,这是探索数据的一个很有价值的工具。

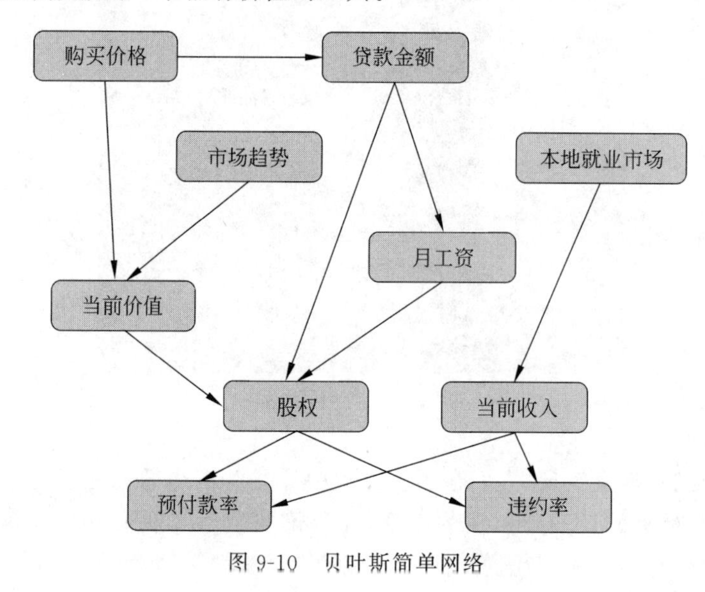

图 9-10 贝叶斯简单网络

大多数商业和开源的分析平台都可以构建贝叶斯简单网络。

9.5.5 文本挖掘

文本和文档分析是分析的一个特别用例,其目标是为了从文本本身获取见解。这种“纯”文本分析的一个例子是流行的“词汇云”——一个代表文档中单词相对频率的可视化(见图 9-11)。

通过电子渠道获取的数字内容的爆炸性增长创造了文档分析的需求,文档分析产生了相似性和相异性的度量。例如,用来识别重复内容、检测抄袭或过滤不想要的内容。

图 9-11　词汇云：党的十九大报告高频词

在预测分析中，文本挖掘起着补充作用：分析师试图通过把从文本中获取的信息导入到一个捕捉主题其他信息的预测模型的方式来提高模型效果。例如，一家医院试图依靠一连串的定量措施，如诊断标准、首次入院后天数和治疗的其他特点来预测哪些病人出院后可能会再次住院。从业者记录中利用文本挖掘得到的预测因子能够改善模型。类似地，一个保险的运营商能够通过从呼叫中心捕获数据来提高预测客户流失的能力。

9.6　神 经 网 络

应用了人工神经网络技术的深度学习是大数据和人工智能领域的一个相对较新的技术，它引发了人们对神经网络应用的新兴趣。此外，语义分析、视觉分析、情感分析等都说明大数据的预测分析技术已经有了长足的进步和愈加广泛的应用。

大数据带给我们的东西，无论从内容丰富程度还是详细程度上看都将超过从前，从而会让人们的视野宽度与学习速度实现突破。用麦克森公司管理层的话来说，大数据可以让“一切潜在机会无所遁形”。

人脑是一种适应性系统，必须对变幻莫测的事物做出反应，而学习是通过修改神经元之间连接的强度来进行的。现在，生物学家和神经学家已经了解了在生物中个体神经元(见图 9-12)是如何相互交流的。动物神经系统由数以千万计的互连细胞组成，而对于人类，这个数字达到了数十亿。然而，并行的神经元集合如何形成功能单元仍然是一个谜。

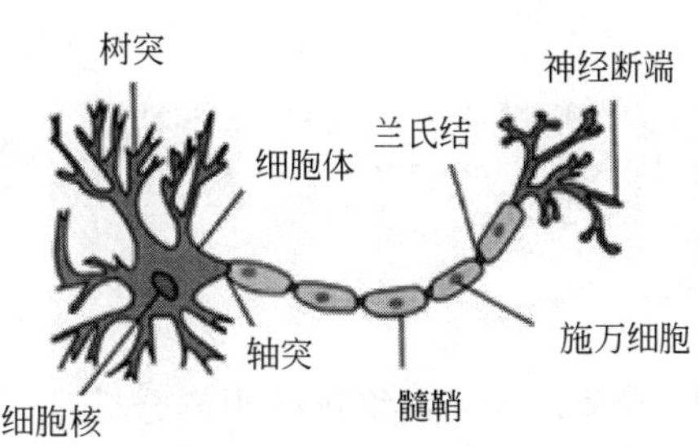

图 9-12　生物神经元的基本构造

电信号通过树突(毛发状细丝)流入细胞体。细胞体(或神经元胞体)是“数据处理”的地方。当存在足够的应激反应时，神经元就被激发了。换句话说，它发送一个微弱的电信号(以 mW 为单位)到被称为轴突的电缆状突出。神经元通常只有单一的轴突，但会有许多树突。足够的应激反应指的是超过预定的阈值。电信号流经轴突，直接到达神经断端。细胞之间的轴突-树突(轴突-神经元胞体或轴突-轴突)接触称为神经元的突触。两个神经元之间实际上有一个小的间隔(几乎触及),这个间隙充满了导电流体,允许神经元间电信号的流动。脑激素(或摄入的药物如咖啡因)影响了当前的电导率。

人工神经网络是一种非程序化、适应性、大脑风格的信息处理,其本质是通过网络的变换和动力学行为得到一种并行分布式的信息处理功能,并在不同程度和层次上模仿人脑神经系统,它涉及神经科学、思维科学、人工智能、计算机科学等多个领域。

人工神经网络运用由大脑和神经系统的研究而启发的计算模型,它们是由有向图("突触")连接的网络节点("神经元")。神经科学家开发神经网络是把它作为研究学习的一种方式,这些方法可以广泛应用于预测分析的问题。

在神经网络中,每个神经元接受数学形式的输入,使用一个传递函数来处理输入,并且利用一个激活函数产生数学形式的输出。神经元独立运行本身的数据和从其他神经元获得的输入。

神经网络可以使用很多数学函数作为激活函数。但分析师更经常使用非线性函数,像是逻辑函数,因为如果一个线性函数完全能够对目标建模,那就没有必要使用神经网络了。

神经网络的节点构成了层(见图 9-13),输入层接受外部网络的数学输入,而输出层接受从其他神经元的数学输入,并且把结果传输到网络外部。一个神经网络可能有一个或者一个以上的隐藏层,它们可以在输入层和输出层之间进行中间计算。

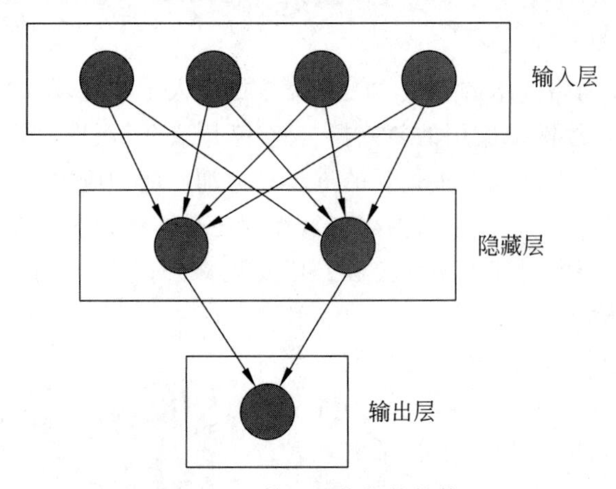

图 9-13　神经网络拓扑结构

当使用神经网络进行预测分析时,首要步骤是确定网络拓扑结构。预测变量作为输入层,而输出层是因变量。可选的隐藏层则使模型可以学习任何复杂的函数。分析师使用一些启发式算法来确定隐藏层的数量和大小,但需要反复实验以确定最佳的网络拓扑结构。

有许多不同的神经网络体系结构,它们在拓扑结构、信息流、数学函数和训练方法上有所不同。广泛使用的架构包括以下几种。

(1) 多层感知器。

(2) 径向基函数网络。

(3) Kohonen 自组织网络。

(4) 递归网络(包括玻尔兹曼机)。

多层感知器被广泛使用在预测模型中,它是反馈网络,也就是说,一层的神经元可以接收从之前一层的任意一个神经元所输入的数据,但是不能接收来自同一层或者次一层神经元的输入。在一个多层感知器中,模型的参数包括每个连接的权重和每个神经元激活函数的权重。在分析师确定了一个神经网络的体系结构后,下一步是确定这些参数的值,从而使预测误差最小,这个过程称为训练模型。有很多方法来训练一个神经网络,例如 Kohonen 自组织网络就是用于无监督学习的技术。

神经网络的关键优势在于它可以建立非常复杂的非线性函数模型,非常适合潜在预测因子数非常多的高维问题,而主要弱点是它很容易过度学习。一个网络在训练数据集中通过学习来最小化误差,但这跟在商业应用程序中最小化预测误差是不同的。像其他建模工具一样,分析师必须在独立样本中测试神经网络所产生的模型。

利用神经网络技术时,分析师必须对网络的拓扑结构、传递函数、激活函数和训练算法做出一系列选择。因为几乎没有理论来指导做选择,分析师只能依靠反复实验和误差来找到最佳模型。因此神经网络将会花费分析师更多时间来产生一个有用的模型。

用于机器学习的商业软件包如 IBM SPSS Modeler、RapidMiner、SAS Enterprise Miner 和 Statistica,数据库类软件包括 dbLytix 和 Oracle Data Mining 都支持神经网络;开源软件 R 中有多种包支持神经网络;Python 的 PyBrain 软件包也提供了扩展功能。

9.7 深度学习

深度学习是神经网络的拓展应用,它已经在商业媒体领域获得了很大的关注,分析师成功地在一系列高度可视化的数据挖掘竞赛中使用该技术。

深度学习是一类基于特征学习的建模训练技术,或者是从复杂无标签数据中学习一系列“特征”的一种功能。实际上,深层神经网络就是一种以无监督学习技术训练的多个隐藏层的神经网络。

以往很多算法是线性的,而现实世界中大多数事情的特征是复杂非线性的。比如在猫的图像中,就包含颜色、形态、五官、光线等各种信息。深度学习的关键就是通过多层非线性映射将这些因素成功分开。

那为什么要深呢?多层神经网络比浅层的好处在哪儿呢?

简单地说,就是可以减少参数。因为它重复利用中间层的计算单元。还是以认猫作为例子。它可以学习猫的分层特征:最底层从原始像素开始,刻画局部的边缘和纹;中层把各种边缘进行组合,描述不同类型的猫的器官;最高层描述的是整个猫的全局特征。

深度学习需要具备超强的计算能力,同时还不断有海量数据输入。特别是在信息表示和特征设计方面,过去大量依赖人工,严重影响有效性和通用性。深度学习则彻底颠覆了“人造特征”的范式,开启了数据驱动的“表示学习”范式——由数据自提取特征,计算机自己发现规则,进行自学习。

你可以理解为——过去,人们对经验的利用靠人类自己完成。而深度学习中,经验以数据形式存在。因此,深度学习就是关于在计算机上从数据中产生模型的算法,即深度学习算法。现在计算机认图的能力已经超过了人，尤其在图像和语音等复杂应用方面，深度学习技术有优越的性能。

示例1：形状检测

先从一个简单例子开始，从概念层面上解释究竟发生了什么。我们来试试看如何从多个形状中识别正方形（见图9-14）。

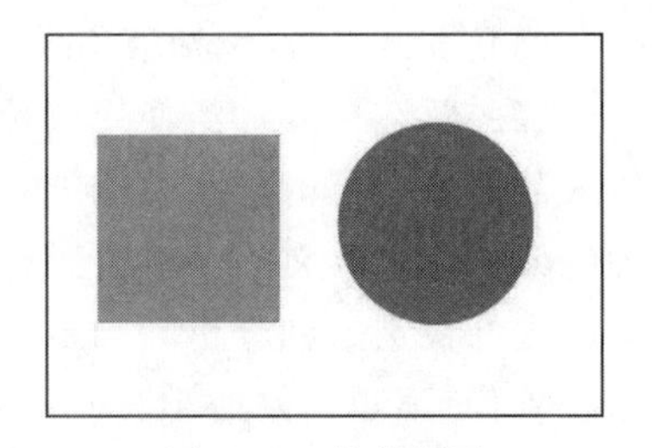

图9-14 简单例子

第一件事是检查图中是否有4条线（简单概念）。如果找到这样的4条线，进一步检查它们是相连的、闭合的还是相互垂直的，并且它们是否相等（嵌套的概念层次结构）。

所以，我们以简单、不太抽象的方法完成了一个复杂的任务（识别一个正方形）。深度学习本质上是在大规模执行类似的逻辑。

示例2：计算机认猫

我们通常能用很多属性描述一个事物。其中有些属性可能很关键、很有用，另一些属性可能没什么用。我们将属性称为特征，特征辨识是一个数据处理的过程。

传统算法认猫，是标注各种特征：大眼睛，有胡子，有花纹。但这种特征写着写着，可能就分不出是猫还是老虎了，狗和猫也分不出来。这种方法是人制定规则，机器学习这种规则。

深度学习的方法是，直接给你百万张图片，说这里面有猫，再给你百万张图，说这里面没有猫，然后来训练，通过深度学习，自己去学习猫的特征，计算机就知道了谁是猫（见图9-15）。

图9-15 从YouTube视频里面寻找猫的图片是深度学习接触性能的首次展现

示例3：谷歌训练机械手抓取

传统方法肯定是看到那里有个机械手，就写好函数，移动到xyz标注的空间点，利用程序实现一次抓取。

而谷歌现在用机器人训练一个深度神经网络，帮助机器人根据摄像头输入和电机命令，预测抓取的结果。简单地说，就是训练机器人的手眼协调。机器人会观测自己的机械臂，实时纠正抓取运动。所有行为都从学习中自然浮现，而不是依靠传统的系统程序(见图 9-16)。

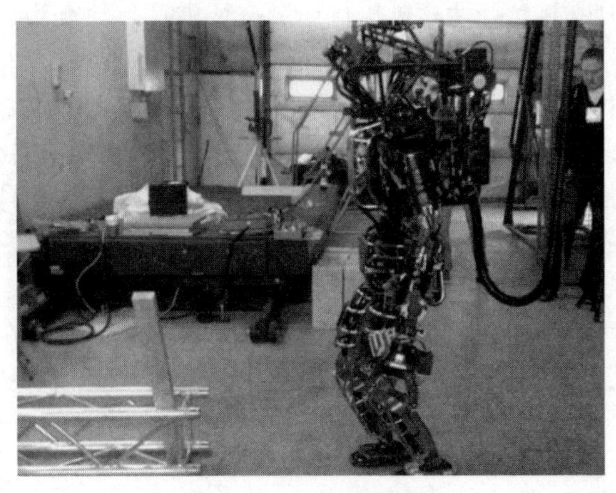

图 9-16　谷歌训练机械手

为了加快学习进程，谷歌用了 14 个机械手同时工作，在将近三千小时的训练，相当于 80 万次抓取尝试后，开始看到智能反应行为的出现。资料显示，没有训练的机械手，前 30 次抓取失败率为 34%，而训练后，失败率降低到 18%。这就是一个自我学习的过程。

示例 4：斯坦福博士训练机器写文章

斯坦福大学的计算机博士安德烈·卡帕蒂曾用托尔斯泰的小说《战争与和平》来训练神经网络。每训练 100 个回合，就叫它写文章。100 个回合后，机器知道要空格，但仍然有乱码。500 个回合后，能正确拼写一些短单词。1200 个回合后，有标点符号和长单词。2000 个回合后，已经可以正确拼写更复杂的语句。

整个演化过程是个什么情况呢？以前人们写文章，只要告诉主谓宾，就是规则。而这个过程中完全没人告诉机器语法规则，甚至连标点和字母区别都不用告诉它。只是不停地用原始数据进行训练，一层一层训练，最后输出结果——就是一个个看得懂的语句。

一切看起来都很有趣。人工智能与深度学习的美妙之处，也正在于此。

9.8 语义分析

在不同的语境下，文本或语音数据的片段可以携带不同的含义，而一个完整的句子可能会保留它的意义，即使结构不同。为了使机器能提取有价值的信息，文本或语音数据需要像被人理解一样被机器所理解。语义分析是从文本和语音数据中提取有意义的信息的实践。

9.8.1 自然语言处理

自然语言处理是计算机科学领域与人工智能领域中的一个重要方向，是一门融语言学、计算机科学、数学于一体的科学。自然语言处理过程是计算机像人类一样自然地理解人类的文字和语言的能力，允许计算机执行如全文搜索这样的有用任务。自然语言处理研究能实现人与计算机之间用自然语言进行有效通信的各种理论和方法。因此，这一领域的研究将涉及自然语言，与语言学的研究有着密切联系但又有重要区别。

自然语言处理在于研制能有效地实现自然语言通信的计算机系统，特别是其中的软件系统。具体来说，包括将句子分解为单词的语素分析、统计各单词出现频率的频度分析、理解文章含义并造句等。例如，为了提高客户服务的质量，冰激凌公司启用了自然语言处理将客户电话转换为文本数据，从中挖掘客户经常不满的原因。

不同于硬编码所需学习规则，有监督或无监督的机器学习被用在发展计算机理解自然语言上。总的来说，计算机的学习数据越多，它就越能正确地解码人类文字和语音。自然语言处理包括文本和语音识别。对语音识别，系统尝试理解语音然后行动，例如转录文本。

自然语言处理适用的问题如下：

(1) 怎样开发一个自动电话交换系统，它可以正确识别来电者的口语甚至方言吗？

(2) 如何自动识别语法错误？

(3) 如何设计一个可以正确理解英语不同口音的系统？

自然语言处理的应用领域十分广泛，如从大量文本数据中提炼出有用信息的文本挖掘，以及利用文本挖掘对社交媒体上商品和服务的评价进行分析等。iPhone 中的语音助手 Siri 就是自然语言处理的一个典型应用。

自然语言处理大体包括自然语言理解和自然语言生成两个部分，这两部分都远不如人们原来想象的那么简单。从现有的理论和技术现状看，通用的、高质量的自然语言处理系统仍然是较长期的努力目标，但是针对一定应用，具有相当自然语言处理能力的实用系统已经出现，典型的例子有多语种数据库和专家系统的自然语言接口、各种机器翻译系统、全文信息检索系统、自动文摘系统等。

9.8.2 文本分析

相比于结构化的文本，非结构化的文本通常更难分析与搜索。文本分析是专门通过数据挖掘、机器学习和自然语言处理技术去发掘非结构化文本价值的分析应用。文本分析实质上提供了发现，而不仅仅是搜索文本的能力。通过基于文本的数据中获得的有用的启示，可以帮助企业从大量的文本中对信息进行全面的理解。

文本分析的基本原则是，将非结构化的文本转换为可以搜索和分析的数据。由于电子文件数量巨大，电子邮件、社交媒体文章和日志文件增加，企业十分需要利用从半结构化和非结构化数据中提取的有价值的信息。只分析结构化数据可能导致企业遗漏节约成本或商务扩展机会。

文本分析应用包括文档分类和搜索，以及通过从 CRM 系统中提取的数据来建立客户视角的360°视图。

文本分析通常包括以下两步。

(1) 解析文档中的文本提取。

① 专有名词。人,团体,地点,公司。

② 基于实体的模式。社会保险号,邮政编码。

③ 概念。抽象的实体表示。

④ 事实。实体之间的关系。

(2) 用这些提取的实体和事实对文档进行分类。基于实体之间存在关系的类型,提取的信息可以用来执行上下文特定的实体搜索。图9-17简单描述了文本分析。

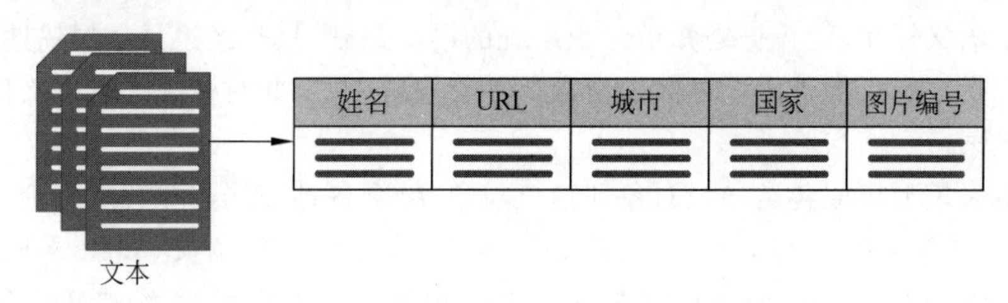

图9-17 文本分析

文本分析适用的问题如下:

(1) 如何根据网页的内容来进行网站分类?

(2) 怎样才能找到包含我要学习内容的书籍?

(3) 怎样才能识别包含保密信息的公司合同?

9.8.3 文本处理

大数据的情况中一般都包含文本和文件,如呼叫中心记录、医疗记录、博客日志、微信和脸书评论。处理文本数据引出了两个密切相关但却是不同类型的问题。在某些情况下,分析师将从文本中提取出的特性补充到预测模型中,我们称之为文本挖掘问题。在其他情况下,分析的目标是处理整个文件以识别重复、检测抄袭、监控接收的电子邮件流等,我们称之为文件分析问题。舆情分析是一种特殊的文件分析,其分析的文本单元是新闻报道或社交媒体评论。

文本挖掘需要专门的文本处理工具,使分析师能够纠正拼写错误,删除某些词(如普通连词)等。文字清理后,分析师运行单词计数工具从文本中提取单词和短语来创建一个字计数矩阵(以文件为行,以词为列)。然后分析师将矩阵进行某种形式的降维(如奇异值分解)。接下来,分析员使用可视化工具,以产生文本的有意义的“图画”,例如一个词汇云。此外,分析师可以将缩减的文本特征矩阵和其他特征融合建立一个预测模型。

在处理整个文档时,分析师可以制定差异度和相似性指标,以便识别重复或检测剽窃。相似性得分较高的文件通常需要进一步的审查。舆情分析需要复杂的自然语言处理工具,以检测挖苦讽刺等情感词语,并将评论分类为积极的、消极的或者中立的。

对于大型组织需要处理的大量文本和文件信息,通常需要高度可扩展的支撑平台。Hadoop是特别适合于这种分析任务的平台,它有着很好的扩展性,能够处理多样化的数据类型，而且成本很低。

9.8.4 语义检索

语义检索是指在知识组织的基础上从知识库中检索出知识的过程，是一种基于知识组织体系，能够实现知识关联和概念语义检索的智能化检索方式。与将单词视为符号来进行检索的关键词检索不同，语义检索通过文章内各语素之间的关联性来分析语言的含义，从而提高精确度。

语义检索具有两个显著特征，一是基于某种具有语义模型的知识组织体系，这是实现语义检索的前提与基础，语义检索则是基于知识组织体系的结果；二是对资源对象进行基于元数据的语义标注，元数据是知识组织系统的语义基础，只有经过元数据描述与标注的资源才具有长期利用的价值。以知识组织体系为基础，并以此对资源进行语义标注，才能实现语义检索。

语义检索模型集成各类知识对象和信息对象，融合各种智能与非智能理论、方法与技术，实现语义检索，例如，基于知识结构、知识内容、专家启发式语义、知识导航的智能浏览和分布式多维检索等。分类检索模型利用事物之间最本质的关系来组织资源对象，具有语义继承性，揭示资源对象的等级关系、参照关系等，充分表达用户的多维组合需求信息。

多维认知检索模型的理论基础是人工神经网络，它模拟人脑的结构，将信息资源组织为语义网络结构，利用学习机制和动态反馈技术，不断完善检索结果。分布式检索模型综合利用多种技术，评价信息资源与用户需求的相关性，在相关性高的知识库或数据库中执行检索，然后输出与用户需求相关、有效的检索结果。

语义检索系统中，除提供关键词实现主题检索外，还结合自然语言处理和知识表示语言，表示各种结构化、半结构化和非结构化信息，提供多途径和多功能的检索，自然语言处理技术是提高检索效率的有效途径之一。自然语言理解是计算机科学在人工智能方面的一个极富挑战性的课题，其任务是建立一种能够模仿人脑去理解问题、分析问题并回答自然语言提问的计算机模型。从实用性的角度来说，我们所需要的是计算机能实现基本的人机会话、寓意理解或自动文摘等语言处理功能，还需要使用汉语分词技术、短语分词技术、同义词处理技术等。

9.8.5 A/B 测试

A/B 测试，也被称为分割测试或木桶测试，是指在网站优化的过程中，同时提供多个版本，例如版本 A 和版本 B(见图 9-18)，并对各自的好评程度进行测试的方法。每个版本中的页面内容、设计、布局、文案等要素都有所不同，通过对比实际的点击量和转化率，就可以判断哪一个更加优秀。

A/B 测试根据预先定义的标准，比较一个元素的两个版本以确定哪个版本更好。这个元素可以有多种类型，它可以是具体内容，例如网页，或者是提供的产品或者服务，例如电子产品的交易。现有元素版本叫作控制版本，反之改良的版本叫作处理版本。两个版本同时进行一项实验，记录观察结果来确定哪个版本更成功。

A

B

图 9-18 A/B 测试

尽管 A/B 测试几乎适用于任何领域，它常被用于市场营销。通常，目的是用增加销量的目标来测量人类行为。例如，为了确定 A 公司网站上冰激凌广告可能的最好布局，使用两个不同版本的广告。版本 A 是现存的广告（控制版本），版本 B 的布局做了轻微的调整（处理版本）。然后将两个版本同时呈献给不同的用户。

(1) A 版本给 A 组。

(2) B 版本给 B 组。

结果分析揭示了相对于 A 版本的广告，B 版本的广告促进了更多的销量。

在其他领域，如科学领域，目标可能仅仅是观察哪个版本运行得更好，用来提升流程或产品。

A/B 测试适用的问题如下：

(1) 新版药物比旧版更好吗？

(2) 用户会对邮件发送的广告有更好的反响吗？

(3) 网站新设计的首页会产生更多的用户流量吗？

虽然都是大数据，但传感器数据和 SNS（社交网络平台）数据，在各自数据的获取方法和分析方法上是有所区别的。SNS 需要从用户发布的庞大文本数据中提炼出自己所需要的信息，并通过文本挖掘和语义检索等技术，由机器对用户要表达的意图进行自动分析。

在支撑大数据的技术中，虽然 Hadoop、分析型数据库等基础技术是不容忽视的，但即便这些技术对提高处理的速度做出了很大的贡献，仅靠其本身并不能产生商业上的价值。从在商业上利用大数据的角度来看，像自然语言处理、语义技术、统计分析等，能够从个别数据总结出有用信息的技术，也需要重视起来。

9.9 视觉分析

视觉分析是一种数据分析，指的是对数据进行图形表示来开启或增强视觉感知。相比于文本，人类可以迅速理解图像并得出结论，基于这个前提，视觉分析成为大数据领域的挖掘工具。目标是用图形表示来开发对分析数据的更深入的理解。特别是它有助于识别及强调隐藏的模式、关联和异常。视觉分析也和探索性分析有直接关系,因为它鼓励从不同的角度形成问题。

视觉分析的主要类型包括:热点图、时间序列图、网络图、空间数据图等。

9.9.1 热点图

对表达模式,通过部分-整体关系的数据组成和数据的地理分布来说,热点图是有效的视觉分析技术,它能促进识别感兴趣的领域,发现数据集内的极(最大或最小)值。例如,为了确定冰激凌销量最好和最差的地方,使用热点图来绘制销量数据。绿色用来标识表现最好的地区,红色用来标识表现最差的地区。

热点图本身是一个可视化的、颜色编码的数据值表示。每个值是根据其本身的类型和坐落的范围而给定的一种颜色。例如,热点图将值 0～3 分配给黑色,4～6 分配给浅灰色,7～10 分配给深灰色。热点图可以是图表或地图形式的。图表代表一个值的矩阵,在其中每个网格都是按照值分配的不同颜色(见图 9-19)。通过使用不同颜色嵌套的矩形,表示不同等级值。

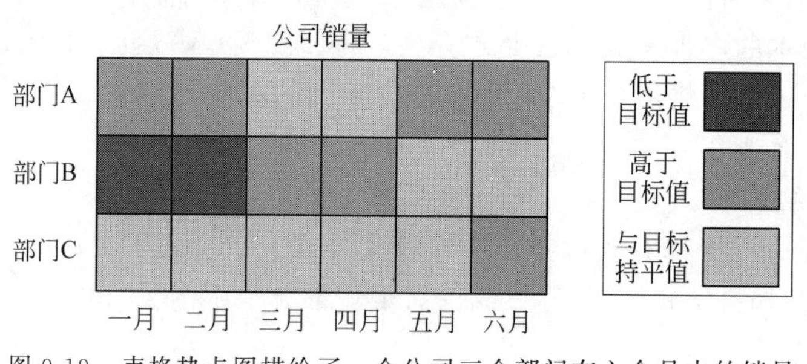

图 9-19 表格热点图描绘了一个公司三个部门在六个月内的销量

也可以用地图表示地理测量,不同地区根据同一主题用不同颜色或阴影表示。地图以各地区颜色/阴影的深浅来表示同一主题的程度深浅,而不是单纯地将整个地区涂上色或以阴影覆盖。

视觉分析适用的问题可以是:

(1) 怎样才能从视觉上识别有关世界各地多个城市碳排放量的模式?

(2) 怎样才能看到不同癌症的模式与不同人种的关联?

(3) 怎样根据球员的长处和弱点来分析他们的表现?

9.9.2 空间数据图

空间或地理空间数据通常用来识别单个实体的地理位置,然后将其绘图。空间数据分析专注于分析基于地点的数据,从而寻找实体间的不同地理关系和模式。

空间数据通过地理信息系统(GIS)操控,利用经纬坐标将空间数据绘制在图上。GIS 提供工具使空间数据能够互动探索。例如,测量两点之间的距离或用确定的距离半径来画圆确定一个区域。随着基于地点的数据的不断增长的可用性,例如传感器和社交媒体数据,可以通过分析空间数据,然后洞察位置。

空间数据图适用的问题:

(1) 由于公路扩建工程,多少房屋会受影响?

(2) 用户到超市有多远的距离?

(3) 基于从一个区域内很多取样地点取出的数据,一种矿物的最高浓度和最低浓度在哪里?

作　业

1. 统计分析就是用以(　　)为手段的统计方法来分析数据。

A. 计算函数　　B. 数学公式　　C. 数据结构　　D. 程序结构

2. 统计方法面临的问题是,现实生活中的现象(　　)已知的统计分布。

A. 经常不符合　　B. 完全吻合　　C. 基本违背　　D. 不能确定

3. 相关性分析是一种用来确定(　　)的技术。如果发现它们有关,下一步是确定它们之间是什么关系。

A. 两个变量是否相互独立　　B. 两个变量是否互相有关系

C. 多个数据集是否相互独立　　D. 多个数据集是否相互有关系

4. 回归性分析技术旨在探寻在一个数据集内一个(　　)有着怎样的关系。

A. 外部变量和内部变量　　B. 小数据变量和大数据变量

C. 组织变量和社会变量　　D. 因变量与自变量

5. 在大数据分析中,(　　)分析可以首先让用户发现关系的存在,(　　)分析可以用于进一步探索关系并且基于自变量的值来预测因变量的值。

A. 相关性,回归性　　B. 回归性,相关性

C. 相关性,复杂性　　D. 复杂性,回归性

6. 在学习中,如果所有练习都有(　　),则为有监督学习。

A. 公式　　B. 图片　　C. 答案　　D. 表格

7. "无监督学习"指的是那些在(　　)数据或者缺乏定义因变量的数据中寻找模式的技术。

A. 结构化　　B. 无标签　　C. 非结构化　　D. 有标签

8. 在预测分析的过程中,分析人员可以使用(　　)学习技术来了解数据并加快模型构建过程。

A. 无监督　　B. 有监督　　C. 高强度　　D. 快乐

9. (　　)用例是一种在社会媒体分析、欺诈检测、犯罪学与国家安全中进行发现并证明有效的形式。

A. 表分析　　B. 解释　　C. 发现　　D. 图分析

10. 一个贝叶斯简明网络代表一个数学图中(　　)之间的关系,表达在图中节点和边有条件的依赖关系。

A. 结构　　B. 数据　　C. 变量　　D. 程序

11.(　　)是一个代表文档中单词相对频率的可视化。

A. 气泡图　　B. 箱图　　C. 词汇云　　D. 折线图

12. 分析师利用两类技术来降低数据集中的(　　):特征提取和特征选择。

A. 分组　　B. 维度　　C. 模块　　D. 函数

13. 人类善于发现数据中的(　　),但不能快速地处理大量的数据。另一方面,机器非常善于迅速处理大量数据,但它们得知道怎么做。如果人类知识可以和机器的处理速度相结合,机器可以处理大量数据而不需要人类干涉。这就是机器学习的基本概念。

A. 大小与数量　　B. 模式与规律

C. 模式与关系　　D. 数量与关系

14. 分类是一种(　　)的机器学习,它将数据分为相关的、以前学习过的类别。这项技术的常见应用是过滤垃圾邮件。

A. 完全自动　　B. 有监督　　C. 无监督　　D. 无须控制

15. 下列(　　)不属于分类适用的问题。

A. 考虑一项正在探索的非典型问题(创新问题)是否有解

B. 基于其他申请是否被接受或者被拒绝,申请人的信用卡申请是否应该被接受

C. 基于已知的水果蔬菜样例,西红柿是水果还是蔬菜

D. 病人的药检结果是否表示有心脏病的风险

16. 聚类技术将一系列(　　)划分为不同的组,它们与一系列活跃变量是同质的。

A. 用例　　B. 数据　　C. 模块　　D. 数组

17. 聚类是一种(　　)的学习技术,通过这项技术,数据被分成不同的组,每组中的数据有相似的性质。类别是基于分组数据产生的,数据如何成组取决于用什么类型的算法。

A. 手工处理　　B. 有控制　　C. 有监督　　D. 无监督

18. 聚类常用在(　　)上来理解一个给定数据集的性质。在形成理解之后,分类可以被用来更好地预测相似但却是全新或未见过的数据。

A. 自动计算　　B. 程序设计　　C. 数据挖掘　　D. 数值分析

19. 过滤是自动从项目池中寻找有关项目的过程。项目可以基于用户行为或通过匹配多个用户的行为被过滤。通常过滤的主要方法是(　　)。

A. 完全过滤和不完全过滤　　B. 数值过滤和字符过滤

C. 自动过滤和手动过滤　　D. 协同过滤和内容过滤

20. 人脑是一种适应性系统,必须对变幻莫测的事物做出反应,而学习是通过修改(　　)之间连接的强度来进行的。

A. 脑细胞　　B. 记忆细胞　　C. 记忆神经　　D. 神经元

21. 动物神经系统由数以千万计的互连细胞组成,而对于人类,这个数字达到了(　　)。

A. 数十亿　　B. 成百上千　　C. 数亿　　D. 数十万

22. 电信号通过树突(毛发状细丝)流入(　　),那里是"数据处理"的地方。

A. 神经体　　B. 血管　　C. 细胞体　　D. 皮下脂肪

23. 当存在足够的应激反应时,神经元就被激发了。神经元通常只有单一的(　　),但会有许多树突。

A. 血管　　B. 轴突　　C. 神经细胞　　D. 肌肉

24. 人工神经网络的本质是通过网络的变换和动力学行为得到一种(　　)的信息处理功能,并在不同程度和层次上模仿人脑神经系统。

A. 并行分布式　　B. 开源　　C. 集中统一　　D. 多层次

25. 当使用神经网络进行预测分析时,首要步骤是确定(　　)。

A. 数据结构　　B. 循环层次　　C. 数据格式　　D. 网络拓扑结构

26. 深度学习是一类基于(　　)的建模训练技术。

A. 数据结构　　B. 数据规模　　C. 特征学习　　D. 模块层次

27. 实际上,深层神经网络就是一种以(　　)学习技术训练的多个隐藏层的神经网络。

A. 有监督　　B. 无监督　　C. 混合监督　　D. 云监督

28. 语义分析是从文本和语音数据中由(　　)提取有意义的信息的实践。

A. 机器　　B. 人工　　C. 数据挖掘　　D. 数值分析

29. 自然语言处理是计算机科学领域与人工智能领域中的一个重要方向,是一门融语言学、计算机科学、数学于一体的科学,其处理过程是(　　)。

A. 人类像计算机一样自然地理解世界各国语言的能力

B. 人类像计算机一样自然地理解程序设计语言的能力

C. 计算机像人类一样自然地理解人类的文字和语言的能力

D. 计算机像人类一样自然地理解程序设计语言的能力

30. 文本分析是专门通过数据挖掘、机器学习和自然语言处理技术去发掘(　　)文本价值的分析应用。文本分析实质上提供了发现,而不仅是搜索文本的能力。

A. 自然语言　　B. 非结构化　　C. 结构化　　D. 字符与数值

31. 语义检索是指在(　　)组织的基础上,从知识库中检索出知识的过程,是一种基于这个体系,能够实现知识关联和概念语义检索的智能化的检索方式。

A. 网络　　B. 信息　　C. 字符　　D. 知识

32. 视觉分析是一种数据分析,指的是对数据进行(　　)来开启或增强视觉感知。相比于文本,人类可以迅速理解图像并得出结论,因此,视觉分析成为大数据领域的勘探工具。

A. 数值计算　　B. 文化虚拟　　C. 图形表示　　D. 字符表示

33. 下列(　　)不是视觉分析的合适问题。

A. 怎样才能得到经济增长的最佳指数值

B. 怎样才能从视觉上识别有关世界各地多个城市碳排放量的模式

C. 怎样才能看到不同癌症的模式与不同人种的关联

D. 怎样根据球员的长处和弱点来分析他们的表现

34. 时间序列图可以分析在固定时间间隔记录的数据，它通常用(　　)图表示，x 轴表示时间，y 轴记录数据值。

A. 圆饼　　B. 折线　　C. 热区　　D. 直方

35. 在视觉分析中，网络分析是一种侧重于分析网络内实体关系的技术。一个网络图描绘互相连接的(　　)，它可以是一个人、一个团体，或者其他商业领域的物品，例如产品。

A. 物体　　B. 人体　　C. 实体　　D. 虚体

36. 空间或地理空间数据通常用来识别单个实体的(　　)地理位置，然后将其绘图。空间数据分析专注于分析基于地点的数据，从而寻找实体间的不同地理关系和模式。

A. 自然位置　　B. 空间位置　　C. 社交位置　　D. 地理位置

37. A/B 测试是指在网站优化的过程中，根据预先定义的标准，提供(　　)并对其好评程度进行测试的方法。

A. 一个版本　　B. 多个版本　　C. 一个或多个版本　　D. 单个测试样本

38. 下列(　　)不属于 A/B 测试。

A. 新版药物比旧版更好吗

B. 用户会对邮件发送的广告有更好的反响吗

C. 这项研究有较好的经济价值和社会效应吗

D. 网站新设计的首页会产生更多的用户流量吗

第10章 大数据分析模型

【导读案例】

行业人士必知的十大数据思维原理

1. 数据核心原理：从“流程”核心转变为“数据”核心

大数据时代的新思维是：计算模式发生了转变，从以“流程”为核心转变为以“数据”为核心。Hadoop体系的分布式计算框架是以“数据”为核心的范式。非结构化数据及分析需求将改变IT系统的升级方式：从简单增量到架构变化。

例如，IBM将使用以数据为中心的设计，目的是降低在超级计算机之间进行大量数据交换的必要性。大数据背景下，云计算(见图10-1)找到了破茧重生的机会，在存储和计算上都体现了以数据为核心的理念。大数据和云计算的关系是：云计算为大数据提供了有力的工具和途径，大数据为云计算提供了很有价值的用武之地。而大数据比云计算更为落地，可有效利用已大量建设的云计算资源。

图10-1　云计算

科学进步越来越多地由数据来推动，海量数据给数据分析带来机遇，也构成了新的挑战。大数据往往是利用众多技术和方法，综合源自多个渠道、不同时间的信息而获得的。为了应对大数据带来的挑战，需要新的统计思路和计算方法。

说明：用以数据为核心的思维方式思考问题、解决问题，反映了当下IT产业的变革，数据成为人工智能的基础，也成为智能化的基础。数据比流程更重要，数据库、记录数据库，都可以开发出深层次信息。云计算服务器可以从数据库、记录数据库中搜索出你是谁、你需要什么，从而推荐给你所需要的信息。

2. 数据价值原理：由功能是价值转变为数据是价值

大数据真正有意思的是数据变得在线了，这恰恰是互联网的特点。非互联网时期的产品，功能一定是它的价值，今天互联网的产品，其价值一定是数据(见图 10-2)。

图 10-2　全样本数据

例如，大数据的真正价值在于创造，在于填补无数个还未实现过的空白。有人把数据比喻为蕴藏能量的煤矿。按照性质，煤炭有焦煤、无烟煤、肥煤、贫煤等分类，而露天煤矿、深山煤矿的挖掘成本又不一样。与此类似，大数据并不在于“大”，而在于“有用”，价值含量、挖掘成本比数量更为重要。不管大数据的核心价值是不是预测，基于大数据所形成的决策模式已经为不少企业带来了盈利和声誉。

数据能告诉我们每一个客户的消费倾向，他们想要什么，喜欢什么，每个人的需求有哪些区别，哪些又可以被集合到一起来进行分类或聚合。大数据是数据数量上的增加，以至于我们能够实现从量变到质变的过程。举例来说，这里有一张照片，照片里的人在骑马，这张照片每一分钟、每一秒都要拍一张，但随着处理速度越来越快，从一分钟一张到一秒钟一张，突然到一秒钟 24 张，数量的增长实现质变时，就产生了电影。

美国有一家创新企业 Decide.com，它可以帮助人们做购买决策，告诉消费者什么时候买什么产品，什么时候买最便宜，预测产品的价格趋势，这家公司背后的驱动力就是大数据。他们在全球各大网站上搜集数以十亿计的数据，然后为数十万用户省钱，为他们的采购找到最好的时间，降低交易成本，为终端的消费者带去更多价值。

在这类模式下，尽管一些零售商的利润会进一步受挤压，但从商业本质上来讲，可以把钱更多地放回到消费者的口袋里，让购物变得更理性，这是依靠大数据催生出的一项全新产业。这家为数以十万计的客户省钱的公司，后来被 eBay 以高价收购了。

再举一个例子，SWIFT(环球同业银行金融电信协会)是全球最大的支付平台，在该平台上的每一笔交易都可以进行大数据分析，可以预测一个经济体的健康性和增长性。例如，该公司为全球性客户提供的经济指数就是一个大数据服务。定制化服务的关键是数据，大量的数据能够让传统行业更好地了解客户需求，提供个性化的服务。

说明：用数据价值思维方式思考问题、解决问题。信息总量的变化导致了信息形态的变化。如今“大数据”这个概念几乎应用到了所有人类致力于发展的领域中。从功能为价值转变为数据为价值,说明数据和大数据的价值在扩大,“数据为王”的时代出现了。数据被解释为信息,信息常识化是知识,所以说数据解释、数据分析能产生价值。

3. 全样本原理:从抽样转变为采用全数据作为样本

需要全部数据而不是抽样,你不知道的事情比你知道的事情更重要(见图10-2)。但如果现在数据足够多,它会让人能够看得见、摸得着规律。数据这么大、这么多,所以人们觉得有足够的能力把握未来,对不确定做出判断,从而做出自己的决定。这些听起来都是非常原始的,但是实际上背后的思维方式和今天所讲的大数据是非常像的。

例如在大数据时代,无论是商家还是信息的搜集者,会比我们自己更知道我们想干什么。现在的数据还没有被真正挖掘,如果真正挖掘的话,通过信用卡消费的记录,可以成功预测未来5年内的情况。统计学最基本的一个概念就是,全部样本才能找出规律。为什么能够找出行为规律?一个更深层的概念是人和人是一样的,如果是一个人抽样出来,可能很有个性,但当人口样本数量足够大时,就会发现其实每个人都是一模一样的。

说明:用全数据样本思维方式思考问题、解决问题。从抽样中得到的结论总是有水分的,而从全部样本中得到的结论水分就很少,大数据越大,真实性也就越大,因为大数据包含全部的信息。

4. 关注效率原理:由关注精确度转变为关注效率

关注效率而不是精确度,大数据标志着人类在寻求量化和认识世界的道路上前进了一大步,过去不可计量、存储、分析和共享的很多东西都被数据化了,拥有大量的数据和更多不那么精确的数据为人们理解世界打开了一扇新的大门。大数据能提高生产效率和销售效率,原因是大数据能够让我们知道市场的需要,人的消费需要。大数据让企业的决策更科学,由关注精确度转变为关注效率的提高,大数据分析能提高企业的效率。

例如,在互联网大数据时代,企业产品迭代的速度在加快。三星、小米手机制造商半年就推出一代新智能手机。利用互联网、大数据提高企业效率的趋势下,快速就是效率、预测就是效率、预见就是效率、变革就是效率、创新就是效率、应用就是效率。

竞争是企业的动力,而效率是企业的生命,效率低与效率高是衡量企业成败的关键。一般来讲,投入与产出比是效率,追求高效率也就是追求高价值。手工、机器、自动机器、智能机器之间的效率是不同的,智能机器效率更高,已能代替人的思维劳动。智能机器的核心是大数据驱动,而大数据驱动的速度更快。在快速变化的市场,快速预测、快速决策、快速创新、快速定制、快速生产、快速上市成为企业行动的准则,也就是说,速度就是价值,效率就是价值,而这一切离不开大数据思维。

说明:用关注效率思维方式思考问题、解决问题。大数据思维有点儿像混沌思维,确定与不确定交织在一起,过去那种一元思维结果已被二元思维结果取代。过去寻求精确度,现在寻求高效率;过去寻求因果性,现在寻求相关性;过去寻求确定性,现在寻求概率性,对不精确的数据结果已能容忍。只要大数据分析指出可能性,就会有相应的结果,从而为企业快速决策、快速动作、抢占先机提高了效率。

5. 关注相关性原理:由因果关系转变为关注相关性

关注相关性(见图10-3)而不是因果关系,社会需要放弃它对因果关系的渴求,而仅需关注相关关系，也就是说，只需要知道是什么，而不需要知道为什么。这就推翻了自古以来的惯例，而人们做决定和理解现实的最基本方式也将受到挑战。

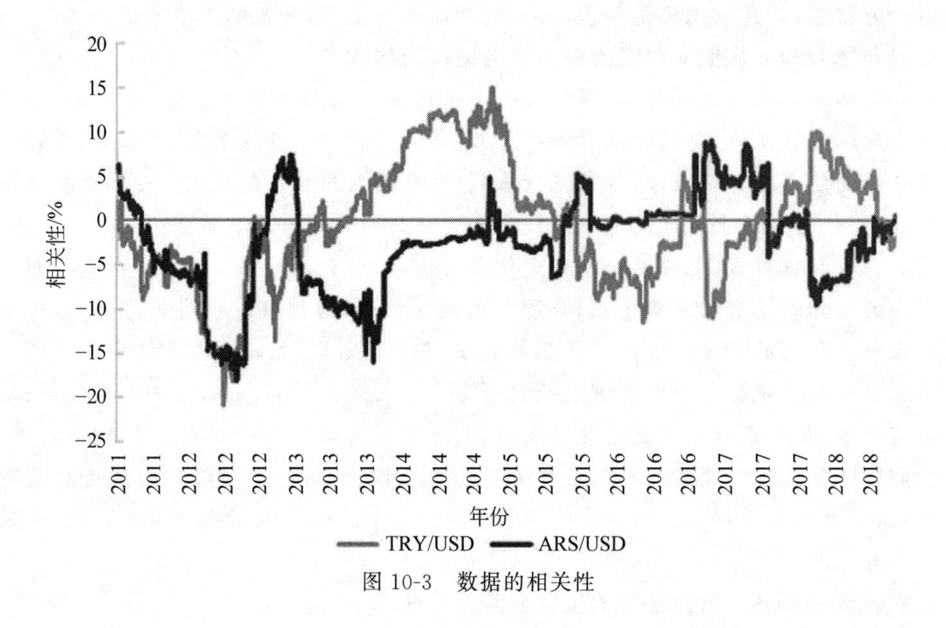

图 10-3　数据的相关性

例如，大数据思维一个最突出的特点，就是从传统的因果思维转向相关思维，传统的因果思维是说一定要找到一个原因，推出一个结果。而大数据没有必要找到原因，不需要科学的手段来证明这个事件和那个事件之间有一个必然先后关联发生的因果规律。它只需要知道，出现这种迹象的时候，数据统计的结果显示它会有高概率产生相应的结果，那么只要发现这种迹象，就可以去做一个决策。这和以前的思维方式很不一样。

在这个不确定的时代里面，等我们找到准确的因果关系再去办事的时候，这个事情早已经不值得办了。所以大数据时代的思维有点儿像回归了工业社会的机械思维——机械思维是说我按那个按钮，一定会出现相应的结果。而如今社会往前推，不需要找到非常紧密的、明确的因果关系，而只需要找到相关关系，只需要找到迹象就可以了。社会因此放弃了寻找因果关系的传统偏好，开始挖掘相关关系的好处。

例如，美国人开发一款"个性化分析报告自动可视化程序"数据挖掘软件，它自动从网上各种数据中挖掘提取重要信息，然后进行分析，并把此信息与以前的数据关联起来，分析出有用的信息。

有证据表明，非法在屋内打隔断的建筑物着火的可能性比其他建筑物高很多。纽约市每年接到 2.5 万宗有关房屋住得过于拥挤的投诉，但市里只有 200 名处理投诉的巡视员，市长办公室一个分析专家小组觉得大数据可以帮助解决这一需求与资源的落差。该小组建立了一个市内全部 90 万座建筑物的数据库，并在其中加入市里 19 个部门所收集到的数据：欠税扣押记录、水电使用异常、缴费拖欠、服务切断、救护车使用、当地犯罪率、鼠患投诉，诸如此类。

接下来，他们将这一数据库与过去 5 年中按严重程度排列的建筑物着火记录进行比较，希望找出相关性。果然，建筑物类型和建造年份是与火灾相关的因素。不过，一个意外发现是，获得外砖墙施工许可的建筑物与较低的严重火灾发生率之间存在相关性。利用所有这些数据，该小组建立了一个可以帮助他们确定哪些住房拥挤投诉需要紧急处理的系统。他们所记录的建筑物的各种特征数据都不是导致火灾的原因，但这些数据与火灾隐患的增加或降低存在相关性。这种知识被证明是极具价值的：过去房屋巡视员出现场时签发房屋腾空令的比例只有13%，在采用新办法之后，这个比例上升到了70%——效率大大提高了。

大数据透露出来的信息有时确实会颠覆人的现有认知。例如，腾讯一项针对社交网络的统计显示，爱看家庭剧的男性是女性的2倍还多；最关心金价的是中国大妈，但紧随其后的却是90后。

说明：用关注相关性思维方式来思考问题、解决问题。过去寻找原因的信念正在被“更好”的相关性所取代。当世界由探求因果关系变成挖掘相关关系时，我们怎样才能既不损坏社会繁荣和人类进步所依赖的因果推理基石，又能取得实际进步呢？这是值得思考的问题。

转向相关性，不是不要因果关系，因果关系还是基础，科学的基石还是要的。只是在高速信息化的时代，为了得到即时信息，实时预测，在快速的大数据分析技术下，寻找到相关性信息，就可预测用户的行为，为企业快速决策提供提前量。

比如预警技术，只有提前几十秒察觉，防御系统才能起作用。雷达显示有个提前量，如果没有这个预知的提前量，雷达的作用就没有了。相关性也是这个原理。

6. 预测原理：从不能预测转变为可以预测

大数据的核心就是预测，这个预测性体现在很多方面。大数据不是要教机器像人一样思考，相反，它是把数学算法运用到海量的数据上来预测事情发生的可能性。正因为在大数据规律面前，每个人的行为都跟别人一样，没有本质变化，所以商家会比消费者更了解消费者的行为。

我们进入了一个用数据进行预测的时代，虽然我们可能无法解释其背后的原因。如果一个医生只要求病人遵从医嘱，却无法说明医学干预的合理性，情况会怎么样呢？实际上，这是依靠大数据取得病理分析的医生们一定会做的事情。

随着系统接收到的数据越来越多，通过记录找到的最好的预测与模式，可以对系统进行改进。它通常被视为人工智能的一部分，或者更确切地说，被视为一种机器学习。真正的革命并不在于分析数据的机器，而在于数据本身和我们如何运用数据。一旦把统计学和现在大规模的数据融合在一起，将会颠覆很多人们原来的思维。所以现在能够变成数据的东西越来越多，计算和处理数据的能力越来越强，所以大家突然发现这个东西很有意思。所以，大数据能干啥？能干很多很有意思的事情。

说明：用大数据预测思维方式来思考问题、解决问题。数据预测、数据记录预测、数据统计预测、数据模型预测、数据分析预测、数据模式预测、数据深层次信息预测等，已转变为大数据预测、大数据记录预测、大数据统计预测、大数据模型预测、大数据分析预测、大数据模式预测、大数据深层次信息预测。

互联网、移动互联网和云计算保证了大数据实时预测的可能性，也为企业和用户提供了实时预测的信息，相关性预测的信息，让企业和用户抢占先机。由于大数据的全样本性，使云计算软件预测的效率和准确性大大提高，有这种迹象，就有这种结果。

7. 信息找人原理：从人找信息转变为信息找人

互联网和大数据的发展，是一个从人找信息到信息找人的过程。先是人找信息，人找人，信息找信息，现在的时代是信息找人。广播模式是信息找人，我们听收音机、看电视，它是把信息推给我们的，但是有一个缺陷，不知道我们是谁，后来互联网反其道而行，提供搜索引擎技术，让人们知道如何找到自己所需要的信息，所以搜索引擎是一个很关键的技术。

从搜索引擎向推荐引擎转变。今天，后搜索引擎时代已经正式到来。在后搜索引擎时代，使用搜索引擎的频率会大大降低，使用的时长也会大大缩短，这是为什么呢？原因是推荐引擎的诞生(见图 10-4)。就是说，从人找信息到信息找人越来越成为一个趋势，推荐引擎很懂"我"，知道我想什么，所以是最好的技术。乔布斯说，让人感受不到技术的技术是最好的技术。

图 10-4　图书推荐

大数据还改变了信息优势。按照循证医学，现在治病的第一件事情不是去研究病理学，而是拿过去的数据去研究，相同情况下是如何治疗的。这导致专家和普通人之间的信息优势没有了。原来我相信医生，因为医生知道的多，但现在我可以用搜索引擎查，知道自己得了什么病。

说明：用信息找人的思维方式思考问题、解决问题。从人找信息到信息找人，是交互时代的一个转变，也是智能时代的要求。智能机器已不是冷冰冰的机器，而是具有一定智能的机器。信息找人这四个字，预示着大数据时代可以让信息找人，原因是企业懂用户，机器懂用户，你需要什么信息，企业和机器能提前知道，而且主动提供你所需要的信息。

8. 机器懂人原理：由人懂机器转变为机器更懂人

不是让人更懂机器，而是让机器更懂人，或者说能够在使用者很笨的情况下，仍然可以使用机器。甚至不是让人懂环境，而是让环境来适应人。某种程度上自然环境不能这样讲，但是在数字化环境中已经是这样的一个趋势，就是我们所生活的世界越来越趋向于更适应我们，更懂我们。哪个企业能够真正做到让机器更懂人，让环境更懂人，让我们所生活的世界更懂得我们，那么它一定是具有竞争力的了，而大数据技术能够助它一臂之力。例如，亚马逊等网站的相关书籍推荐就是这样。

让机器懂人是让机器具有学习的功能。人工智能在研究机器学习，大数据分析要求机器更智能，具有分析能力，机器即时学习变得更重要。机器学习是指：计算机利用经验改善自身性能的行为。机器学习主要研究如何使用计算机模拟和实现人类获取知识（学习）的过程，创新、重构已有的知识，从而提升自身处理问题的能力，机器学习的最终目的是从数据中获取知识。

大数据技术的其中一个核心目标是要从体量巨大、结构繁多的数据中挖掘出隐藏在背后的规律，从而使数据发挥最大的价值。由计算机代替人去挖掘信息，获取知识。从各种各样的数据（包括结构化、半结构化和非结构化数据）中快速获取有价值信息的能力，就是大数据技术。大数据机器分析中，半监督学习、集成学习、概率模型等技术尤为重要。

说明：用机器更懂人的思维方式思考问题、解决问题。机器从没有常识到逐步有点儿常识，这是很大的变化。让机器懂人是人工智能的成功，同时也是人的大数据思维转变。你的机器、你的软件、你的服务是否更懂人？这将是衡量一个机器、一组软件、一项服务好坏的标准。人机关系已发生很大变化，由人机分离，转换为人机沟通、人机互补、机器懂人。在互联网大数据时代有问题问机器、问百度，成为生活的一部分。机器什么都知道，原因是有大数据库，机器可搜索到相关数据，从而使机器懂人。

9. 电子商务智能原理：大数据改变了电子商务模式，让电子商务更智能

商务智能，在今天的大数据时代获得了重新定义。例如，传统企业进入互联网，在掌握了大数据技术应用途径之后，会发现有一种豁然开朗的感觉，就好像我整天就像在黑屋子里面找东西，找不着，突然碰到了一个开关，发现那么费力找的东西，原来很容易就找得到。大数据时代在时代特征里面加上这么一道很明显的光，从而导致我们对以前的生存状态，以及我们个人的生活状态的一个差异化表达。

例如，大数据让软件更智能。尽管我们仍处于大数据时代来临的前夕，但我们的日常生活已经离不开它了。例如，交友网站根据个人的性格与之前成功配对的情侣之间的关联来进行新的配对。在不久的将来，世界上许多现在单纯依靠人类判断力的领域都会被计算机系统所改变甚至取代。计算机系统可以发挥作用的领域远远不止驾驶和交友，还有更多更复杂的任务。例如，亚马逊可以帮我们推荐想要的书，谷歌可以为关联网站排序，而领英可以猜出我们认识谁。

当然，同样的技术也可以运用到疾病诊断、推荐治疗措施，甚至是识别潜在犯罪分子上。就像互联网通过给计算机添加通信功能而改变了世界，大数据也将改变我们生活中最重要的方面，因为它为我们的生活创造了前所未有的可量化的维度。

说明：用电子商务更智能的思维方式思考问题、解决问题。人脑思维与机器思维有很大差别，但机器思维在速度上是取胜的，而且智能软件在很多领域已能代替人脑思维的操作工作。例如，云计算服务器已能处理超字节的大数据量，人们需要的所有信息都可得到显现，而且每个人的互联网行为都可记录，这些记录的大数据经过云计算处理能产生深层次信息，经过大数据软件挖掘，企业需要的商务信息都能实时提供，为企业决策和营销、定制产品等提供了大数据支持。

10. 定制产品原理：由企业生产产品转变为由客户定制产品

下一波的改革是大规模定制，为大量客户定制产品和服务，成本低又兼具个性化。例如，消费者希望他买的车有红色、绿色，厂商有能力满足要求，但价格又不至于像手工制作那般让人无法承担。因此，在厂家可以负担得起大规模定制带去的高成本的前提下，要真正做到个性化产品和服务，就必须对客户需求有很好的了解，这背后就需要依靠大数据技术。

例如，大数据改变了企业的竞争力。定制产品是一个很好的技术，但是能不能够形成企业的竞争力呢？在产业经济学里面有一个很重要的区别，就是生产力和竞争力的区别，就是说一个东西是具有生产力的，那这种生产力变成一种通用生产力的时候，就不能形成竞争力，因为每一个人，每一个企业都有这个生产力的时候，只能提高自己的生产力。有车的时候，你的活动半径、运行速度大大提高了，但是在每一个人都没有车的时候，你有车，就会形成竞争力。大数据也一样，你有大数据定制产品，别人没有，就会形成竞争力。

在互联网大数据的时代，商家最后很可能可以针对每一个顾客进行精准的价格歧视。我们现在很多行为都是比较粗放的，航空公司会给我们里程卡，根据飞行公里数来累计里程，但其实不同顾客所飞行的不同里程对航空公司的利润贡献是不一样的。所以有一天某位顾客可能会收到一封信，"恭喜先生，您已经被我们选为幸运顾客，我们提前把您升级到白金卡。"这说明这个顾客对航空公司的贡献已经够多了。有一天银行说"恭喜您，您的额度又被提高了，"就说明钱花得已经太多了。

正因为在大数据规律面前，每个人的行为都跟别人一样，没有本质变化，所以商家会比消费者更了解消费者的行为。也许你正在想，工作了一年很辛苦，要不要去哪里度假？打开邮箱，就有航空公司、旅行社的邮件。

说明：用定制产品思维方式思考问题、解决问题。大数据时代让企业找到了定制产品、订单生产、用户销售的新路子。用户在家购买商品已成为趋势，快递的快速，让用户体验到实时购物的快感，进而成为网购迷，个人消费不是减少了，反而增加了。为什么企业要互联网化、大数据化，也许有这个原因。2000 万家互联网网店的出现，说明数据广告、数据传媒的重要性。

企业产品直接销售给用户，省去了中间商流通环节，使产品的价格可以以出厂价销售，让消费者获得了好处，网上产品便宜成为用户的信念，网购市场形成了。要让用户成为你的产品粉丝，就必须了解用户需要，定制产品成为用户的心愿，也就成为企业发展的新方向。

大数据思维是客观存在的，是新的思维观。用大数据思维方式思考问题、解决问题是当下企业潮流。大数据思维开启了一次重大的时代转型。

资料来源：搜狐，2016-5-23.

阅读上文，请思考、分析并简单记录。

(1) 请阅读文章，在下面罗列出文中所提到的十大思维原理。

答：____

(2) 这十大思维原理中，最吸引你的是哪一条原理？为什么？

答：____

____

____

____

(3) 这十大思维原理中，你觉得最难理解和体会的是哪一条？为什么？

答：____

____

____

____

(4) 请简单描述你所知道的上一周发生的国际、国内或者身边的大事。

答：____

____

____

____

10.1 什么是分析模型

客观事物或现象是一个多因素的综合体，而模型就是对被研究对象(客观事物或现象)的一种抽象，分析模型是对客观事物或现象的一种描述。客观事物或现象的各因素之间存在着相互依赖又相互制约的关系，通常是复杂的非线性关系。

为了分析相互作用机制，揭示内部规律，可根据理论推导，或对观测数据的分析，或依据实践经验，设计一种模型来代表所研究的对象。模型反映对象最本质的东西，略去了枝节，是对研究对象实质性的描述和某种程度的简化，其目的是便于分析研究。模型可以是数学模型或物理模型。前者不受空间和时间尺度的限制，可进行压缩或延伸，利用计算机进行模拟研究，因而得到广泛应用；后者根据相似理论来建立模型。借助模型进行分析是一种有效的科学方法。在本章中，介绍关联、分类、聚类、结构和文本这5种分析模型的知识。

10.2 关联分析模型

关联分析是指一组识别哪些事件趋向于一起发生的技术。当应用到零售市场购物篮分析时，关联学习会告诉你是否会有一种不寻常的高概率事件，其中，消费者会在同一次购物之旅中一起购买某些商品(这方面的一个著名案例就是有关啤酒和尿布的故事)。

关联分析需要单品层级的数据。单品就是商品，任何商品在单独提及的时候都可以称作单品，指的是包含特定自然属性与社会属性的商品种类。对于零售交易的数据量，意味着需要在数据管理平台上运行的可扩展性的算法。在某些情况下，分析师可以使用集群抽象法(抽取部分客户或购物行程及所有相关单品交易作为样品)。一些有趣和有用的关联可能是罕见的,并非常容易被忽略,除非进行全数据集分析。

在计算机科学以及数据挖掘领域中,先验算法是用于关联分析的经典算法之一,其设计目的是处理包含交易信息内容的数据库(如顾客购买的商品清单,或者网页常访清单),而其他的算法则是设计用来寻找无交易信息或无时间标记(如 DNA 测序)的数据之间的联系规则。先验算法很难拓展,更适合大数据的有频繁模式增长(FP-Growth)和有限通行算法。

聚类、关联的实现可能需要分析师和业务客户之间的密切合作。关联分析的最佳工具应该具有强大的可视化能力和向下钻取能力,使业务用户了解所发现的模式。

关联分析模型用于描述多个变量之间的关联(见图 10-5),这是大数据分析的一种重要模型。如果两个或多个变量之间存在一定的关联,那么其中一个变量的状态就能通过其他变量进行预测。关联分析的输入是数据集合,输出是数据集合中全部或者某些元素之间的关联关系。例如,房屋的位置和房价之间的关联关系,或者气温和空调销量之间的关系。

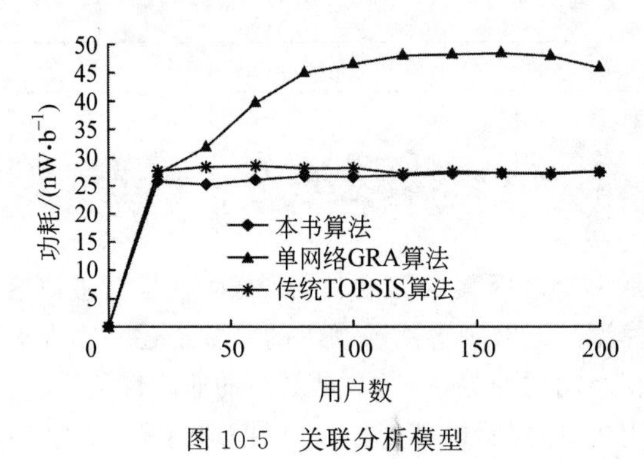

图 10-5　关联分析模型

10.2.1　回归分析

回归分析是最灵活最常用的统计分析方法之一(见图 10-6),它旨在探寻在一个数据集内,根据实际问题考查其中一个或多个变量(因变量)与其余变量(自变量)的依赖关系。特别适用于定量地描述和解释变量之间的相互关系,或者估测、预测因变量的值。例如,回归分析可以用于发现个人收入和性别、年龄、受教育程度、工作年限的关系,基于数据库中现有的个人收入、性别、年龄、受教育程度和工作年限构造回归模型,在该模型中输入性别、年龄、受教育程度和工作年限来预测个人收入。又例如,回归分析可以帮助确定温度(自变量)和作物产量(因变量)之间存在的关系类型。利用此项技术帮助确定自变量变化时,因变量的值如何变化。例如,当自变量增加时,因变量是否会增加?如果是,增加是线性的还是非线性的?

例如,为了确定冰激凌店要准备的库存数量,分析师通过插入温度值来进行回归分析。将基于天气预报的值作为自变量,将冰激凌出售量作为因变量。分析师发现温度每上升 5℃,就需要增加 15%的库存。如图 10-7 所示,线性回归表示一个恒定的变化速率。

如图 10-8 所示,非线性回归表示一个可变的变化速率。

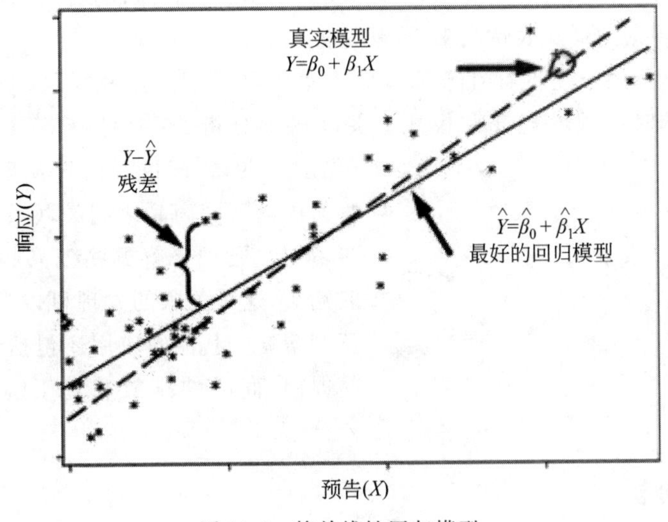

图 10-6 简单线性回归模型

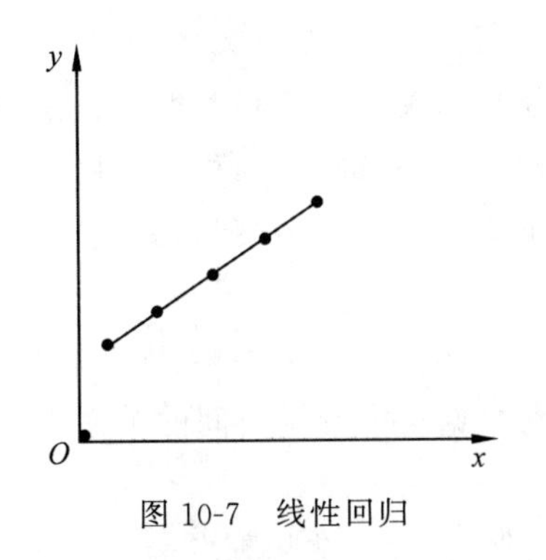

图 10-7 线性回归

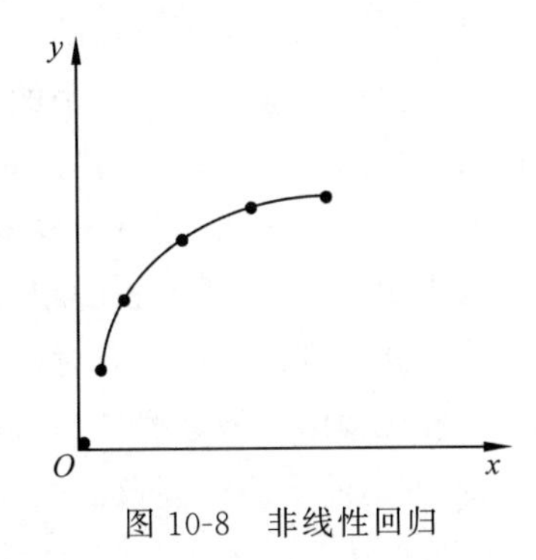

图 10-8 非线性回归

其中,回归分析适用的问题:

(1) 一个离海 250 英里的城市的温度会是怎样的?

(2) 基于小学成绩,一个学生的高中成绩会是怎样的?

(3) 基于食物的摄入量,一个人肥胖的概率是怎样的?

如果只需考查一个变量与其余多个变量之间的相互依赖关系,称为多元回归问题。若要同时考查多个因变量与多个自变量之间的相互依赖关系,称为多因变量的多元回归问题。

10.2.2 关联规则分析

关联规则分析又称关联挖掘,是在交易数据、关系数据或其他信息载体中,查找存在于项目集合或对象集合之间的频繁模式、关联、相关性或因果结构。或者说,关联分析是发现交易数据库中不同商品(项)之间的联系。比较常用的算法是 Apriori 算法和 FPgrowth(FP 增长)算法。

关联可分为简单关联、时序关联、因果关联。关联规则分析的目的是找出数据库中隐藏的关联,并以规则的形式表达出来,这就是关联规则。

关联规则分析用于发现存在于大量数据集中的关联性或相关性,从而描述一个事物中某些属性同时出现的规律和模式。关联规则分析的一个典型例子是购物篮分析(见图10-9)。该过程通过发现顾客放入其购物篮中的不同商品之间的联系,分析顾客的购买习惯。通过了解哪些商品频繁地被顾客同时购买,这种关联的发现可以帮助零售商制定营销策略。其他的应用还包括价目表设计、商品促销、商品的排放和基于购买模式的顾客划分。

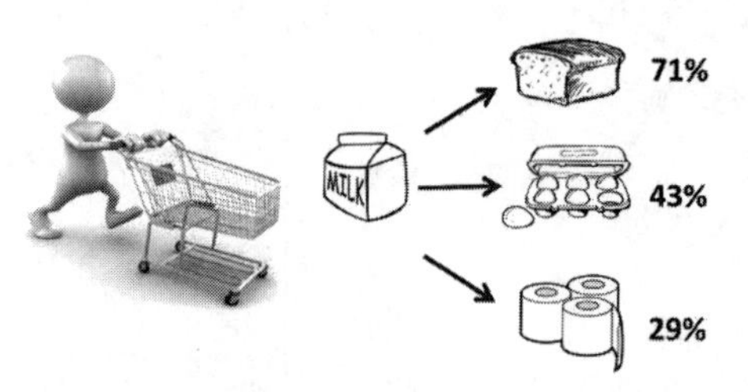

图10-9 购物篮分析

10.2.3 相关分析

相关关系是一种非确定性的关系,例如,以 X 和 Y 分别表示一个人的身高和体重,或分别表示每亩地的施肥量与每亩地的小麦产量,则 X 与 Y 显然有关系,但又没有确切到可由其中的一个去精确地决定另一个的程度,这就是相关关系。相关性分析是对总体中确实具有联系的指标进行分析,它描述客观事物相互间关系的密切程度并用适当的统计指标表示出来的过程。例如,变量 B 无论何时增长,变量 A 都会增长,更进一步,我们也想分析变量 A 增长与变量 B 增长的相关程度。

利用相关性分析可以帮助形成对数据集的理解,发现可以帮助解释某个现象的关联。因此相关性分析常被用来做数据挖掘,也就是识别数据集中变量之间的关系来发现模式和异常,揭示数据集的本质或现象的原因。

当两个变量被认为相关时,基于线性关系它们保持一致,意味着当一个变量改变另一个变量也会恒定地呈比例地改变。相关性用一个-1～$+1$的十进制数来表示,它也被叫作相关系数。当数字从-1到0或从$+1$到0改变时,关系程度由强变弱。

图10-10描述了$+1$相关性,表明两个变量之间呈正相关关系。

图10-11描述了0相关性,表明两个变量之间没有关系。

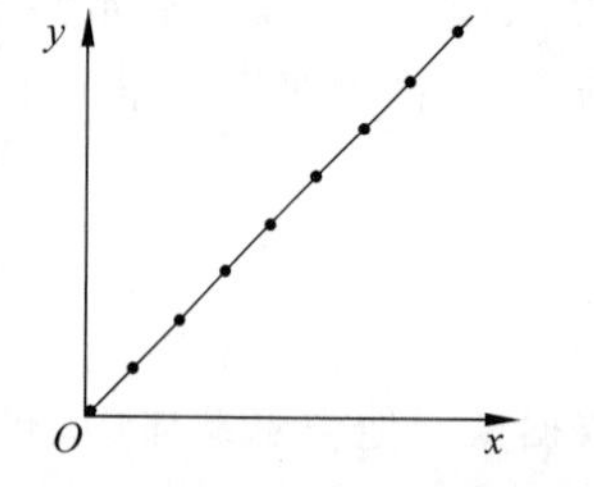

图10-10 当一个变量增大,另一个也增大,反之亦然

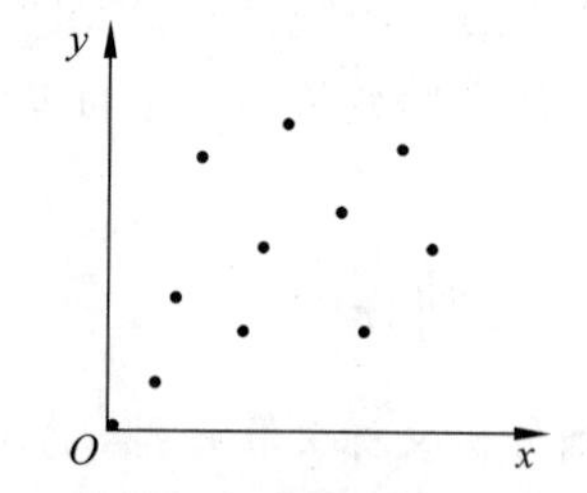

图10-11 当一个变量增大,另一个保持不变或者无规律地增大或者减少

图 10-12 描述了－1 相关性，表明两个变量之间呈负相关关系。

相关性分析适用的问题：

(1) 离大海的距离远近会影响一个城市的温度高低吗？

(2) 在小学表现好的学生在高中也会同样表现很好吗？

(3) 肥胖症和过度饮食有怎样的关联？

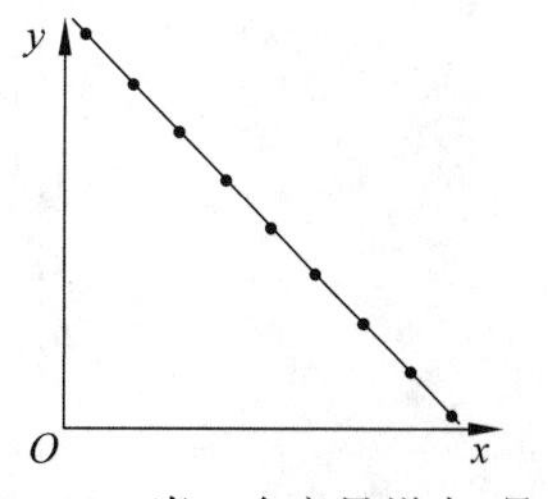

图 10-12 当一个变量增大，另一个减小，反之亦然

典型相关分析是研究两组变量之间相关关系(相关程度)的一种多元统计分析方法。为了研究两组变量之间的相关关系，采用类似于主成分分析的方法，在两组变量中，分别选取若干有代表性的变量组成有代表性的综合指数，使用这两组综合指数之间的相关关系，来代替这两组变量之间的相关关系，这些综合指数称为典型变量。

其基本思想是，首先在每组变量中找到变量的线性组合，使得两组线性组合之间具有最大的相关系数。然后选取和最初挑选的这对线性组合不相关的线性组合，使其配对，并选取相关系数最大的一对，如此继续下去，直到两组变量之间的相关性被提取完毕为止。被选取的线性组合配对称为典型变量，它们的相关系数称为典型相关系数。典型相关系数度量了这两组变量之间联系的强度。

10.2.4 相关分析与回归分析

相关分析与回归分析既有联系又有区别。

回归分析关心的是一个随机变量 Y 对另一个(或一组)随机变量 X 的依赖关系的函数形式。回归性分析适用于之前已经被识别作为自变量和因变量的变量，并且意味着变量之间有一定程度的因果关系，可能是直接或间接的因果关系。

在相关分析中，所讨论的变量的地位一样，分析侧重于变量之间的种种相关特征。例如，以 X、Y 分别记为高中学生的数学与物理成绩，相关分析感兴趣的是二者的关系如何，而不在于由 X 去预测 Y。相关性分析并不意味着因果关系。一个变量的变化可能并不是另一个变量变化的原因，虽然两者可能同时变化。这种情况的发生可能是由于未知的第三变量，也被称为混杂因子。相关性假设这两个变量是独立的。

在大数据中，相关性分析可以首先让用户发现关系的存在。回归性分析可以用于进一步探索关系并且基于自变量的值来预测因变量的值。

10.3 分类分析模型

分类是应用极其广泛的一大问题，也是数据挖掘、机器学习领域深入研究的重要内容。分类分析可以在已知研究对象已经分为若干类的情况下，确定新的对象属于哪一类(见图 10-13)。根据判别中的组数，可以分为二分类和多分类。按照分类的策略，可以分为判别分析和机器学习分类。

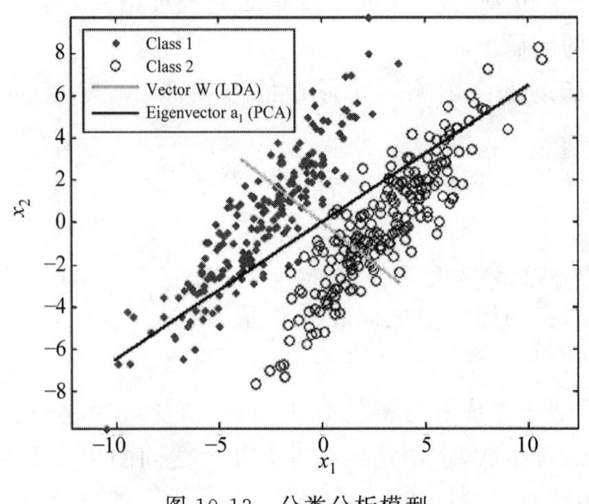

图 10-13　分类分析模型

10.3.1　判别分析的原理和方法

判别分析是多元统计分析中用于判别样品所属类型的一种统计分析方法，是一种在已知研究对象用某种方法已经分成若干类的情况下，确定新的样品属于哪一类的多元统计分析方法。根据判别中的组数，可以分为两组判别分析和多组判别分析；根据判别函数的形式，可以分为线性判别和非线性判别；根据判别式处理变量的方法不同，可以分为逐步判别、序贯判别等；根据判别标准不同，可以分为距离判别、Fisher 判别、贝叶斯判别等。

判别方法处理问题时，通常要设法建立用来衡量新样品与各已知组别的接近程度的指数，即判别函数，然后利用此函数来进行判别，同时也指定一种判别准则，借以判别新样品的归属。最常用的判别函数是线性判别函数，即将判别函数表示成为线性的形式。常用的有距离准则、Fisher（费舍尔）准则、贝叶斯准则等。

(1) 距离判别法。基本思想是判别样品和哪个总体距离最近，判断它属于哪个总体。距离判别也称为直观判别，其条件是变量均为数值型并服从正态分布。

(2) Fisher 判别法。即典型判别，这种方法在模式识别领域应用非常广泛，其基本思想是变换坐标系，从 X 空间投影到 Y 空间，Y 空间的系统坐标方向尽量选择能使不同类别的样本尽可能分开的方向，然后再在 Y 空间使用马氏距离判别法。

(3) 贝叶斯判别法。最小距离分类法只考虑了待分类样本到各个类别中心的距离，而没有考虑已知样本的分布，所以它的分类速度快，但精度不高。而贝叶斯判别法（也叫最大似然分类法）在分类的时候，不仅考虑待分类样本到已知类别中心的距离，还考虑了已知类别的分布特征，所以其分类精度比最小距离分类法要高，因而是分类里面用得很多的一种分类方法。

10.3.2　基于机器学习的分类模型

分类是一种有监督的机器学习，它将数据分为相关的、以前学习过的类别，包括以下两个步骤。

(1) 将已经被分类或者有标号的训练数据给系统，这样就可以形成一个对不同类别的理解。

(2) 将未知或者相似数据给系统分类，基于训练数据形成的理解，算法会分类无标号数据。

分类技术可以对两个或者两个以上的类别进行分类，常见应用是过滤垃圾邮件。在一个简化的分类过程中，在训练时将有标号的数据给机器使其建立对分类的理解，然后将未标号的数据给机器，使它进行自我分类(见图 10-14)。

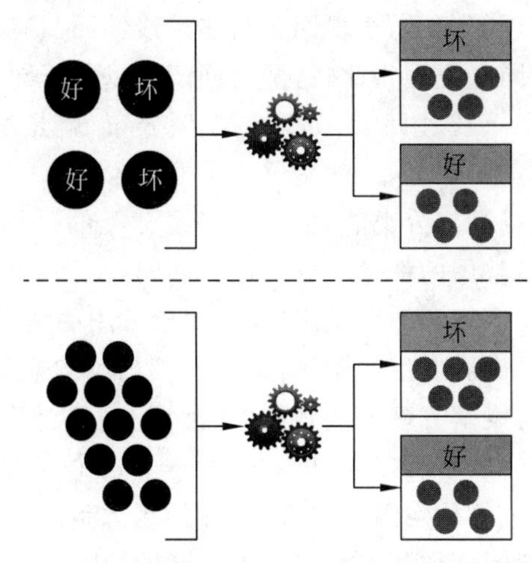

图 10-14　机器学习可以用来自动分类数据集

例如，银行想找出哪些客户可能会拖欠贷款。基于历史数据编制一个训练数据集，其中包含标记的曾经拖欠贷款的顾客样例和不曾拖欠贷款的顾客样例。将这样的训练数据给分类算法，使之形成对“好”或“坏”顾客的认识。最终，将这种认识作用于新的未加标签的客户数据，来发现一个给定的客户属于哪个类。

分类适用的样例问题：

(1) 基于其他申请是否被接受或者被拒绝，申请人的信用卡申请是否应该被接受？

(2) 基于已知的水果蔬菜样例，西红柿是水果还是蔬菜？

(3) 病人的药检结果是否表示有心脏病的风险？

分类是机器学习的重要任务之一。机器学习中的分类通常依据利用训练样例训练模型，依据此模型可以对类别未知数据的分类进行判断。主要的机器学习分类模型包括决策树、向量机、神经网络、逻辑回归等。机器学习训练得到的模型并非是一个可以明确表示的判别函数，而是具有复杂结构的判别方法，如树结构(如决策树)或者图结构(如神经网络)等。

需要注意的是，判别分析和机器学习分类方法并非泾渭分明，例如，基于机器学习的分类方法可以根据样例学习(如 SVM)得到线性判别函数用于判别分析。

10.3.3　支持向量机

支持向量机(Support Vector Machine，SVM)是一个有监督的学习模型，它是一种对线性和非线性数据进行分类的方法，是所有知名的数据挖掘算法中最健壮、最准确的方法之一。它使用一种非线性映射，把原训练数据映射到较高的维度上，在新的维度上，它搜索最佳分离超平面，即将一个类的元组与其他类分离的决策边界。其基本模型定义为特征空间上间隔最大的线性分类器，其学习策略是使间隔最大化，最终转换为一个凸二次规划问题的求解。

10.3.4　逻辑回归

利用逻辑回归可以实现二分类，逻辑回归与多重线性回归有很多相同之处，最大的区别就在于它们的因变量不同。正因为此，这两种回归可以归于同一个家族，即广义线性模型。如果是连续的，就是多重线性回归；如果是二项分布，就是逻辑回归；如果是泊松分布，就是泊松回归；如果是负二项分布，就是负二项回归。

逻辑回归的因变量可以是二分类的，也可以是多分类的，但是二分类的更为常用，也更加容易解释，所以实际最常用的就是二分类逻辑回归。

逻辑回归应用广泛，在流行病学中应用较多，比较常用的情形是探索某一疾病的危险因素，根据危险因素预测某疾病发生的概率，或者预测(根据模型预测在不同自变量情况下，发生某病或某种情况的概率有多大)、判别(跟预测有些类似，也是根据模型判断某人属于某病或属于某种情况的概率有多大，也就是看一下这个人有多大的可能性是属于某病)。例如，想探讨胃癌发生的危险因素，可以选择两组人群，一组是胃癌组，一组是非胃癌组，两组人群肯定有不同的体征和生活方式等。这里的因变量就是是否胃癌，即“是”或“否”，自变量就可以包括很多了，例如，年龄、性别、饮食习惯、幽门螺旋杆菌感染情况等。自变量既可以是连续的，也可以是分类的。

逻辑回归虽然名字里带“回归”，但它实际上是一种分类方法，主要用于两分类问题(即输出只有两种，分别代表两个类别)，所以利用了逻辑函数(或称为 Sigmoid 函数)。

10.3.5　决策树

决策树是进行预测分析的一种很常用的工具，它相对容易使用，并且对非线性关系的运行效果好，可以产生高度可解释的输出(见图 10-15)。

决策树是一种简单的分类器。通过训练数据构建决策树，可以高效地对未知的数据进行分类。决策树有两大优点：①决策树模型可读性好，具有描述性，有助于人工分析；②效率高，只需要一次构建，反复使用，每一次预测的最大计算次数不超过决策树的深度。

决策树是在已知各种情况发生概率的基础上，通过构成决策树来求取净现值的期望值大于或等于零的概率，评价项目风险，判断其可行性的决策分析方法，是直观运用概率分析的一种图解法。由于这种决策分支画成图形很像一棵树的枝干，故称决策树。在机器学习中，决策树是一个预测模型，它代表的是对象属性与对象值之间的一种映射关系。熵代表系统的凌乱程度，使用算法 ID3、C4.5 和 C5.0 生成树算法使用熵。这一度量是基于信息学理论中熵的概念。

决策树是一种树状结构，其中每个内部节点表示一个属性上的测试，每个分支代表一个测试输出，每个叶节点代表一种类别。

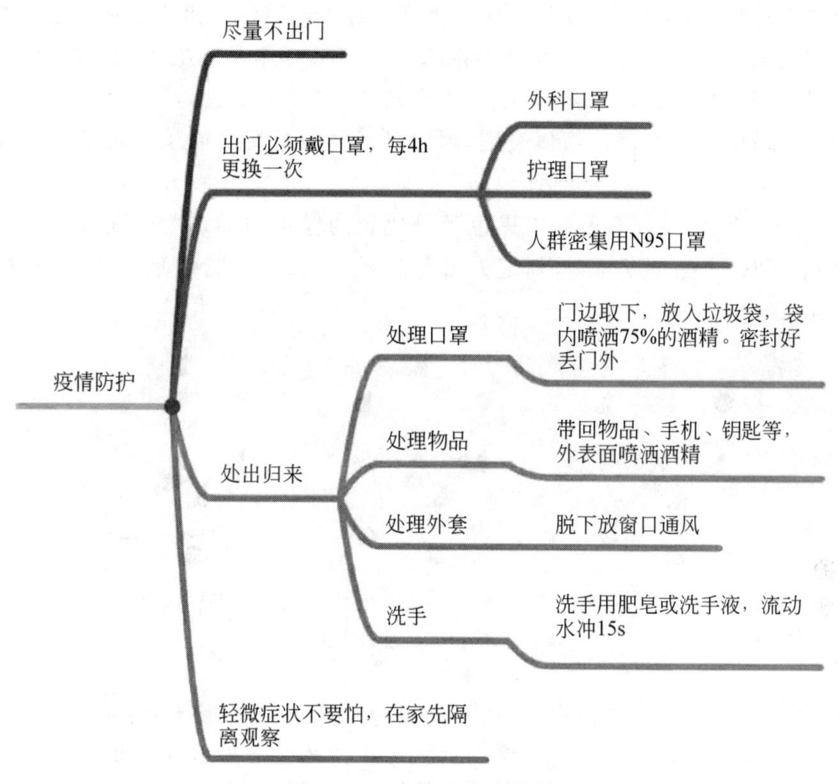

图 10-15 疫情防护决策树

决策树是一个预测模型，它代表的是对象属性与对象值之间的一种映射关系。树中每个节点表示某个对象，每个分叉路径代表某个可能的属性值，而每个叶节点则对应从根节点到该叶节点所经历的路径所表示的对象的值。决策树仅有单一输出，若欲有复数输出，可以建立独立的决策树以处理不同输出。

从数据产生决策树的机器学习技术叫作决策树学习。决策树学习输出为一组规则，它将整体逐步细分成更小的细分，每个细分相对于单一特性或者目标变量是同质的。终端用户可以将规则以树状图的形式可视化，该树状图很容易进行解释，并且这些规则在决策机器中易于部署。这些特性——方法的透明度和部署的快速性——使决策树成为一个常用的方法。

注意不要混淆决策树学习和在决策分析中使用的决策树方法，尽管在每种情况下的结果都是一个树状的图。决策分析中的决策树方法是管理者可以用来评估复杂决策的工具，它处理主观可能性并且利用博弈论来确定最优选择。另外，建立决策树的算法完全从数据中来，并且根据所观测的关系而不是用户先前的预期来建立树。

10.3.6 *k* 近邻

邻近算法，或者说 k 近邻（kNN）分类算法，是分类技术中最简单的方法之一。所谓 k 近邻，就是 k 个最近邻居的意思，说的是每个样本都可以用它最接近的 k 个邻居来代表，其核心思想是，如果一个样本在特征空间中的 k 个最相邻样本中的大多数属于某一个类别，则该样本也属于这个类别，并具有这个类别上样本的特性。该方法在确定分类决策上只依据最邻近的一个或者几个样本的类别来决定待分样本所属的类别。kNN 方法在类别决策时只与极少量的相邻样本有关。由于 kNN 方法主要靠周围有限的邻近样本，而不是靠判别类域的方法来确定所属类别，因此对于类域的交叉或重叠较多的待分样本集来说，kNN 方法较其他方法更为适合。

如图 10-16 所示，要判断平面中黑色叉号代表的样本的类别。分别选取了 1 近邻、2 近邻、3 近邻。例如，在 1 近邻时，判定为黑色圆圈代表的类别，但是在 3 近邻时，却判定为黑色三角代表的类别。

图 10-16　k 近邻实例

显然，k 是一个重要的参数，当 k 取不同值时，结果也会显著不同；采用不同的距离度量，也会导致分类结果的不同。还可能采取基于权值等多种策略改变投票机制。

10.3.7　随机森林

随机森林是一类专门为决策树分类器设计的组合方法，它组合了多棵决策树对样本进行训练和预测，其中，每棵树使用的训练集是从总的训练集中通过有放回采样得到的。也就是说，总的训练集中的有些样本可能多次出现在一棵树的训练集中，也可能从未出现在一棵树的训练集中。在训练每棵树的节点时，使用的特征是从所有特征中按照一定比例随机无放回地抽取而得到的。

宏观来说，随机森林的构建步骤如下：首先，对原始训练数据进行随机化，创建随机向量；然后，使用这些随机向量来建立多棵决策树。再将这些决策树组合，构成随机森林。

可以看出，随机森林是 Bagging（装袋，或称自主聚集）的一个拓展变体，它在决策树的训练过程中引入了随机属性选择。具体来说，决策树在划分属性时会选择当前节点属性集合中的最优属性，而随机森林则会从当前节点的属性集合中随机选择含有 k 个属性的子集，然后从这个子集中选择最优属性进行划分。

随机森林方法虽然简单，但在许多实现中表现惊人，而且，随机森林的训练效率经常优于 Bagging，因为在个体决策树的构建中，Bagging 使用的是"确定型"决策树，而随机森林使用"随机性"只考查一个属性的子集。

可见，随机森林的随机性来自于以下几个方面。

（1）抽样带来的样本随机性。

（2）随机选择部分属性作为决策树的分裂判别属性，而不是利用全部的属性。

(3) 生成决策树时,在每个判断节点,从最好的几个划分中随机选择一个。

下面通过一个例子来介绍随机森林的产生和运用方法。有一组大小为 200 的训练样本,记录着被调查者是否会购买一种健身器械,类别为“是”和“否”。其余的属性如下。

年龄＞30	婚否	性别	是否有贷款	学历＞本科	收入＞1 万/月

构建 4 棵决策树来组成随机森林,并且使用了剪枝的手段保证每棵决策树尽可能简单(这样就有更好的泛化能力)。

对每棵决策树采用如下方法进行构建。

(1) 从 200 个样本中有放回抽样 200 次,从而得到大小为 200 的样本,显然,这个样本中可能存在着重复的数据。

(2) 随机地选择 3 个属性作为决策树的分裂属性。

(3) 构建决策树并剪枝。

假设最终得到了如图 10-17 所示的 4 棵决策树。

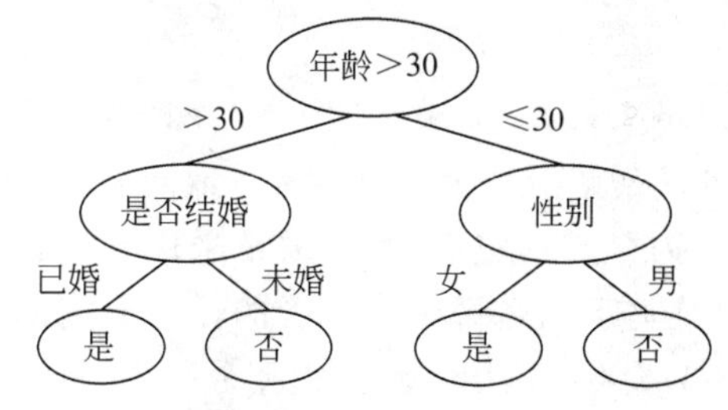

决策树1 随机属性为：年龄、婚姻、性别

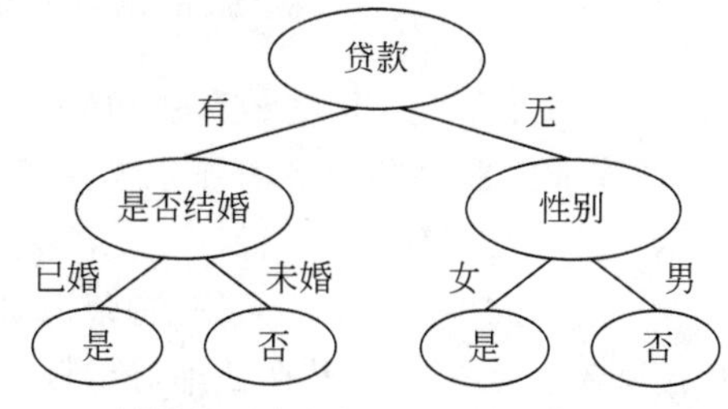

决策树2 随机属性为：贷款、婚姻、性别

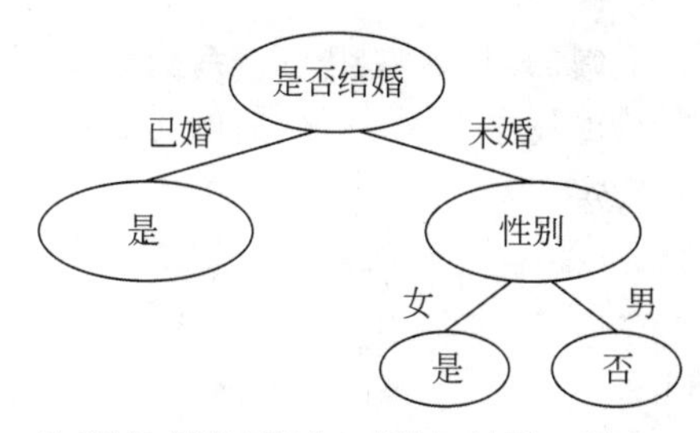

决策树3 随机属性为：婚姻、性别、学历

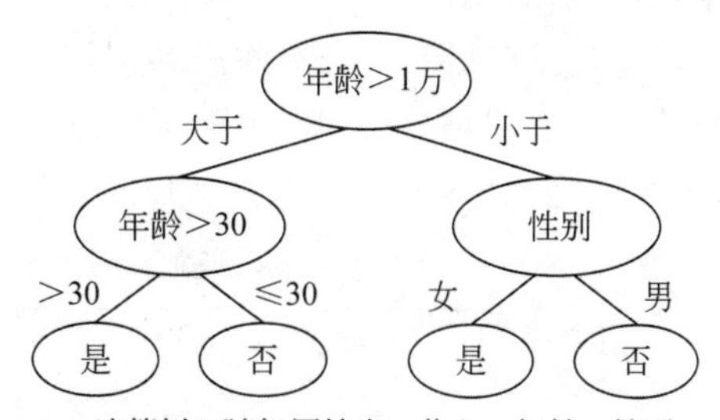

决策树4 随机属性为：收入、年龄、性别

图 10-17 4 棵决策树组成的随机森林

可以看出,性别和婚姻状况对于是否购买该产品起到十分重要的作用,此外,对于第 3 棵决策树,“学历”属性并没有作为决策树的划分属性,这说明学历和是否购买此产品关系很小。每棵树从不同的侧面体现出了蕴含在样本后的规律知识。当新样本到达时,只需对 4 棵树的结果进行汇总,这里采用投票的方式进行汇总。

例如,新样本为(年龄 24 岁,未婚,女,有贷款,本科学历,收入＜1 万/月)。第 1 棵树将预测为购买;第 2 棵树预测为不购买,第 3 棵树预测为购买,第 4 棵树预测为购买。所以最后的投票结果为:购买 3 票,不购买 1 票,从而随机森林预测此记录为“购买”。

10.3.8 朴素贝叶斯

贝叶斯判别法是在概率框架下实施决策的基本判别方法。对于分类问题来说，在所有相关概率都已知的情形下，贝叶斯判别法考虑如何基于这些概率和误判损失来选择最优的类别标记。而朴素贝叶斯判别法则是基于贝叶斯定理和特征条件独立假设的分类方法，是贝叶斯判别法中的一个有特定假设和限制的具体方法。对于给定的训练数据集，首先基于特征条件独立假设学习输入和输出的联合分布概率；然后基于此模型给定输入 x，再利用贝叶斯定理求出其后验概率最大的输出 y。

朴素贝叶斯分类算法的基本思想是：对于给定元组 X，求解在 X 出现的前提下各个类别出现的概率，哪个最大就认为 X 属于哪个类别。在没有其他可用信息的情况下，会选择后验概率最大的类别。朴素贝叶斯方法的重要假设就是属性之间相互独立。现实应用中，属性之间很难保证全部都相互独立，这时可以考虑使用贝叶斯网络等方法。

10.4 聚类分析模型

细分是对业务可使用的最有效和最广泛的战略工具之一。战略细分是一种取决于分析用例的商业实践，例如，市场细分或者客户细分。当解析目标是将用例分成同质化的子类，或基于多个变量维度的相似性进行区分时，称为分类问题或用例，通常采用聚类技术的特定方法来解决这个问题。例如，营销研究人员基于调查每个受访者的尽可能多的信息，使用聚类技术来标示潜在的细分市场。聚类技术还可以用到预测模型分析中，当分析师拥有的数据是一个非常大的集合时，可以先运行一个基于多变量维度的分割来细分该数据集，然后为每个分类建立单独的预测模型。

聚类技术(见图 10-18) 将一系列用例划分为不同的组，这些组与一系列活跃变量是同质的。在客户细分中，每个案例代表一个客户；在市场细分中，每个案例代表一个消费者，他可能是当前客户、原来的客户或者潜在客户。

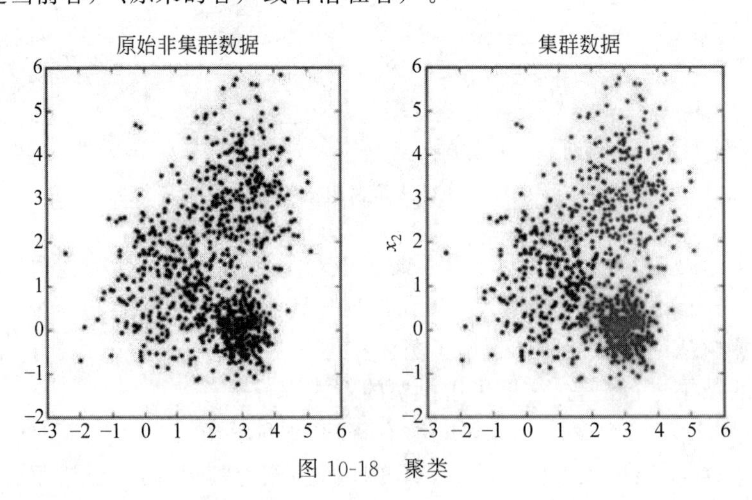

图 10-18 聚类

在使用所有可用的数据进行分析时，聚类的效率是最高的，因此在数据库或 Hadoop 内部运行的聚类算法都特别有用，例如，聚类算法是在 Apache Mahout 中发展最成熟的一个项目。目前有一百多种多变量聚类分析方法，最流行的是 k-均值聚类技术，它可以最大限度地减少所有活动变量的聚类均值的方差，在大多数商业数据挖掘的软件包里都有。

10.4.1 聚类问题分析

聚类是一种典型的无监督学习技术，通过这项技术，数据被分成不同的组，在每组中的数据有相似的性质。聚类不需要先学习类别，相反，类别是基于分组数据产生的。数据如何成组取决于用什么类型的算法，每个算法都有不同的技术来确定聚类。

聚类常用在数据挖掘中理解一个给定数据集的性质。在形成理解之后，分类可以被用来更好地预测相似但却是全新或未见过的数据。聚类可以被用在未知文件的分类以及通过将具有相似行为的顾客分组的个性化市场营销策略上。如图 10-19 所示的散点图描述了可视化表示的聚类。

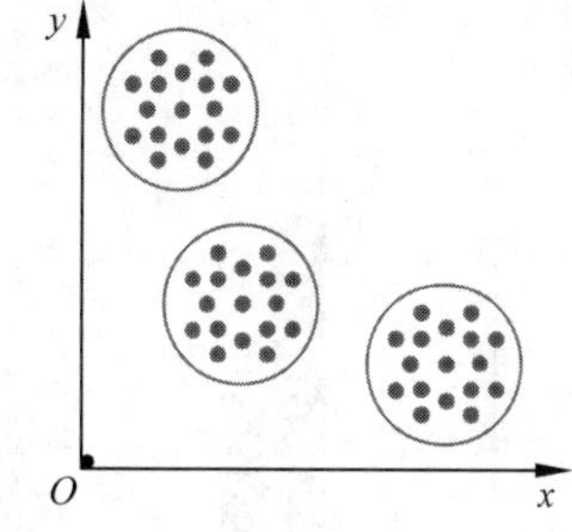

图 10-19 散点图总结了聚类的结果

例如，基于已有的顾客记录档案，某银行想要给现有顾客介绍很多新的金融产品。分析师用聚类将顾客分类至多组中，然后给每组介绍最适合这个组整体特征的一个或多个金融产品。

聚类适用的样例问题如：

(1) 根据树之间的相似性，存在多少种树？

(2) 根据相似的购买记录，存在多少组顾客？

(3) 根据病毒的特性，它们的不同分组是什么？

聚类分析的目标是将基于共同特点的用例、样品或变量按照它们在性质上的亲疏程度进行分类(见图 10-20)，其中没有关于样品或变量的分类标签，这在实际生活中也是十分重要的。例如，你希望根据消费者的选择而不是对象本身的特性来进行分组，你可能想了解哪些物品消费者会一起购买，从而可以在消费者购买时推荐相关商品，或者开发一种打包商品。

用来描述样品或变量的亲疏程度通常有两个途径。一是个体间的差异度：把每个样品或变量看成是多维空间上的一个点，在多维坐标中，定义点与点、类和类之间的距离，用点与点间的距离来描述样品或变量之间的亲疏程度；二是测度个体间的相似度：计算样品或变量的简单相关系数或者等级相关系数，用相似系数来描述样品或变量之间的亲疏程度。

聚类问题中，除了要计算物体和物体之间的相似性，还要度量两个类之间的相似性。常用的度量有最远(最近)距离、组间平均链锁距离、组内平均链锁距离、重心距离和离差平方和距离(Ward 方法)。此外，变量的选择和处理也是不容忽视的重要环节。

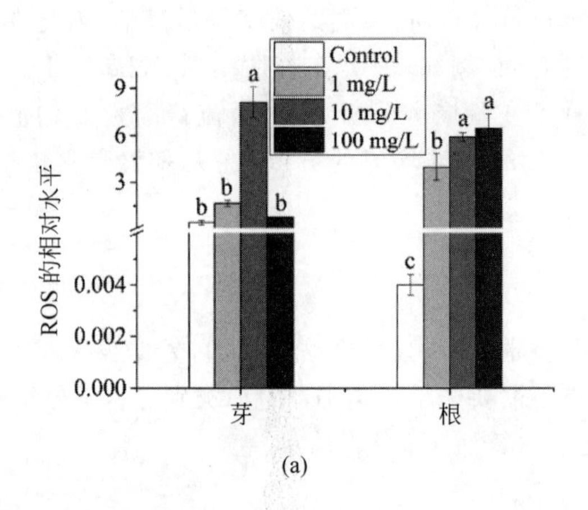

(a)

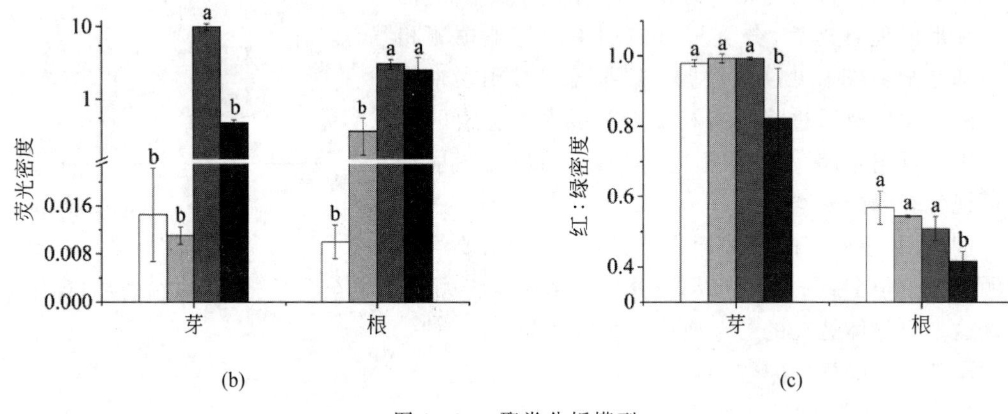

(b)　　(c)

图 10-20　聚类分析模型

10.4.2　聚类分析的分类

下面来了解聚类分析策略的分类方法。

(1) 基于分类对象的分类。根据分类对象的不同，聚类分析可以分为 Q 型聚类和 R 型聚类。Q 型聚类就是对样品个体进行聚类，R 型聚类则是对指标变量进行聚类。

① Q 型聚类。当聚类把所有的观测记录进行分类时，将性质相似的观测分在同一个类，性质差异较大的观测分在不同的类。

Q 型聚类分析的目的主要是对样品进行分类。分类的结果是直观的，且比传统的分类方法更细致、全面、合理。当然，使用不同的分类方法通常有不同的分类结果。对任何观测数据都没有唯一"正确"的分类方法。实际应用中，常采用不同的分类方法对数据进行分析计算，以便对分类提供具体意见，并由实际工作者决定所需要的分类数及分类情况。Q 型聚类主要采取基于相似性的度量。

② R 型聚类。把变量作为分类对象进行聚类。这种聚类适用于变量数目比较多且相关性比较强的情形，目的是将性质相近的变量聚类为同一个类，并从中找出代表变量，从而减少变量的个数以达到降维的效果。R 型聚类主要基于相似系数、相似性度量。

R 型聚类分析的目的有以下几方面。

① 了解变量间及变量组合间的亲疏关系。

② 对变量进行分类。

③ 根据分类结果及它们之间的关系，在每一类中选择有代表性的变量作为重要变量，利用少数几个重要变量进一步做分析计算，如进行回归分析或 Q 型聚类分析等以达到减少变量个数、变量降维的目的。

(2) 基于聚类结构的分类。根据聚类结构，聚类分析可以分为凝聚和分解两种方式。

在凝聚方式中，每个个体自成一体，将最亲密的凝聚成一类，再重新计算各个个体间的距离，最相近的凝聚成一类，以此类推。随着凝聚过程的进行，每个类内的亲密程度逐渐下降。

在分解方式中，所有个体看成一个大类，类内计算距离，将彼此间距离最远的个体分离出去，直到每个个体自成一类。分解过程中每个类内的亲密程度逐渐增强。

10.4.3 聚类有效性的评价

聚类有效性的评价标准有两种：一种是外部标准，通过测量聚类结果和参考标准的一致性来评价聚类结果的优良；另一种是内部标准，用于评价同一聚类算法在不同聚类条件下聚类结果的优良程度，通常用来确定数据集的最佳聚类数。

内部指标用于根据数据集本身和聚类结果的统计特征对聚类结果进行评估，并根据聚类结果的优劣选取最佳聚类数。

10.4.4 聚类分析方法

聚类分析的内容十分丰富，按其聚类的方法可分为以下几种。

(1) k 均值聚类法。指定聚类数目 k 确定可 k 个数据中心，每个点分到距离最近的类中，重新计算 k 个类的中心，然后要么结束，要么重算所有点到新中心的距离聚类。其结束准则包括迭代次数超过指定或者新的中心点距离上一次中心点的偏移量小于指定值。

(2) 系统聚类法。开始每个对象自成一类，然后每次将最相似的两类合并，合并后重新计算新类与其他类的距离或相近性测度。这一过程可用一张谱系聚类图描述。

(3) 调优法(动态聚类法)。首先对 n 个对象初步分类，然后根据分类的损失函数尽可能小的原则对其进行调整，直到分类合理为止。

(4) 最优分割法(有序样品聚类法)。开始将所有样品看作一类，然后根据某种最优准则将它们分为两类、三类，一直分到所需的 k 类为止。这种方法适用于有序样品的分类问题，也称为有序样品的聚类法。

(5) 模糊聚类法。利用模糊集理论来处理分类问题，它对经济领域中具有模糊特征的两态数据或多态数据具有明显的分类效果。

(6) 图论聚类法。利用图论中最小生成树、内聚子图、顶点随机游走等方法来处理图类问题。

10.4.5 聚类分析的应用

聚类分析有着广泛的应用。在商业方面,聚类分析被用来将用户根据其性质分类,从而发现不同的客户群,并且通过购买模式刻画不同的客户群的特征;在计算生物学领域,聚类分析被用来对动植物和对基因进行分类,从而获得更加准确的生物分类;在保险领域,聚类分析根据住宅类型、价值、地理位置来鉴定一个城市的房产分组;在电子商务中,通过聚类分析可以发现具有相似浏览行为的客户,并分析客户的共同特征,可以更好地帮助电子商务的用户了解自己的客户,向客户提供更合适的服务。

10.5 结构分析模型

结构分析是对数据中结构的发现,其输入是数据,输出是数据中某种有规律性的结构。在统计分组的基础上,结构分析将部分与整体的关系作为分析对象,以发现在整体变化过程中各关键影响因素及其作用的程度和方向的分析过程(见图 10-21)。

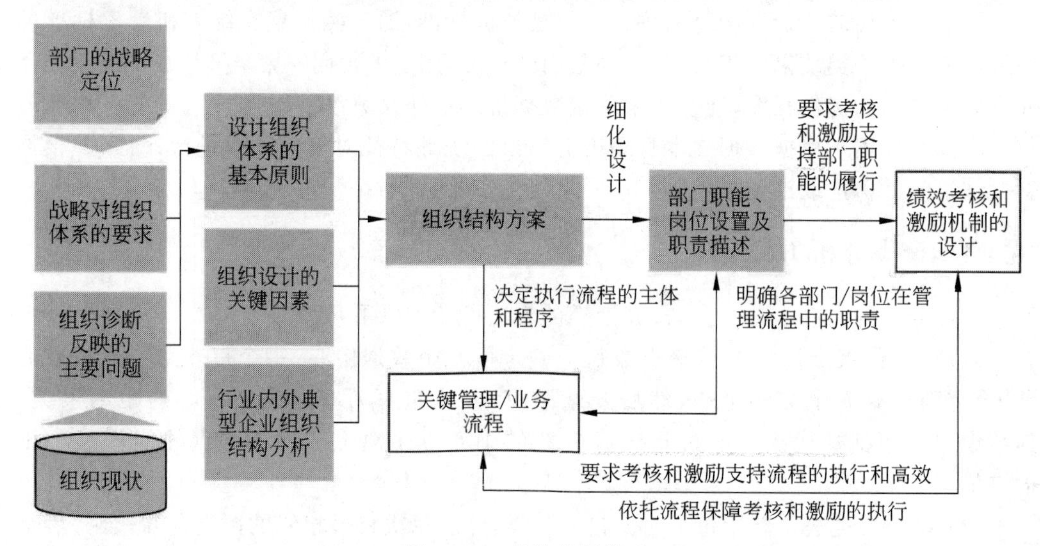

图 10-21 结构分析模型

10.5.1 典型的结构分析方法

结构分析的对象是图或者网络。例如,在医学中,通常情况下某一类药物都具有相似分子结构或相同的子结构,它们针对某一种疾病的治疗具有很好的效果,如抗生素中的大环内酯类,几乎家喻户晓的红霉素就是其中的一种。这种特性给我们提供了一个很好的设想:如果科学家新发现了某种物质,经探寻,它的分子结构中某一子结构与某一类具有相同治疗效果药物的子结构相同,虽不可以断定这种物质对治疗这种疾病有积极作用,但是这至少提供了一个实验的方向,对相关研究起到积极作用。甚至可以通过改变具有类似结构的物质的分子结构来获得这种物质,如果在成本上优于之前制药方法的成本,那么在医学史上将是一大突破。

结构分析中有最短路径、链接排名、结构计数、结构聚类和社团发现这5个问题。

最短路径问题是对图中顶点之间最短路径结构的发现；链接排名则是对图中节点的链接关系进行发现，从而对图中的节点按照其重要性进行排名；链接排名在搜索引擎中得到了广泛的应用，是许多搜索引擎的核心；结构计数则是对图中特殊结构的个数进行统计；结构聚类是在对图中结构发现与分析的基础上对结构进行聚类。具体来说，结构聚类指的是对图中的节点和边进行聚类。例如，对节点聚类时，要求输出图中各个节点的分类，使得每个分类在结构上关联密切。

10.5.2 社团发现

社团是一个或一组网站，是虚拟的社团。虚拟社团是指有着共同爱好和目标的人通过媒体相互影响的社交网络平台，在这个平台上，潜在地跨越了地理和政治的边界。

社团也有基于主题的定义，这时社团由一群有着共同兴趣的个人和受他们欢迎的网页组成。也有人给出的定义为：社团是在图中共享相同属性的顶点的集群，这些顶点在图中扮演着十分相似的角色。例如，处理相关话题的一组网页可以视为一个社团。

社团还可以基于主题及结构来定义，社团定义为图中所有顶点构成的全集的一个子集，它满足子集内部顶点之间连接紧密，而子集内部顶点与子集外部的其他顶点连接不够紧密的要求。

社团发现问题，即对复杂的关系图进行分析，从而发现其中蕴含的社团。

(1) 社团的分类。主要有按主题分类和按社团形成的机制分类。按主题分类可以分为明显的社团和隐含的社团。顾名思义，明显的社团是与某些经典的、流行的、大众的主题相关的一组网页。例如，大家熟知的脸书、IMDB、YouTube、亚马逊、Flickr等，它们的特点是易定义、易发现、易评价。而隐含的社团则是与某些潜在的、特殊的、小众的主题相关的一组网页，例如，讨论算法、数据库的网页集合，它们通常难定义、难发现、难评价。

按社团形成机制分类可以分成预定义社团和自组织社团。预定义社团指预先定义好的社团，例如，领英、谷歌群组、脸书等。相反，自组织社团指自组织形成的社团，例如，与围棋爱好者相关的一组网页。

(2) 社团的用途。社团能帮助搜索引擎提供更好的搜索服务，如基于特定主题的搜索服务，以及为用户提供针对性的相关网页等，它在主题爬虫的应用中也发挥了重要作用，还能够用于研究社团与知识的演变过程。

社团具有在内容上围绕同一主题和在结构上网页间的链接稠密的特征。

10.6 文本分析模型

文本分析是非结构大数据分析的一个基本问题，是指对文本的表示及其特征项的选取，它将从文本中抽取出的特征词量化来表示文本信息。

由于文本是非结构化的数据，要想从大量的文本中挖掘有用的信息，就必须首先将文本转换为可处理的结构化形式，将它们从一个无结构的原始文本转换为结构化的计算机可以识别处理的信息，即对文本进行科学的抽象，建立它的数学模型，用以描述和代替文本。使计算机能够通过对这种模型的计算和操作来实现对文本的识别。

目前通常采用向量空间模型来描述文本向量，但是如果直接用分词算法和词频统计方法得到的特征项来表示文本向量中的各个维，那么这个向量的维度将是非常大的。这种未经处理的文本矢量不仅给后续工作带来巨大的计算开销，使整个处理过程的效率非常低下，而且会损害分类、聚类算法的精确性，从而使所得到的结果很难令人满意。因此，必须对文本向量做进一步净化处理，在保证原文含义的基础上，找出对文本特征类别最具代表性的文本特征。为了解决这个问题，最有效的办法就是通过特征选择来降维。

有关文本表示的研究主要集中于文本表示模型的选择和特征词选择算法的选取上，用于表示文本的基本单位通常称为文本的特征或特征项。特征项必须具备一定的特性：

(1) 特征项要能够确实标识文本内容。

(2) 特征项具有将目标文本与其他文本相区分的能力。

(3) 特征项的个数不能太多。

(4) 特征项分离要比较容易实现。

在中文文本中可以采用字、词或短语作为表示文本的特征项。相比较而言，词比字具有更强的表达能力，而词和短语相比，词的切分难度比短语的切分难度小得多。因此，目前大多数中文文本分类系统都采用词作为特征项，称作特征词。这些特征词作为文档的中间表示形式，用来实现文档与文档、文档与用户目标之间的相似度计算。如果把所有的词都作为特征项，那么特征向量的维数将过于巨大，从而导致计算量太大，在这样的情况下，要完成文本分类几乎是不可能的。

特征抽取的主要功能是在不损伤文本核心信息的情况下，尽量减少要处理的单词数，以此来降低向量空间维数，从而简化计算，提高文本处理的速度和效率。文本特征选择对文本内容的过滤和分类、聚类处理、自动摘要以及用户兴趣模式发现、知识发现等有关方面的研究都有非常重要的影响。通常根据某个特征评估函数计算各个特征的评分值，然后按评分值对这些特征进行排序，选取若干个评分值最高的作为特征词，这就是特征抽取。

文本分析涉及的范畴很广，例如，分词、文档向量化、主题抽取等。

作　　业

1. 客观事物或现象是一个多因素综合体，模型是被研究对象（客观事物或现象）的一种抽象，（　　）是对客观事物或现象的一种描述。

A. 工作日程　　B. 数据结构　　C. 分析模型　　D. 计算方法

2. （　　）反映对象最本质的东西，略去了枝节，是被研究对象实质性的描述和某种程度的简化，其目的是便于分析研究。模型可以是数学模型或物理模型。

A. 模型　　B. 结构　　C. 函数　　D. 模块

3. 如果两个或多个变量之间存在一定的(　　),那么其中一个变量的状态就能通过其他变量进行预测。

A. 结合　　B. 冲突　　C. 变化　　D. 关联

4. 回归分析方法是在众多的相关变量中,根据实际问题考察其中一个或多个变量(因变量)与其余变量(自变量)的(　　)。

A. 结合程度　　B. 对抗关系　　C. 依赖关系　　D. 不同之处

5. (　　)是关联规则分析的一个典型例子。该过程通过发现顾客放入其中的不同商品之间的联系,分析顾客的购买习惯。

A. 手提包　　B. 购物篮　　C. 数据库　　D. 方程式

6. 有关系而又没有确切到可由其中的一个去精确地决定另一个的程度,这就是(　　)。

A. 相关关系　　B. 结合方式　　C. 不同之处　　D. 依赖程度

7. 在一些问题中,不仅经常需要考察两个变量之间的相关程度,而且还经常需要考察多个变量与多个变量之间即(　　)之间的相关关系。

A. 数值数字　　B. 多组变量　　C. 复杂元素　　D. 两组变量

8. (　　)可以在已知研究对象已经分为若干类的情况下,确定新的对象属于哪一类。

A. 结构分析　　B. 文本处理　　C. 分类分析　　D. 聚类计算

9. 判别分析是多元统计分析中用于判别样品所属类型的统计分析方法,常用的有(　　)。

A. 距离准则　　B. Fisher 准则　　C. 贝叶斯准则　　D. 以上所有

10. (　　)专门研究计算机怎样模拟或实现人类的学习行为,以获取新的知识或技能,重新组织已有的知识结构,使之不断改善自身的性能。

A. 机器学习　　B. 简化分析　　C. 智能精简　　D. 神经网络

11. 机器学习中有几种主流的机器学习分类模型,但不包括下列(　　)。

A. 支持向量机　　B. 向量聚类　　C. 逻辑回归　　D. 决策树

12. k 近邻算法是分类技术中最简单的方法之一。所谓 k 近邻,就是 k 个(　　)的意思。

A. 函数模块　　B. 数据集合　　C. 最近邻居　　D. 无关元素

13. 随机森林是一类专门为决策树分类器设计的组合方法,它组合了(　　)对样本进行训练和预测。

A. 多个数据集　　B. 多棵决策树　　C. 多组规则　　D. 多个模块

14. 聚类分析是将样品或变量按照它们在性质上的(　　)进行分类的数据分析方法。

A. 链接方式　　B. 计算方法　　C. 相似程度　　D. 亲疏程度

15. 有一些典型的聚类分析策略的分类方法,但不包括(　　)。

A. 基于分类对象的分类　　B. Q 型聚类和 R 型聚类

C. 关联程度聚合　　D. 基于聚类结构的分类

16. 聚类分析的内容十分丰富,可按其聚类的方法区分,但下列(　　)不在其中。

A. 原子聚类法　　B. k 均值聚类法

C. 系统聚类法　　D. 模糊聚类法

17. 结构分析是在统计分组的基础上,将(　　)的关系作为分析对象,以发现在整体的变化过程中各关键的影响因素及其作用的程度和方向的分析过程。

A. 正方与反向　　B. 紧密与稀疏

C. 中央与外围　　D. 部分与整体

18. 文本分析是非结构大数据分析的一个基本问题,是指对文本的表示及其(　　)的选取。

A. 字符串　　B. 特征值　　C. 语言形式　　D. 表达方式

第11章

用户角色与分析工具

【导读案例】

包罗一切的数字图书馆

我们要讲述的是一个对图书馆进行实验的故事。实验对象不是一个人、一只青蛙、一个分子或者原子，而是史学史中最有趣的数据集：一个旨在包罗所有书籍的数字图书馆。

这样神奇的图书馆从何而来呢？1996年，斯坦福大学计算机科学系的两位研究生正在做一个现在已经没什么影响力的项目——斯坦福数字图书馆技术项目。该项目的目标是展望图书馆的未来，构建一个能够将所有书籍和互联网整合起来的图书馆。他们打算开发一个工具，能够让用户浏览图书馆的所有藏书。但是，这个想法在当时是难以实现的，因为只有很少一部分书是数字形式的。于是，他们将该想法和相关技术转移到文本上，将大数据实验延伸到互联网上，开发出了一个让用户能够浏览互联网上所有网页的工具，他们最终开发出了一个搜索引擎，并将其称为“谷歌(Google)”(见图11-1)。

图11-1　谷歌欧洲总部

到2004年，谷歌“组织全世界的信息”的使命进展得很顺利，这就使其创始人拉里·佩奇有暇回顾他的“初恋”——数字图书馆。令人沮丧的是，仍然只有少数图书是数字形式的。不过在那几年间，某些事情已经改变了：佩奇现在是亿万富翁。于是，他决定让谷歌涉足扫描图书并对其进行数字化的业务。尽管他的公司已经在做这项业务了，但他认为谷歌应该为此竭尽全力。

雄心勃勃？无疑如此。不过，谷歌最终成功了。在公开宣称启动该项目的9年后，谷歌完成了三千多万本书的数字化，相当于历史上出版图书总数的1/4。其收录的图书总量超过了哈佛大学（1700万册）、斯坦福大学（900万册）、牛津大学（1100万册）以及其他任何大学的图书馆，甚至还超过了俄罗斯国家图书馆（1500万册）、中国国家图书馆（2600万册）和德国国家图书馆（2500万册）。唯一比谷歌藏书更多的图书馆是美国国会图书馆（3300万册）。而在你读到这句话的时候，谷歌可能已经超过它了。

长数据，量化人文变迁的标尺

当"谷歌图书"项目启动时，大家都是从新闻中得知的。但是，直到两年后的2006年，这一项目的影响才真正显现出来。当时，我们正在写一篇关于英语语法历史的论文。为了该论文，我们对一些古英语语法教科书做了小规模的数字化。

现实问题是，与我们的研究最相关的书被"埋藏"在哈佛大学魏德纳图书馆（见图11-2）里。来看一下我们是如何找到这些书的。首先，到达图书馆东楼的二层，走过罗斯福收藏室和美洲印第安人语言部，你会看到一个标有电话号码"8900"和向上标识的过道，这些书被放在从上数的第二个书架上。多年来，伴随着研究的推进，我们经常来翻阅这个书架上的书。那些年来，我们是唯一借阅过这些书的人，除了我们之外没有人在意这个书架。

图11-2 哈佛大学魏德纳图书馆

有一天，我们注意到研究中经常使用的一本书可以在网上看到了。那是由"谷歌图书"项目实现的。出于好奇，我们开始在"谷歌图书"项目中搜索魏德纳图书馆那个书架上的其他书，而那些书同样也可以在"谷歌图书"项目中找到。这并不是因为谷歌公司关心中世纪英语的语法。我们又搜索了其他一些书，无论这些书来自哪个书架，都可以在"谷歌图书"中找到对应的电子版本。也就是说，就在我们动手数字化那几本语法书时，谷歌已经数字化了几栋楼的书！

谷歌的大量藏书代表了一种全新的大数据，它有可能会转变人们看待过去的方式。大多数大数据虽然大，但时间跨度却很短，是有关近期事件的新近记录。这是因为这些数据是由互联网催生的，而互联网是一项新兴的技术。我们的目标是研究文化变迁，而文化变迁通常会跨越很长的时间段，这期间一代代人生生死死。当我们探索历史上的文化变迁时,短期数据是没有多大用处的,不管它有多大。

"谷歌图书"项目的规模可以和我们这个数字媒体时代的任何一个数据集相媲美。谷歌数字化的书并不只是当代的,不像电子邮件、RSS订阅和SuperPokes等,这些书可以追溯到几个世纪前。因此,"谷歌图书"不仅是大数据,而且是长数据。

由于"谷歌图书"包含如此长的数据,和大多数大数据不同,这些数字化的图书不局限于描绘当代人文图景,还反映了人类文明在相当长一段时期内的变迁,其时间跨度比一个人的生命更长,甚至比一个国家的寿命还长。"谷歌图书"的数据集也由于其他原因而备受青睐——它涵盖的主题范围非常广泛。浏览如此大量的书籍可以被认为是在咨询大量的人,而其中有很多人都已经去世了。在历史和文学领域,关于特定时间和地区的书是了解那个时间和地区的重要信息源。

由此可见,通过数字透镜来阅读"谷歌图书"将有可能建立一个研究人类历史的新视角。我们知道,无论要花多长时间,我们都必须在数据上入手。

数据越多,问题越多

大数据为我们认识周围世界创造了新机遇,同时也带来了新的挑战。

第一个主要的挑战是,大数据和数据科学家们之前运用的数据在结构上差异很大。科学家们喜欢采用精巧的实验推导出一致的准确结果,回答精心设计的问题。但是,大数据是杂乱的数据集。典型的数据集通常会混杂很多事实和测量数据,数据搜集过程随意,并非出于科学研究的目的。因此,大数据集经常错漏百出、残缺不全,缺乏科学家们需要的信息。而这些错误和遗漏即便在单个数据集中也往往不一致。那是因为大数据集通常由许多小数据集融合而成。不可避免地,构成大数据集的一些小数据集比其他小数据集要可靠一些,同时每个小数据集都有各自的特性。脸书就是一个很好的例子,交友在脸书中意味着截然不同的意思。有些人无节制地交友,有些人则对交友持谨慎的态度;有些人在脸书中将同事加为好友,而有些人却不这么做。处理大数据的一部分工作就是熟悉数据,以便能反推出产生这些数据的工程师们的想法。但是,我们和多达1B的数据又能熟悉到什么程度呢?

第二个主要的挑战是,大数据和我们通常认为的科学方法并不完全吻合。科学家们想通过数据证实某个假设,将他们从数据中了解到的东西编织成具有因果关系的故事,并最终形成一个数学理论。当在大数据(见图11-3)中探索时,会不可避免地有一些发现,例如,公海的海盗出现率和气温之间的相关性。这种探索性研究有时被称为"无假设"研究,因为我们永远不知道会在数据中发现什么。但是,当需要按照因果关系来解释从数据中发现的相关性时,大数据便显得有些无能为力了。是海盗造成了全球变暖吗?是炎热的天气使更多的人从事海盗行为的吗?如果二者是不相关的,那么近几年在全球变暖加剧的同时,海盗的数目为什么会持续增加呢?我们难以解释,而大数据往往却能让我们去猜想这些事情中的因果链条。

第三个主要挑战是,数据产生和存储的地方发生了变化。科学家习惯于通过在实验室中做实验得到数据,或者记录对自然界的观察数据。可以说,某种程度上,数据的获取是在科学家的控制之下的。但是,在大数据的世界里,大型企业甚至政府拥有着最大规模的数据集。而它们自己、消费者和公民们更关心的是如何使用数据。很少有人希望美国

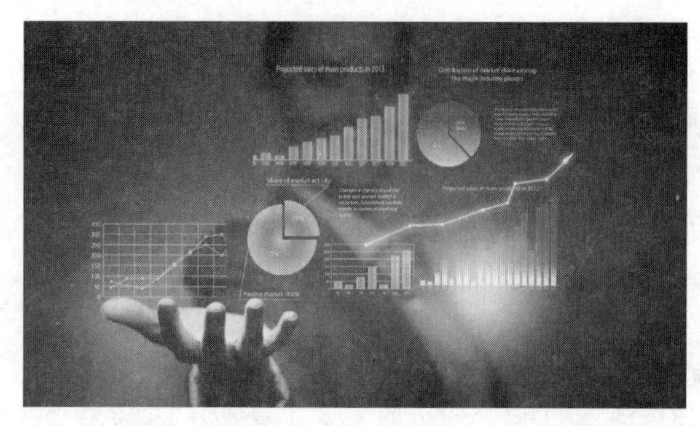

图 11-3　大数据

国家税务局将报税记录共享给那些科学家，虽然科学家们使用这些数据是出于善意。eBay 的商家不希望他们完整的交易数据被公开，或者让研究生随意使用。搜索引擎日志和电子邮件更是涉及个人隐私权和保密权。书和博客的作者则受到版权保护。各个公司对所控制的数据有着强烈的产权诉求，他们分析自己的数据是期望产生更多的收入和利润，而不愿意和外人共享其核心竞争力，学者和科学家更是如此。

如果要分析谷歌的图书馆，我们就必须找到应对上述挑战的方法。数字图书所面临的挑战并不是独特的，只是今天大数据生态系统的一个缩影。

资料来源：可视化未来——数据透视下的人文大趋势．王彤彤，等译．杭州：浙江人民出版社，2015.

阅读上文，请思考、分析并简单记录。

（1）“谷歌”的诞生最初源自于什么项目？如今这个项目已经达到什么样的规模？这个规模经历了多长时间？对此你有什么感想？

答：

（2）请在互联网上搜索“Google 图书”（谷歌图书），你能顺利打开这个网页吗？请记录，什么是“Google 图书”？

答：

（3）“数据越多，问题越多”，那么，我们面临的主要挑战是什么？

答：

(4) 请简单描述你所知道的上一周发生的国际、国内或者身边的大事。

答：____

____

____

____

11.1 用户角色

在大多数组织中，分析的用户角色有这样几种类型，即超级分析师、数据科学家、业务分析师和分析使用者。区分这些用户角色并不能满足所有分析需求，但会提供一个框架来帮助理解实际用户的需求。

像超级分析师和数据科学家这样有经验的用户，倾向于使用 R、SAS 或者 SQL 这样的分析语言。而业务用户，包括业务分析师和分析使用者，则倾向于使用商业化的交互型软件。

11.1.1 超级分析师

某大型企业有三位数据专家。一位 A，36 岁，另一位 B，46 岁，而 C 则更年轻，这说明数据分析是一个新兴行业。十多年前，数据分析的概念还很模糊，当时如果有人把 Excel 表格玩得很溜就很厉害了。但是现在，如果去找一个数据分析的工作，自我表示对 Excel 的操作很精通，在面试官看来这是件很基础的事——说明这个行业变化很快。

所谓超级分析师，是一个像统计师、精算师或者风险分析师一样的专门职位，他们适合于在分析方面有巨大投资的团队中工作，或者在提供分析服务的组织中担任咨询师和开发者。超级分析师了解传统的统计分析和机器学习，并且在应用分析方面有相当多的工作经验。

超级分析师更愿意使用分析编程语言这样的工作，例如，Legacy SAS 或者 R。他们有丰富的训练和工作经验来使编程语言能够贴合生产，并且认为分析编程语言比图形用户界面的分析软件包更灵活也更强大。

"正确的"分析方法对于超级分析师来说尤其重要。他们会更加关注使用"对的"方法，而不是用不同方法得到商业结果的不同方面。这意味着，如果一个特定的分析问题要求一个具体方法或者一类方法。如生存分析，超级分析师会花费很大力气来使用这种方法，即使这对于预测准确的改善很少。

在实际工作中，由于超级分析师侧重于处理高度多样化的问题，并且不能完全准确地预测需要解决问题的种类，他们更倾向于使用各种各样的分析方法和技术。对于一种特定的方法和技术的需求即使非常少见，但是如果需要，超级分析师也希望能够用上它。

因为数据准备对于成功的预测分析特别重要，超级分析师需要能够解读和控制他们所处理的数据。这不意味着超级分析师想要管理数据或者运行 ETL 任务，他们只是需要让数据管理流程变得透明和可反馈。

ETL(Extract-Transform-Load,抽取、转换、加载)是数据仓库技术,也是BI(商业智能)项目的一个重要环节,它是将数据从来源端经过抽取、转换和加载至目的端的过程,其对象并不限于数据仓库。ETL所描述的过程一般包含ETL或是ELT(抽取、装载、转换)并且混合使用。通常愈大量的数据、复杂的转换逻辑、目的端为较强运算能力的数据库,愈偏向使用ETL,以便运用目的端数据库的平行处理能力。

ETL的流程可以用任何编程语言开发完成,由于ETL是极为复杂的过程,而手写程序不易管理,有愈来愈多的企业采用工具协助ETL的开发,并运用其内置的元数据功能存储来源与目的所对应的转换规则。

超级分析师的工作成果可能包括:

(1) 管理显示分析结果的报告。

(2) 撰写预测模型规范。

(3) 预测模型对象(例如PMML文件)。PMML(预测模型标记语言)利用XML描述和存储数据挖掘模型,是一个已经被W3C所接受的标准。MML是一种基于XML的语言,用来定义预测模型。

(4) 用编程语言(如Java或C)编写的一个可执行的评分函数。

超级分析师不想过多地参与生产部署或者导入模型评分,但如果该组织没有投入用于模拟评分部署的工具,他们也可能执行这个角色。

超级分析师会更多地参与具体分析软件的品牌、发布和版本的工作。在分析团队有着重要影响的组织里,他们在选择分析软件上发挥了决定性的作用。他们也希望控制支持分析软件的技术基础设施,但往往不关心特定的硬件、数据库、存储等细节。

11.1.2 数据科学家

数据科学家在很多方面与超级分析师很相似,这两个角色都对具体工具缺乏兴趣,并且渴望参与有关数据的任何工作。

数据科学家和超级分析师的主要不同在于背景、训练和方法上。一方面,超级分析师倾向于理解统计方法,将分析带向统计方向,并且更喜欢使用高级语言与内置的分析语法。另一方面,数据科学家往往具有机器学习、工程或计算机科学的背景。因此,他们倾向于选择编程语言(如C、Java、Python),更擅长用SQL和MapReduce工作。他们对用Hadoop工作有着丰富的经验,这是他们喜欢的工作环境。

数据科学家的机器学习渊源影响着他们的研究方法、技术和方法,从而影响他们对分析工具的需求。机器学习学科往往不是把重点放在选择"正确的"分析方法上,而是放在预测分析过程的结果上,包括该过程产生模型的预测能力。因此,他们很容易接受各种暴力学习的方式,并且选择可能在统计范式里很难实施的方法,但这些方法可以表现出良好的效果。

数据科学家往往对现有的分析软件供应商热情不高,尤其是那些喜欢通过软推销技术细节迎合企业客户的软件供应商。相反,他们倾向于选择开源工具。他们寻求最好的"技术"解决方案,一个具有足够的灵活性来支持创新的解决方案。数据科学家倾向于亲手"生产"分析结果,而超级分析师则正好相反,更喜欢能够在过程中完全放手的方式。

11.1.3 业务分析师

业务分析师在组织中以不同角色使用分析结果，对于他们来说，分析是重要的但不是唯一的责任。他们还需要应付一系列其他工作，如贷款、市场分析或渠道等。

业务分析师对分析非常熟悉，并且可能经过一些培训和有一定经验。不管怎么样，他们更喜欢一个易于使用的界面和软件，像 SAS Enterprise Guide、SAS Enterprise Miner、SPSS Statistics，或者其他一些产品。

与超级分析师非常关心选择问题的"正确"方法不同，业务分析师倾向于一种更简单的方法。例如，他们可能对回归分析很熟悉，但是对不同种类的回归方法和如何计算回归模型的细节并不感兴趣。他们看重在解决问题框架内可以指导他们选择方法和技术的"向导"工具。

业务分析师知道数据对于分析的成功很重要，但是却不想直接处理它们。相反，业务分析师更愿意使用已经被组织中其他人修正过的数据。数据正确性对业务分析师非常重要，数据应该在内部是一致的，并与分析师所理解的业务一致。

在大多数情况下，业务分析师的工作成果是一个总结分析结果的报告。工作成果也可能是一些决策，如关于一个复杂贷款决策的商品数量。业务分析师很少做生产部署的预测模型，因为他们的工作方法往往缺乏超级分析师的严谨性和高效性。业务分析师看重优质、客户友好的技术支持，倾向于使用在分析中表现出可靠性的来自供应商的软件。

11.1.4 分析使用者

分析使用者通常仅仅是从事预测、自动化决策等具体分析过程的非专业人员，他们专注于业务问题和事件，不直接在生产中进行分析工作，相反，他们以自动化决策、预测或者其他智能的可嵌入到所参与业务流程的形式来使用分析结果。

虽然分析使用者一般不会参与数学计算，但他们很关注总体效用、效果和所使用系统的可靠性。例如，信用卡呼叫中心的客户服务代表可能不关心具体用于确定决策的分析方法，但非常关注该系统是否需要很长时间才能达成决策。如果当系统拒绝信用卡申请或拒绝了太多看似风险良好的客户而无法提供合理的解释时，客户代表就会拒绝这个系统。

因为正在快速增长的分析对业务流程产生积极影响的方法很多，并且嵌入式分析已经几乎没有使用的障碍了，所以这类用户将有最大的增长潜力。

表 11-1 展示了适合每个用户角色的不同工具。

企业应该以协作和自定义的方式支持所有用户角色的需求。不同角色的用户不可能孤立地工作，有经验的用户应该能够与业务用户分享应用程序，反之亦然。

数据的复杂性和不透明性往往会推动用户探索新的编程工具，而干净透明的数据结构是实现商业友好型分析的重要推动者。

表 11-1 用于不同用户的分析工具

	编程语言	业务用户工具
超级分析师	R SAS	SAS Display Manager SAS Enterprise Guide
数据科学家	Java MapReduce Python R Scala	无
业务分析师	无	Alpine IBM SPSS Modeler Rapid Minder SAS Enterprise Guide SAS Enterprise Miner Statistics
分析使用者	无	MS Excel Web BI Tools Business Applications

11.2 分析的成功因素

组织为了使分析被广泛接受,必须认识到不同的用户需求。现代企业中的许多用户都需要易使用且无须编程的用户界面。然而,易于使用的工具可能缺乏复杂分析或自定义分析所需要的关键功能。

为了获得尽可能广泛的影响,应该重点关注以下三个重要的成功因素。

(1) 关注数据基础设施。有经验的分析师会把大量时间花在"数据纠纷"上,也就是采集、转换和清理原始数据。企业用户没有多余的时间去清洗数据,这些用户需要一个易于访问的清洁、可靠的数据来源。

(2) 确保协作。有经验的用户在开发、测试和验证分析应用程序中起着关键作用,他们要确保基础的数学知识是正确的。商务用户工具应该直接使用和利用有经验的分析师开发的先进分析工具。

(3) 为业务流程定制分析。当分析直接影响一个业务流程时往往是最高效的。用户不需要进行"业务分析",他们需要进行信用分析、劳动力分析或者其他利用数据和业务规则的任务。这些工具应该支持针对特定业务流程、角色和任务的自定义应用分析。

为了最大化商业影响力,要开发一种能够支持组织中从新手到专家的各种用户群体的分析方法。建立一个高效的数据平台,有着清洁、易获取的数据,确保用户群体之间的协作,并且能够定制支持业务流程的分析。这些是建立一个更有智慧的组织的关键。

11.3 分析编程语言

如果一种编程语言的主要用户是分析师，并且该语言具有分析师所需的高级功能，就把它归为“分析”语言。可以通过自定义代码或外部分析库来使用通用语言（如 Java 或者 Python）进行高级分析。数据科学家对使用 Python 进行机器学习越来越感兴趣。

11.3.1 R 语言

R 语言是一个面向对象，主要用于统计和高级分析的开源编程语言，它在高级分析中的使用率快速增长（见图 11-4）。

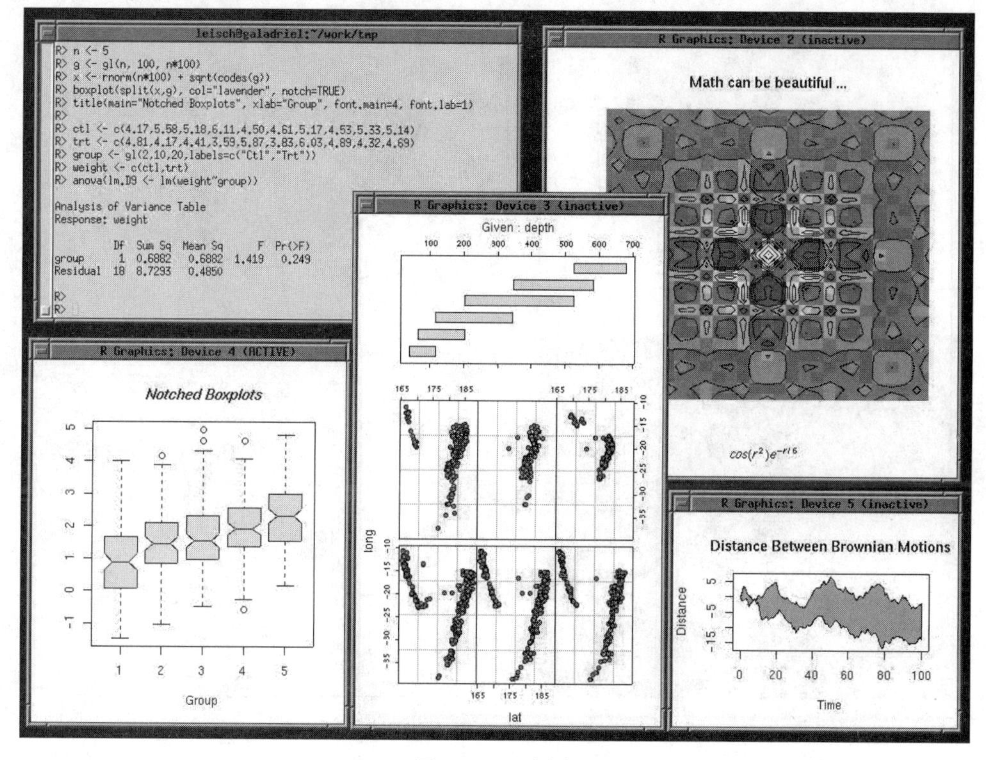

图 11-4 R 语言

R 语言是 S 语言的一种实现。S 语言是 1980 年左右由 AT&T 贝尔实验室开发的一种用来进行数据探索、统计分析和作图的解释型语言。S 语言最初的实现版本是 S-PLUS 商业软件。新西兰奥克兰大学的罗伯特·绅士和罗斯·伊卡及其他志愿人员组成“R 开发核心团队”开发了 R 系统。R 语言和 S 语言在程序语法上可以说几乎一样，只是在函数方面有细微差别。R 语言的核心开发团队引领对核心软件环境的持续改善，同时 R 社区用户可以贡献支持特定任务的软件包。

R 是一套完整的软件系统，支持：

（1）数据处理和存储。

(2) 计算数组和矩阵的运算符。

(3) 数据分析工具。

(4) 图形设备。

(5) 编程功能,如输入和输出、条件句、循环和递归运算。

R 发行版本中包括支持基本统计、图形和有价值的实用程序的 14 个基本包。用户可以选择从 CRAN 或其他库中添加包。由于存在广泛的开发者社区和贡献的低门槛,在 R 中可获得的软件功能远远超过了商业分析软件(见图 11-5)。

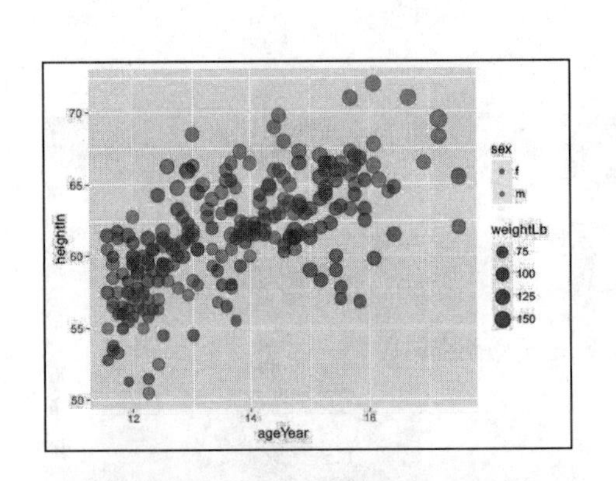

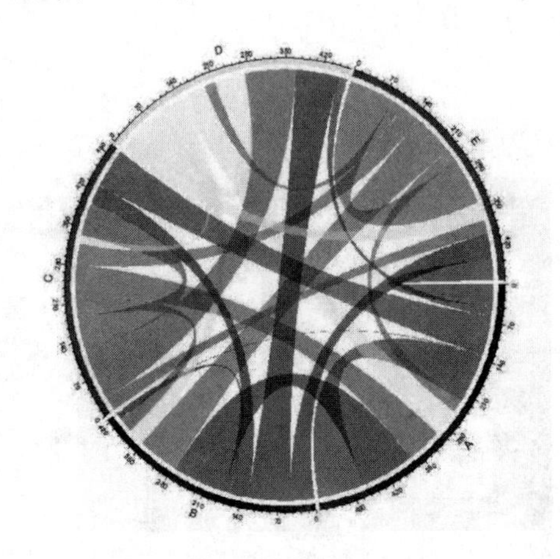

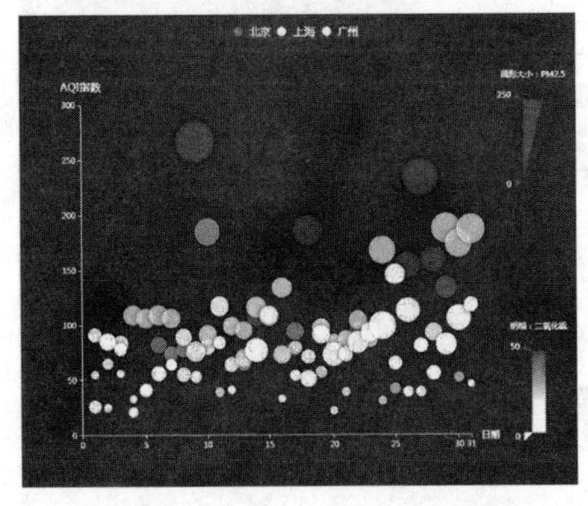

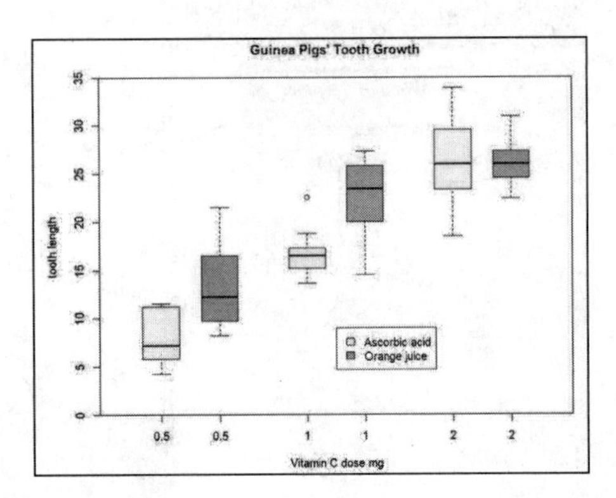

图 11-5　R 语言可视化图形

虽然 R 核心开发团队负责研发 R 基础软件,但每个包的开发人员都负责各自软件包的质量。这意味着实际使用的编程语言和实施的质量会有很大的不同。质量保证以社区为基础,用户可以而且的确会报告错误。

大多数提供商业分析软件或数据管理平台的供应商都提供连接到 R 语言程序或将 R 语言脚本嵌入到其他功能中的能力。基本的 R 发行版本包括一个内置的用于交互和脚本开发的控制台。然而,许多用户更喜欢使用集成开发环境(IDE)或 GUI 界面。R 最著名的商业界面是 RStudio。

R 语言的主要优点是它的综合功能性、可扩展性和低成本,其主要弱点是多样化和集市化开发的方法,由此产生了大量的重叠功能、松散的标准和异构的软件质量。商业化的发行版本通过质量保证、培训和用户支持来解决这些缺陷。它的另一个主要不足是它无法处理超过单个机器存储容量的数据集。有一些开源软件可以部分解决这个问题，另外，Revolution Analytics 的 Scale R 软件包支持针对大数据的分布式超存储分析。

11.3.2 SAS 编程语言

SAS 语言是 SAS Institute(公司)开发的命令式编程语言，该公司还利用 SAS 编程语言开发工具和软件(见图 11-6)。世界各地的组织都在使用 SAS，大部分评估都认为 SAS 是分析行业的领导者。然而，单就 SAS 编程语言本身难以衡量其使用方面的影响，在对分析师和数据挖掘师的大范围调查中，SAS 的评级低于 R 和其他开源工具。

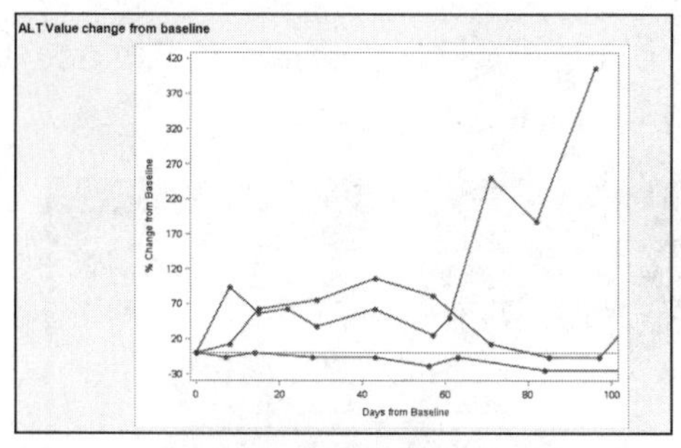

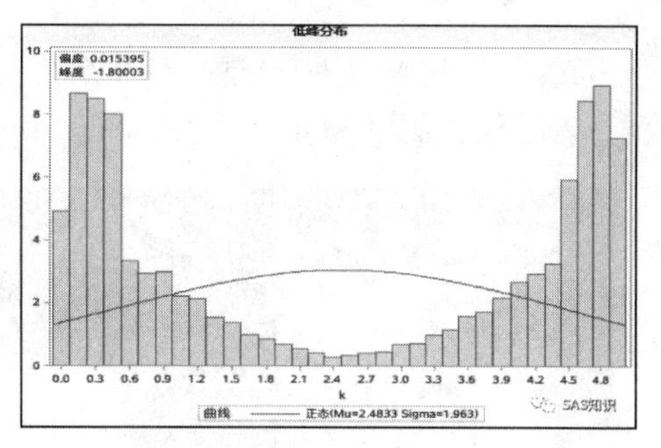

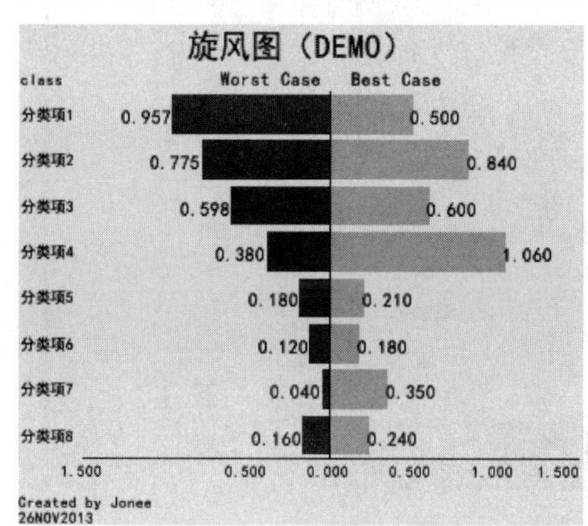

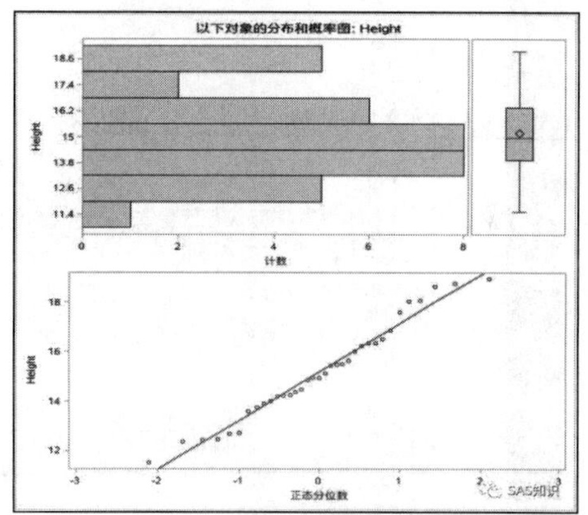

图 11-6　SAS 统计分析结果

SAS 编程语言的编程步骤一般有两种类型。SAS DATA 步读取数据，以不同的方式操纵数据，并创建 SAS DATA 集，这是一个专有的数据结构。SAS PROC 是使用 SAS DATA 集生成用户指定的特殊分析，它的结果可以是发布到文件的显示或报告，或 SAS DATA 集的形式。一个 SAS PROC 的输出可以作为另一个 SAS PROC 的输入。

大多数的 SAS 程序员在 SAS 软件中运行程序，然而也有一些其他的选择。由杜勒斯研究所发布的一个商业软件产品 Carolina 可以让用户将 SAS 程序转换为 Java 语言。

SAS 为 Windows、Linux、UNIX 操作系统提供了相应的编程语言运行环境。除了这些平台，WPL 支持 Mac OS 上的 WPS。大多数 SAS 编程步骤在 SAS 运行环境中以单线程运行，而相同的程序在 WPS 中以多线程运行。

为了改善在 SAS DATA 步中的一些明显的局限性，SAS 开发了 DS2（一种面向对象的编程语言）以适合高级数据操作。SAS DS2 代码在 5 种不支持标准 SAS DATA 步的环境下运行。

（1）SAS 联邦服务器。

（2）SAS LASR 分析服务器。

（3）SAS 嵌入式过程。

（4）SAS 企业挖掘器。

（5）SAS 决策服务。

11.3.3 SQL

SQL（结构化查询语言）是一种关系数据库语言。在对数据科学家的调查中，有 71% 的受访者说他们使用 SQL 的程度远超过其他任何语言（见图 11-7）。

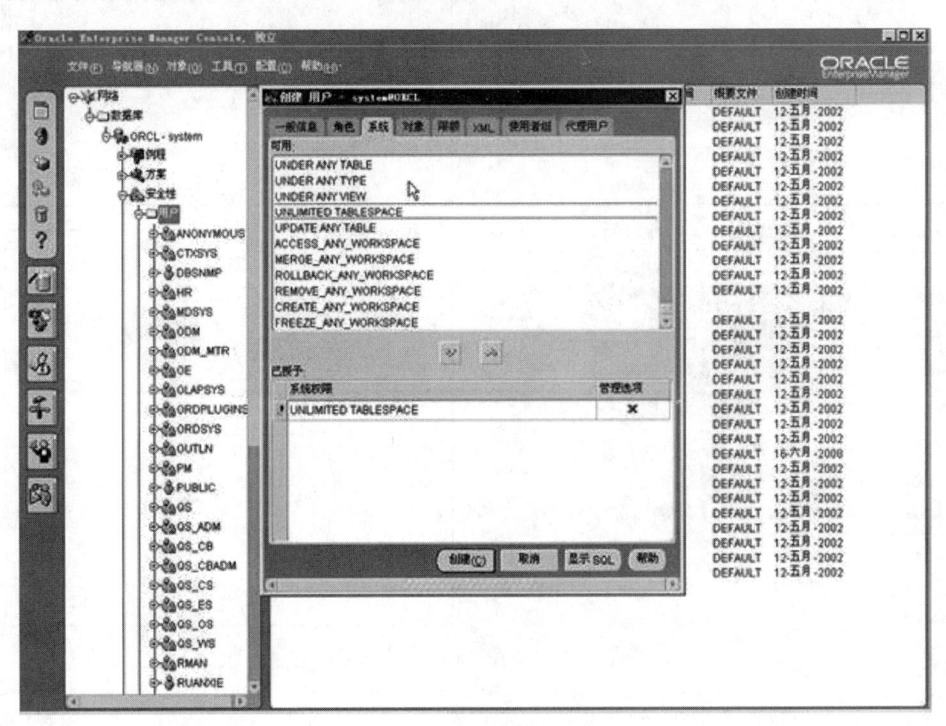

图 11-7　Oracle SQL

SQL 最初是在 20 世纪 20 年代早期由 IBM 研究者们开发的，其应用和使用在 20 世纪 80 年代随着关系数据库的广泛使用得到了快速增长。如今，SQL 已经从传统的关系数据库扩展到了数据仓库应用和软件定义的 SQL 平台（如 Hive 或者 Shark）。

SQL 是一套基于集合的声明性语言，而不是一个像 SAS 或 BASIC 的命令式程序语言。美国国家标准协会（ANSI）在 1986 年定义了一个 SQL 标准，紧随其后的是国际标准化组织（ISO）在 1987 年也制定了 SQL 标准，但不同的数据库厂商用各种方式限制了代码从一个平台到另一个平台的可移植性。

数据库管理员使用 SQL 来创建和管理数据库，他们可以使用 SQL 创建表、删除表、创建索引、插入数据到表中、更新表中的数据、删除数据以及执行其他操作。将关系型数据库作为一个“沙盒”的分析师也可以使用这些 SQL 的功能。更为常见的是，分析师可以使用 SQL 从关系数据库中选择和恢复数据，从而在其他分析操作中使用。

ANSI SQL 包括一些基本的分析功能，包括标量函数、聚合函数和窗口函数。标量函数可以对单个值操作，包括数字运算和字符串操作等。聚合函数对集合的值操作并且返回一个汇总值，它们包含常见的统计功能，如计数、总和、均值、方差、标准差、相关性和二元线性回归。窗口函数类似于聚合函数，但用户可以将操作应用于数据分区、命令数据或定义带有移动“窗口”数值的组，这些函数支持如累积分布、排名和排序的操作。

除了支持基础统计(如聚合函数等)，ANSI SQL 标准不包括高级分析。数据库供应商，如 Oracle，提供特定平台的 SQL 拓展用于分析。更多的支持表函数的高级数据库可以嵌入用通用编程语言所写的程序(如 C、Java、Python 或者 R)并且使用这些语言写的分析库。

SQL 用于分析的最大优势是它的标准化、平台中立性和对基本数据操作的实用性。虽然特定供应商的 SQL 版本与 ANSI 标准偏差较大，大多数基本操作可以在不同平台以一致的方式进行。大部分有较强 ANSI SQL 背景的用户可以很快学会一个特定供应商的 SQL 版本。因为在大型企业中普遍使用 SQL 平台，对 SQL 有基本理解对试图检索和操作数据的分析师来说十分重要。SQL 用于分析的主要缺点是缺乏高级分析的标准算法。

11.4 业务用户工具

现在的组织需要用比以前更少的时间做出更多的决策。现代分析决策影响着短期业务的执行以及企业的长期竞争力。正确的决策意味着竞争力和营利能力的飞跃，而错误的决策能带来毁灭性影响。在这种竞争格局下，海量数据肯定会让问题更复杂。从即时社交媒体评论到上周的销售交易数据，再到数据仓库中存储的多年客户购买历史数据，即使是最小的决定，也必须考虑到数据量和数据的多样性。

11.4.1 BI 的常用技术

以下是商务智能中三种最常用的技术。

(1) 报告和查询。建立在一个传统的关系数据库和数据仓库中，报告和查询工具检索、分析和报告存储在基础数据库或数据仓库中的数据。报告和查询工具的例子有 SAP BusinessObjects 和 Microsoft Access/SQL Server。

(2) 在线分析处理 OLAP。允许用户从多个维度来分析多维数据，OLAP 工具和应用程序可以生成预制的数据集或信息“立方体”。OLAP 工具的例子包括 Essbase 和 Cognos PowerPlay。

(3) 以电子表格为基础的决策支持系统(DSS)。使用户能够分析数据的电子表格格式的专业应用程序。以电子表格为基础的 DSS 应用的例子有 Microsoft Excel 和企业绩效管理(EPM)的解决方案,如 Oracle Hyperion。

数据分析师可以获得功能强大的数据整合和分析工具,它们将不同来源的数据放入单一的工作流程中,可视化工具也使数据易于展示和使用——这些都是以前不一定能做到的。

随着商业进程不断加快,无论可用数据的数量还是种类都在呈指数级增长,传统的商务智能(BI)工具未能以同样的速度发展,数据分析师只能拼凑着定制解决方案和不同的工具,浪费宝贵的时间和稀缺的预算。

11.4.2 BI 工具和方法的发展历程

为了更好地理解传统商务智能(BI)工具的局限性,我们来回顾一下 BI 工具和方法的发展历程。在 20 世纪 80 年代初首次登上历史舞台后,早期的商务智能工具是建立在传统关系型数据库或者数据仓库之上的(见图 11-8)。利用 ETL 功能来将所需数据从原始形式(关系型或者其他形式)转换为一个关系型数据模型,这样分析师和其他用户就可以使用报告和查询工具对数据进行检索、分析和报告。

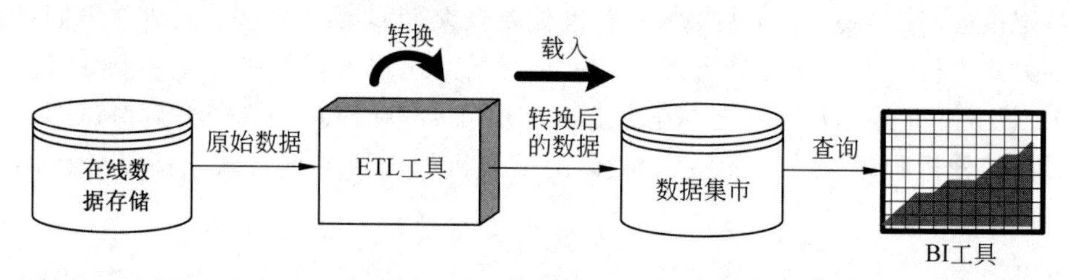

图 11-8 传统商务智能过程

到 20 世纪 90 年代中期,数据量和速度的增长比 ETL 工具的能力增长更快,这产生了一个瓶颈。受数据复杂性所累,ETL 工具艰难地在流程中做数据转换,使得分析速度以及商业决策速度都变慢了。更麻烦的事情是,如果 ETL 逻辑里的任何一部分不正确,在这期间的所有转换都需要重做,同时也要对新生成的数据进行转换。

寻找规避 ETL 瓶颈的方法促使了一种新的商务智能范式的崛起,被称为 OLAP 或联机分析处理。OLAP 工具允许用户使用预制的数据集或信息"立方体"从几个不同的角度来分析多维数据(见图 11-9)。立方体产生于一个数据库中提取的相关信息,该数据库采用有各种数据之间关系的多维数据模型,立方体允许用户进行复杂的分析和即席查询,速度比以前快很多。

OLAP 用户将会使用三个基本操作中的一个或多个来分析立方体中的数据。

(1) 整合或汇总。在这些操作中,数据从一个或多个方面进行汇总,例如,销售部的所有销售办公室预测总体销售趋势和收入。

(2) 向下钻取分析。相比于向上汇总,这些操作允许用户对更具体的运营进行分析,如确定每个单独产品或 SKU 占公司总体销售额的比例。

(3) 交叉分析。这些操作使得用户能够取出或切割来自于 OLAP 的立方体和视图,或不同角度子集的特定数据集来进行各种分析。

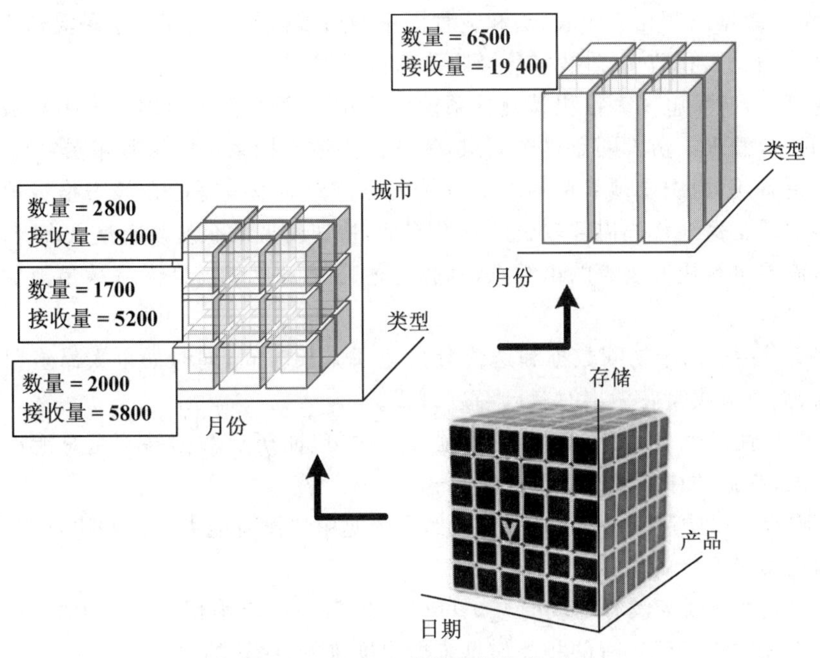

图 11-9　OLAP 多维数据集范例

OLAP 显然已经达到其能力极限。随着商业进程持续加快,需要快速进行海量分析和快速场景的变换,OLAP 在需要进行快速决策的时代已经变得不那么有用。

为了适应对分析速度和灵活性的要求,通过 Microsoft Excel 发展出了一种可替代的方法。这种以电子表格为基础的决策支持系统或 DSS 是一种使数据分析易于使用且高度灵活的专业应用程序(见图 11-10)。它允许用户手动输入数据或从数据库中导出数

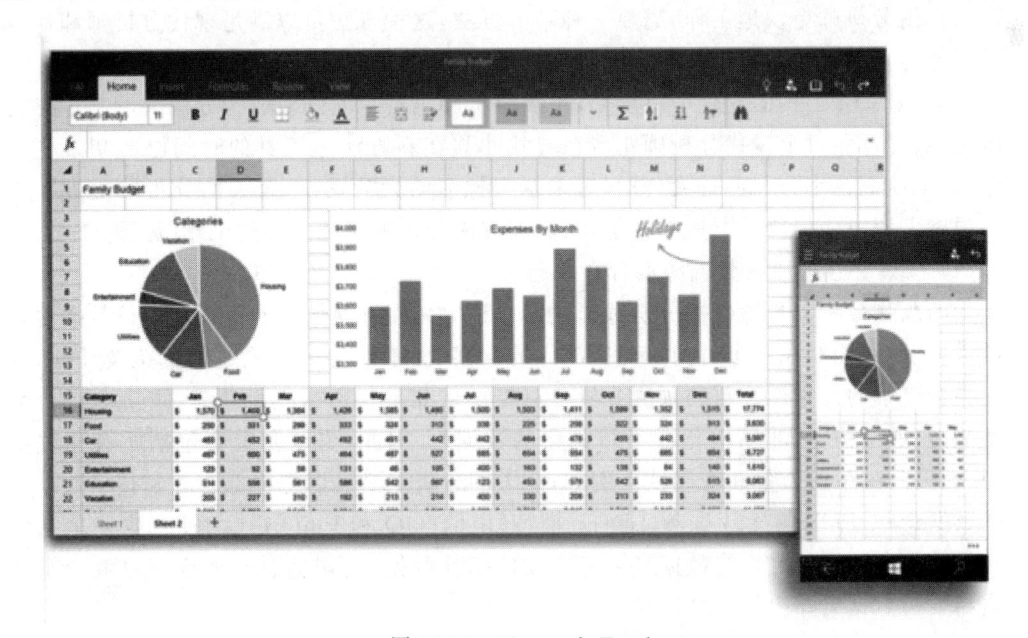

图 11-10　Microsoft Excel

据，然后保存数据以便在工作表、宏和流程图中的后续操作中使用。这种灵活性的缺点是由于手动数据输入和剪切-粘贴信息会导致高错误率。

因为灵活性高，电子表格决策支持系统的应用程序仍然在使用。大多数数据分析师和他们的企业管理人员都同意这个观点，为了使决策支持系统应用程序在尖端、高度复杂的分析中更有用，组织必须要招募昂贵而稀缺的分析师来编写能在该表格数据上运行的复杂代码。通常这个代码需要较长的开发周期，快速发展的企业没有这么多时间来等待。

许多需要进行快速决策的组织意识到，上述三个旧范式已经无法满足他们目前的分析要求。

（1）及时性。由于访问数据和迭代分析花了太长时间，同时如果太昂贵以至于不能持续更新，大多数决策在做出时就已经过时了。

（2）准确性。因为目前使用历史数据做出决策，而历史数据并不是总能产生好的对未来的预测，它们往往是不准确的决策。

（3）质量。以质量差的数据为核心，如果企业用户没有能力自己解决这些问题，组织往往会做出质量不好的决策。

（4）相关性。因为没有现成的方法可以处理新一代应用程序所产生的新数据类型，决策者通常无法考虑到所有的相关信息来做出准确的、明智的决策。

分析师们试图通过将自定义解决方案拼凑在一起来缩小差距，却遇到了一个更大的问题：多个不同的工具需要不同的工作流程，这将导致需要更加复杂的编码、昂贵的数据科学家/架构师和冗长的IT周期来建立一个解决方案连接不同数据源。它还带来了大量的新错误和延迟，因为这些堆积的系统真的非常脆弱。

11.4.3 新的分析工具与方法

为了使分析师更快地工作，需要一种新的方法，这种方法可以满足现代分析师和业务决策者努力平衡今天的数据和业务同步发展的需求。

从上一代BI工具的局限中跳出来，预测分析和机器学习已经成为分析决策制定时公认的标准。然而，每个现代分析师花费在寻找建立在新方法上工具的时间已经超过了三十年，无论他们在小公司还是大公司(后来越来越多的大公司)。今天的分析解决方案专门从根本上解决之前传统方法的不足，它们能够使分析师实现下面的工作(见图11-11)。

（1）聚集并且把所有数据源混合在一起。

新的预测分析工具给数据分析师提供了一种单一而直观的工作流程来进行数据混合和高级分析，它能够在几小时内实现更深入的洞察，而不像传统方式通常要花费几周，因此提高了决策的及时性。新的预测分析工具提供从几乎任何数据源收集、清洗和混合数据的能力(如结构化、非结构化或半结构化的数据)。因此，决策制定会包括所有相关信息，从而提高决策的质量和准确性。例如，今天的分析工具可以把内部业务和技术数据从你的数据仓库、POS信息以及来自脸书、推特、微信、QQ和Pinterest的社交媒体信息中一起提取出来。它们之后将数据与第三方人口统计数据、公司信息和地理信息混合来产生最相关的数据集并提供战略图像。

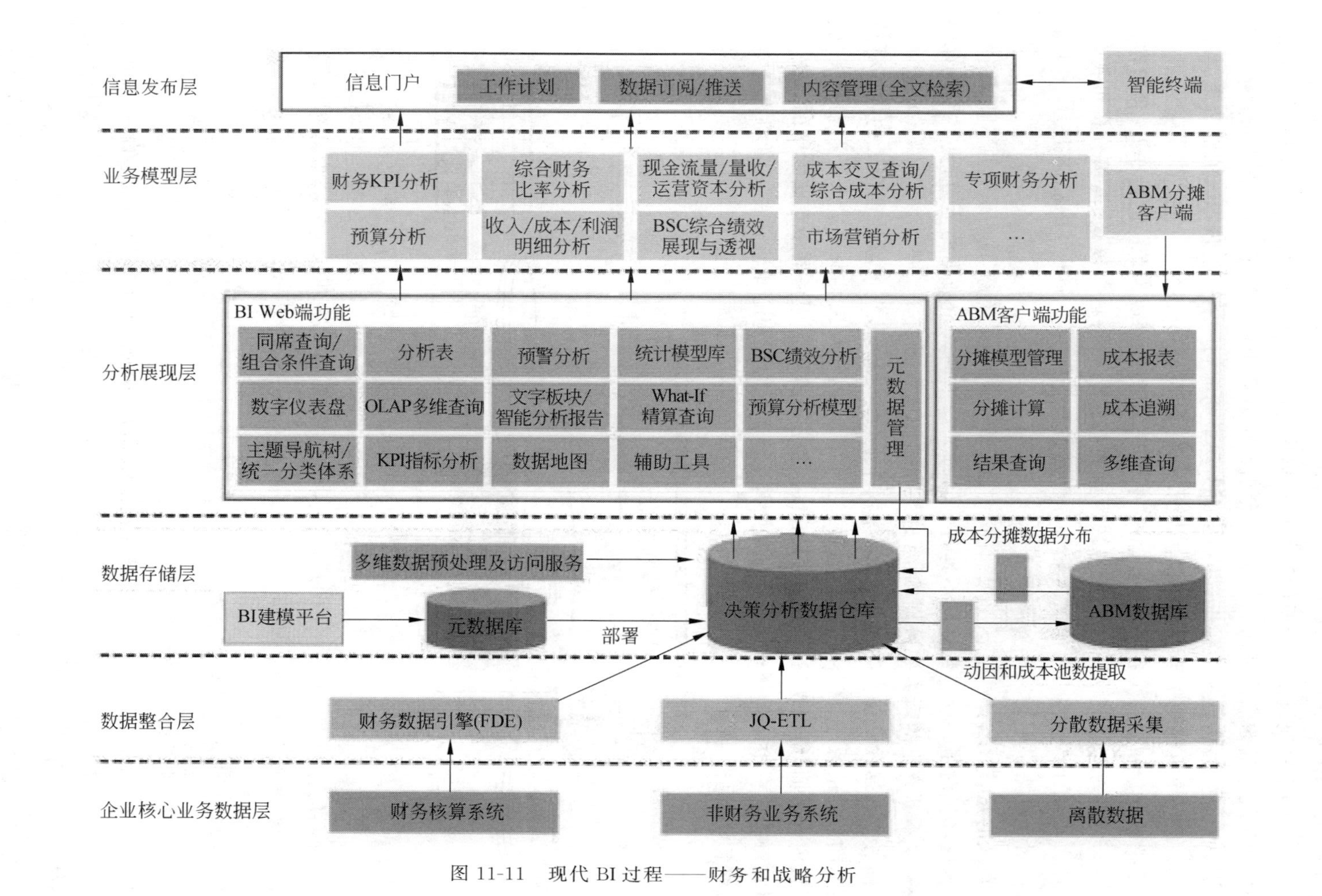

图 11-11　现代 BI 过程——财务和战略分析

（2）对任何数据集运行并迭代高级预测和空间分析。

新一代的工具通过给予分析师对任何数据集都可以使用高级预测和空间分析的能力来确保产生更精确的前瞻性决定。例如，分析师可以使用这样的工具，根据平均行车距离来确定一个新零售店应该在哪里选址，从而实现最高的利润和产生最忠诚的消费者。

（3）在一个可视化平台上给决策者展示一系列信息和分析。

不把数据集和分析关在一个“黑盒子”中，让数据分析师成为盒子的看守人（和潜在路障），最新的业务分析方法可以让业务决策者直接执行和将这些复杂、高级分析可视化。这为什么非常重要？因为要确保决策者对数据集和分析的一个更好的总体把握，才能最终产生对企业来讲更好的业务决策。

遗憾的是，这个行业花费了很长时间才意识到这种行之有效的关系数据库和数据仓库技术已经过时了。这些数据库不具备存储每天产生的大量数据的能力，更不用说存储应用程序不断产生的新类型数据（通常称为非结构化数据）。

随着大数据存储技术的出现，如开源软件平台 Hadoop，它可以处理今天的数据分析师遇到的数据的数量、多样性和速度方面的问题，预测分析工具最终进入了蓬勃发展期。在分析内容方面，组织现在可以利用 Hadoop 在分布式集群服务器中存储大量的数据集，并且在每个集群中运行分布式分析应用程序，完全不需要担心单点故障或者将大量数据跨网络移动（见图 11-12）。

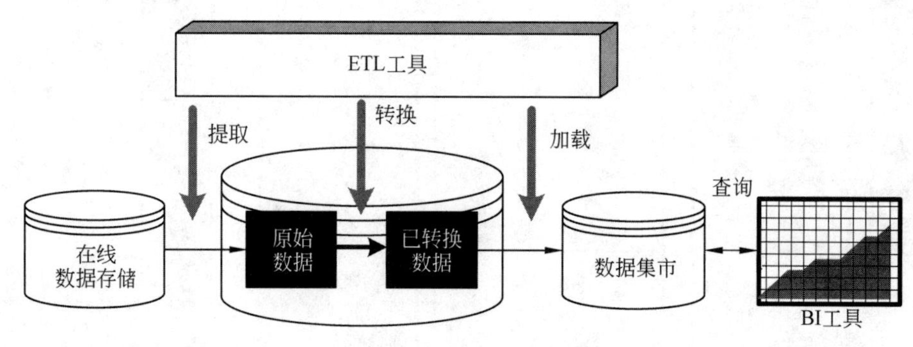

图 11-12　现代大数据存储

这种新的方法正给在业务中的不同人群带去更多的权限和途径来获取业务信息，从而确保更快、更好的决策和帮助决策使用者实现真正的竞争优势。

11.4.4　业务工具实例

有很多业务工具的实例，例如：

（1）Alpine。Alpinc 数据实验室开始是作为数据库供应商 Greenplum 的一个高级分析项目，EMC 在 2010 年并购了 Greenplum，Alpine 成为一个独立供应商。该软件开始的品牌是 Alpine Miner，后来改名叫 Alpine。

Alpine 的分析特征与市场上的其他替代软件相比不是很突出。一个关键的不同是 Alpine 的拓展（Alpine Chorus）是一类容易使用的处理企业数据的软件。产品仅需要较少的平台支持，因为 Alpine 使用它的云平台。Alpine 提供与 Pivotal Greenplum 数据库，以及 Pivotal、Choudera 和 MapR Hadoop 的向下集成。

(2) Alteryx。Alteryx 成立于 2010 年，提供一个带有数据混合和高级分析功能的业务用户工具(Alteryx Analytics)，它给分析师提供可视化界面，使用户可以从多种数据源中融合数据，并且用单一工作流执行高级分析。使用 Alteryx 的数据混合工具，用户可以集成内部、第三方和云端数据，也可以进行预测分析或者空间分析，或者能够将自定义 R 代码嵌入工作流中。Alteryx 用户可以利用拖曳工具完成这些任务而不需要编程。Alteryx 宣称这种方法与基于编码的分析相比，能够使用户节约大量的时间。

Alteryx 的关键技术组件包括 Cloudera、Qlik、Revolution Analytics Tableau 以及其他一些组件。现在，Alteryx 已有超过 400 个大型客户，包括 Experian、Kaiser、福特和麦当劳以及超过 200 000 个用户。

(3) IBM SPSS Modeler。InGegral Solutinons Limited(ISL)是一家英国的软件供应商，于 1994 年用 Clementine 的品牌发布了 SPSS Modeler。在那时，ISL 宣称这是首个带有图形化用户界面的商业分析软件。在 1998 年被 SPSS 收购后又在 2009 年被 IBM 并购，该软件的特征是采用了分析供应商广泛采用的工作流程，试图迎合业务用户。

IBM SPSS Modeler 支持各种各样的预测分析、文本分析、实体分析和社交网络分析：IBM 将产品包装成三个“版本”(金版、专业版和高级版)，并带有逐步丰富的功能。Modeler 也支持用户自定义分析脚本。

Modeler 客户端版本可以在 Windows 上运行，服务器版本可以在 AIX、Linux、Solaris 和 Windows 上运行。IBM 也支持 Modeler 在一系列数据库中进行相应的数据库操作，如 DB2、Oracle、PureData、Sybase 和 Teradata。数据库支持包括用于数据准备的表操作，带有数据库分析算法的集成以及评分支持。

(4) RapidMiner。这是一套开发和销售分析软件，为其提供商业服务和支持。该公司在 2006 年成立。RapidMiner 软件始于 2001 年在多特蒙德技术大学的一个预测分析项目。

RapidMiner 软件支持一定范围的高级分析以及用于程序控制的脚本语言。建模向导加快了预测建模的过程。该软件对自定义分析是高度可拓展的。

RapidMiner 可以在 Windows 上运行，在 Linux、MAC OS 和 UNIX 上需要在 Java 环境中运行。数据库的连接通过 ODBC 实现；RapidMiner 可直接支持 SQL 功能，但是不能在数据库或 Hadoop 上运行。其可扩展性受限于该软件运行的服务器大小。

(5) SAS Enterprise Guide。这是一款 Microsoft Windows 客户端软件，提供给 SAS 编程语言一个用户友好的界面。SAS 将 Enterprise Guide 视为 SAS 主要的用户界面，并且将其与免费的基础 SAS 产品捆绑销售。

SAS 的内部人员估计半数 SAS 用户已经配置了 Enterprise Guide。但是，因为该软件捆绑在免费的 Base SAS 中，所以这可能夸大了其实际的使用。许多有经验的 SAS 用户只需在 Enterprise Guide“code node”中编写代码，而不依赖于代码生成和查询生成的能力，因为它们往往会产生不理想的代码。

(6) SAS Enterprise Miner。这是 SAS 机器学习的主要平台。该产品在 1998 年首次问世，它在 SAS 客户群中普及率相对较低，只占所有 SAS 客户的 10%。

Enterprise Miner 提供一系列全面的机器学习算法，包括常用的决策树、神经网络和支持向量机，它是带有类似工作流的可视化用户界面的数据挖掘工作平台。该用户界面在视觉和感觉上跟 Enterprise Guide 以及其他 SAS 终端产品是很相似的。

SAS Enterprise Miner 通过 Grid Manager 来支持分布式环境，通过 SAS 高效分析服务器来支持高效应用程序。但是，最常见的是部署在单个服务器上。在这种情况下，Enterprise Miner 遇到的问题和 Legacy SAS 一样。SAS Enterprise Miner 就像在 Legacy SAS 中所介绍的那样，通过 SAS/Access 利用数据源。与 Legacy SAS 不同，Enterprise Miner 可以将预测模型导出为 PMML、C 或者 Java 的形式。Enterprise Miner 也可以通过 SAS 评分加速器(SAS scoring Accelerator)导出评分函数。

(7) Statistica。这是一套由 StatSoft 发布的高级分析软件，该公司位于俄克拉荷马州的塔尔萨(在 2014 年 3 月，Dell 宣布收购 StatSoft)。该产品最初在 1984 年开发。

Statistica 套件包括 14 个模块，支持统计、多元统计分析、数据挖掘、ETL、实时评分、质量控制、过程控制和垂直解决方案。相对于市场上的其他软件产品，它的功能是非常全面的。

StatSoft 的 Statistica 只在 Windows 上支持客户端和服务器版本。StatSoft 能够利用一台机器上的多个处理器，但不支持分布式处理、数据库或在 Hadoop 上作业。Statistica ETL 支持与 Oracle 和 SQL 的服务器连接。Statistica 的分析模块可以导出远程评分的 PMML。

作　业

1. 在大多数组织中，分析的用户角色有 4 种不同类型，但以下(　　)不是其中之一。

A. 超级分析师　　B. 分析使用者　　C. 程序工程师　　D. 业务分析师

2. (　　)倾向于在分析方面有巨大投资的团队中工作，或者在提供分析服务的组织中担任咨询师和开发者。

A. 超级分析师　　B. 数据科学家　　C. 业务分析师　　D. 分析使用者

3. ETL 是 BI 数据仓库技术项目中重要的一个环节，用来描述将数据从来源端经过抽取、转换和(　　)至目的端的过程。

A. 显示　　B. 加载　　C. 打印　　D. 释放

4. 下列(　　)不是超级分析师的工作成果。

A. 管理显示分析结果的报告　　B. 撰写预测模型规范

C. 预测模型对象　　D. 提交 GPS 资料

5. 数据科学家往往具有机器学习、工程或计算机科学的背景，渴望参与有关(　　)的任何工作。

A. 线程　　B. 算法　　C. 数据　　D. 图像

6. 数据科学家往往倾向于选择(　　)工具，寻求最好的“技术”解决方案。

A. 开源　　B. 专用　　C. 专利　　D. 商业

7. 为了使分析获得尽可能广泛的影响,人们应该重点关注的重要成功因素中不包括(　　)。

A. 关注数据基础设施　　B. 确保协作

C. 加强广告技术含量　　D. 为业务流程定制分析

8. R语言是一个面向对象、主要用于统计和高级分析的(　　)编程语言。

A. 商业　　B. 专用　　C. 专利　　D. 开源

9. SAS语言是分析行业的开发工具领导者,它是(　　)编程语言。

A. 编译型　　B. 命令式　　C. 机器代码　　D. 符号式

10. SQL(结构化查询语言)是一种(　　)数据库语言。

A. 网状　　B. 层次　　C. 关系　　D. 独立

11. 以下(　　)不是商务智能中的最常用技术。

A. 神经网络分析

B. 报告和查询

C. 线分析处理 OLAP

D. 以电子表格为基础的决策支持系统(DSS)

第12章 大数据分析平台

【导读案例】

云计算将会让数据中心消失？

DCIM(Data Center Infrastructure Management,数据中心基础设施管理系统)现在仍是数据中心中核心的管理软件。近年来,企业应用云化越来越明显,很多企业把公司的业务转移到云平台上,完成迁云之后原有的数据中心会被空闲出来。这时很多企业会选择出售这些闲置的数据中心,而这些数据中心一般会被托管服务商(比如云服务商等)买入,然后服务商将这些资源整合到自己的平台中,再出售给用户进行使用(见图 12-1)。

图 12-1 数据中心

我们知道,数据中心在发展到一定规模的时候,一般或多或少都会面临一些问题,常见的如数据中心物理空间不足、硬件设备老化、硬件设备效率低下、网络拥堵、各种安全隐患、电力紧张以及管理效率降低等问题,这些可以说是一些老旧数据中心的通病。

不过,即使是老旧的数据中心仍然会有它的价值。在云厂商提供的产品中,同类产品一般会存在多个档次。以云硬盘为例,底层对应的物理存储设备可能是高性能的 SSD 盘(固态硬盘)、一般的 SSD 盘或者机械盘,用户可以按需购买,老旧数据中心中的存储设备可以用来部署性能相对较低的数据盘业务。

当然,数据盘只是情况的一种,其他的设备基本也都可以按照数据盘的思路二次利用起来。这种直接使用老旧数据中心的方式是一种思路,除了这些,还可以对老旧的数据中心进行现代化的改造,以符合当前业务的需要。

从2018年的云计算市场报告中可以看出,云计算的市场增长仍在继续。根据媒体的报道,今年处于待售状态的数据中心的数量比过去几年中的任何一个时间点都要多,难道真的如报导所说数据中心正在消亡吗?

1. 被歪曲的事实

企业服务上云确实是个大趋势,云计算兴起之前很多公司都有自己的数据中心,企业业务上云之后,由于数据中心一般不会被长期闲置,这种情况下企业都会寻求出售自己的数据中心(毕竟地租、电费、维护等成本都不低),这些数据中心被售出之后很快都会以云资源的形式被再次使用,所以,云计算的发展导致数据中心消亡是个伪命题,毕竟云计算平台也是强烈依赖于数据中心的。

那么问题来了,数据中心总体是在向前发展还是在逐步萎缩呢?要回答这个问题,其实看一下云计算未来几年的发展趋势即可。下面来看几个权威机构的预测结果(见图12-2)。

图12-2 云计算的发展趋势

(1) IDC公司的预测结果显示,未来几年全球公有云计算市场的营收将会从2018年的1800亿美元增长到2021年的2770亿美元,增长额接近1000亿美元,增长率达到54%。

(2) Forrester公司的预测结果显示,未来几年全球公有云计算市场的营收将从2018年的1780亿美元增长至2021年的3230亿美元,增长额为1450亿美元,增长率约为81%。

(3) Gartner公司的预测结果显示,未来几年全球公有云计算市场的营收将从2018年的1760亿美元增长至2021年的2780亿美元,增长额为1020亿美元,增长率为58%。

毫无疑问,全球公有云、私有云市场以及IDC托管都在以极为惊人的速度增长,尤其是国内外知名的那些公有云大厂,比如自2010年以来,亚马逊AWS的云计算营收每年的复合增长率都超过60%,这种增长势头一直持续到2018年。2018年的上半年亚马逊AWS的营收同比增长约50%,总营收从2017年第三季度的36亿美元一度上升到2018

年第二季度的61亿美元，中间相差不到一年。

如果把亚马逊AWS 2018年第二季度的营收粗略地当作2018年季度平均营收，那么AWS 2018年的总营收会达到244亿美元，比2017年的总营收大约增长了100亿美元。

微软2018财年第四季度的报告显示，公司的服务器产品和云计算产品的营收同比增长了45亿美元，增长率约为21％，据分析，这部分的增长主要来自于微软Azure和服务器产品获得内部产品的认可并被采用的结果，但算Azure的营收的话增长率达到了91％。

不论是公有云还是私有云以及混合云，其底层的基础资源设备都需要部署到数据中心中，如果预测成立，云计算在未来几年势必会继续保持快速的发展，因此，数据中心也必须一并快速发展。

需要注意的是，在发展过程中一般都会伴随着老旧技术的淘汰，在这一点上云计算也不例外，因此，未来数据中心的发展还会面临一系列的问题，比如设备老旧带来的运行效率和成本效益问题以及扩展性的问题。

2. 云计算未来几年的发展

我们知道，云厂商的数据中心并非都是自建的，由于数据中心的建立需要考虑很多因素，光是选址可能就需要耗费很多时间。在云业务的快速成长期，自建数据中心可能来不及，因此很多云厂商会从基础设施提供商那里租赁现成的数据中心。在这种背景下，曾经有一位著名的分析师预测，随着越来越多的企业将自己的业务迁到云服务商所拥有的超大数据中心之中，企业自己拥有的数据中心将会逐渐消失，因为相比云服务商，一般的企业很难自己快速建立起足够的容量。

还有一点需要注意，并不是所有的企业应用都适合迁移到公共云平台之上。从实际来看，很多企业根据业务属性考虑选择的是私有云(见图12-3)。这些私有云平台一般是直接部署在用户自己的数据中心或者部署到托管的数据中心中。从近几年的数据来看，私有云市场在增长率上不如公有云，但私有云市场的基数大，导致目前私有云市场的收入还是高于公有云。比如根据调查，2018年私有云市场的营收比公有云市场的营收要高出43％。

图12-3　私有云建设

另外，如果未来云计算市场的发展符合预测的话，即使是这些云计算大厂恐怕也很难应对大量数据中心的建立，在这种情况下，云计算厂商势必会向数据中心托管服务提供商需求帮助或者合作。

如果预测成立，那么未来几年需要添加多少资源呢？这不是很好评估，单是计量单位就很难选择。是选择机架还是数据中心作为基本单位呢？针对这个问题，业界比较认可的方式是采用机架作为基本的评估单位，因为数据中心规模目前全世界并没有一个统一的评估标准。为了找到问题答案，先做以下两个假设。

(1) 假设数据中心中的机架大部分都是标准的8kW机架。

(2) 假设每个机柜满负载(8kW)运行时每个月可以获取4.5万美元的营收。

基于以上两个假设来推断，看一下为了支持近几年云计算的发展，需要增加多少基础资源设备。

前文中引用了3家评测机构对未来3年云计算营收的评估数据，在此，我们以Gartner为例，推算未来3年需要的基础设备数量。Gartner预测2018—2021年的36个月中全球云计算市场的规模将会扩大1020亿美元，这个数据相当于每个月将会增加28亿美元。上文中假设每个满负荷下的标准机架每个月带来的营收约为4.5万美元，则全球平均每个月需要新增约6.3万个标准的机架。每个标准机架满负荷下的功率为8kW，则全球每个月新增数据中心的电力容量会达到500MW。

目前全球新建一个1MW的数据中心的平均成本为800万～1000万美元。假设未来3年新建数据中心的成本保持不变(一般会逐年增高)，为满足未来3年中每个月新增500MW的需求，未来3年全球每个月用在数据中心新建上的成本约为40亿～50亿美元。

从推算结果可以看出，未来3年需要新建或者改造数量众多的数据中心。那么问题来了，我们该如何保证可以提供这么大数量的数据中心？还有一个问题，那就是除了新建数据中心外还有没有其他的办法呢？答案是有的，那就是整合现有的数据中心，进行老旧数据中心的升级，完成数据中心的现代化，让老旧数据中心重新焕发生机。

3. 数据中心现代化

大部分情况下，程序员只会关注软件层面的更新换代，其实作为云计算平台的基础设施，未来几年数据中心的现代化也是至关重要的。为适应未来云业务的发展，数据中心在技术层面上必须保持进步，以免技术落后导致竞争力的下降。数据中心技术迭代跟不上的话，还可能给上层业务带来风险，比如如果数据中心在安全层面没有进步，数据中心很容易会遭到新出现的复杂的网络攻击，在这方面不乏先例。单从这几年日益频繁的网络攻击来看，也能从侧面反映出未来数据中心面临的技术升级压力。

数据中心中一排排整齐的机架，不同设备都有自己各自的位置和标签，跟我们的城市很像，去过数据中心的人应该都有这种体会。数据中心的整合类似城市改造，通过对老旧数据中心的机房改造、资源整合、结构优化、系统迁移、网络改造等方式，可以让老旧的数据中心更加高效、经济、可靠(见图12-4)。

接触过数据中心维护的人应该知道，在数据中心工作的工程人员和维护人员，他们基本上就是维持这样一个原则：不损坏就不动，这种情况可以说是常态了。用户对数据新需求的增加和日益严峻的安全风险，需要数据中心管理人员逐步改变自己过去的工作方

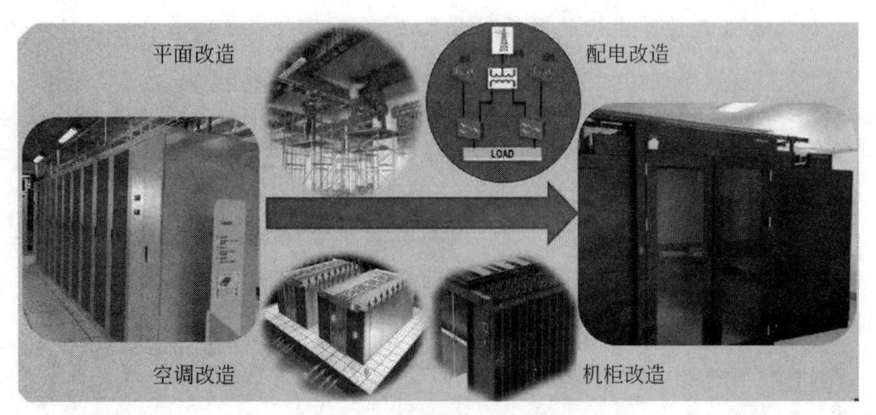

图 12-4　数据中心现代化

式,从过去的被动工作模式逐步向主动模式改变,需要主动配合业务方,使已有基础设施资源的效率发挥到最大,加快应用程序和基础 IT 设施的发展。

我们已经了解到未来技术发展对数据中心现代化的迫切需求,企业要想有效实现数据中心的现代化,面临着很多前期工作,一些业界的数据中心改造项目,其后续的整个现代化过程需要投入大量的时间和成本,但从长远来看,数据中心现代化需要付出的代价是值得的。下面看一下目前业界在数据中心现代化改造和更新方面的具体措施。

(1) 技术持续更新。大部分企业数据中心中老旧设备的更新换代是在设备损坏后才进行的,但从实际来看,老旧过时设备通常需要更多的操纵成本和维护成本,且可能会存在影响用户既有业务的风险。

针对这一点,一般建议企业建立资产跟踪,对现存的每一台设备都要建立档案库,同时管理人员需要了解每一台老旧设备的使用寿命以及是否在保修期等问题。数据中心上层的云平台管理人员在上层的监控系统中发现疑似硬件设备问题时,要主动联系机房管理人员进行设备确认,因为从实际使用来看,部分设备在即将出现问题但未出现问题时,机房的告警平台有时是发现不了的。确认是硬件设备问题后,就需要机房的管理人员尽快进行设备更新。

另外,建议数据中心都要配备基础设施管理软件(DCIM),这样,在不依赖于上层云平台管理人员的情况下,数据中心管理人员也可快速了解到即将淘汰的数据中心组件。另外,数据中心管理人员也可根据 DCIM 系统了解到每台关键设备的电量消耗情况,从而可以在设备故障前发出告警,提醒管理人员及时介入处理。

(2) 制定工作流程。借助 DCIM 系统规范数据中心的资产管理工作(见图 12-5)。DCIM 工作流可以帮助我们跟踪每个数据中心的几乎所有的资产管理工作。数据中心管理人员在每次进行设备的配置变更时,都要在 DCIM 系统中注明本次所做的操作、本次操作所耗时间以及本次操作的执行人等。如果本次操作中出现过异常情况,则还需要注明本次操作的注意点,防止后续管理人员在操作时再次踩坑。

可以专门为这些数据设置一个专属的数据库,以帮助我们更加轻松地进行资源的安排、工作订单的生成。更为重要的是可以确保团队操作的顺利。增加工作流程的一致性

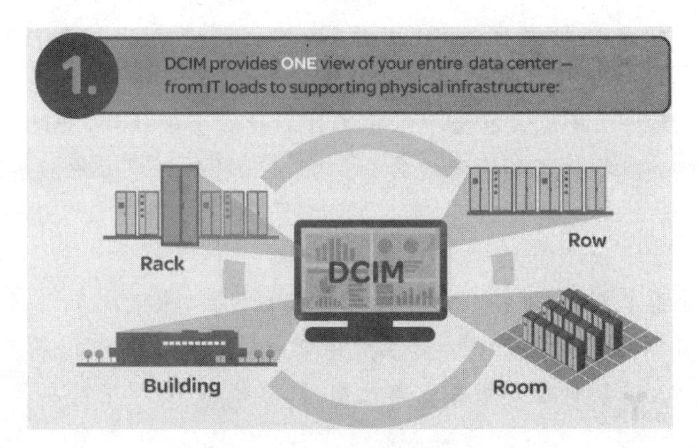

图 12-5　DCIM 系统

和问责，可以帮助团队更加高效快捷地工作，从而提高企业的生产力。

(3) 周期性故障模拟。停电对于数据中心可以说是重大故障，如果数据中心没有备用电源或者主电源中断后备用电源没有切换成功，会给企业带来巨大损失。根据美国一家公司 Hexa Research 的调查统计，单是美国的数据中心每年由于停电所造成的损失就高达 5500 万美元。因此，建议每个数据中心都要进行电源的强化配置，在配置主备电源后，也要周期性地对数据中心的供电系统进行断电测试，防止配置主备后，当主电源真的被切断，备用电源不能及时切换。

在断电模拟测试中，并不是直接将所有的电源切断，一般数据中心还会根据机器上所跑业务的重要程度配置不同的电源系统。因此，数据中心管理人员还要知悉数据中心中哪些机器是核心机器，在进行电源断电测试时需要对核心机器进行着重的测试。

(4) 混合部署。随着时间的推移，数据中心的机器会越来越多，这么多的机器一般不会进行单一部署，未来数据中心的战略是一种混合策略，会包括公有云、私有云以及基础设备的托管(见图 12-6)。

图 12-6　混合部署

混合部署的策略的优势在于其灵活性和适应性，通过实施混合策略可以将应用程序和用户的工作负载部署在性价比最高的机器上，提高机器的利用效率。

(5) 虚拟化改造。虚拟化不仅可以对底层资源进行充分利用，还可降低一些工作负载的风险。虽然虚拟化的系统中部分软件的性能水平不如直接部署在硬件之上，但是由于大部分情况下硬件的性能并不会被榨干耗尽，而是维持在一个不高的水平上，剩下的计算能力可以借助虚拟化进行合理使用，因此，虚拟化改造会具有更大的灵活性和控制能力。

DCIM 解决方案仍然是现代数据中心中工作的核心管理软件，借助 DCIM 数据中心，管理人员可以对整个虚拟化层的资源进行分配、跟踪，对数据中心中底层资源进行有效的利用。

4. 最后的话

从市场的实际需求来看，不论采用什么样的预测方式，未来几年内都需要大量的数据中心，尤其是在5G商用的背景之下。为了确保未来的数据中心可以满足市场需要，接下来几年的数据中心改造和新建必须在成本控制、机器效率、功率密度以及快速扩展能力上进行优化。

模块化的设计可以提高数据中心的部署效率，尤其是对于超大规模的数据中心这种情况。所以后续在对托管服务提供商进行评价时，可以将服务商是否采用了模块化构建方法构建数据中心作为其中的一个评价标准。

DCIM 现在仍是数据中心的核心管理软件，为适应未来几年不断变化的技术生态系统的需求，建议每一个想要进行数据中心现代化的企业将 DCIM 引入自己的数据中心管理之中。

资料来源：王洪鹏. CSDN 云计算. 2012-12-9.

阅读上文，请思考、分析并简单记录。

(1) 什么是 DCIM？它是硬件设备还是软件系统？有什么作用？

答：____

____

____

____

(2) 什么是数据中心？数据中心的发展趋势是什么？

答：____

____

____

____

(3) 什么是公有云？什么是私有云？什么样的企业会青睐私有云？

答：____

____

____

____

(4) 请简单描述你所知道的上一周发生的国际、国内或者身边的大事。

答：____

____

____

____

12.1 分布式分析

在大数据分析的任务中，分析平台也属于分析工具的一部分。

如今有很多分析平台可供选择，例如，传统的基于服务器的软件、数据库分析、内存分析、云计算分析等，那么哪些是最好的分析平台呢？

数据是分析的原材料，而分析决定了数据的价值。任何分析架构中最重要的一个方面都是如何使计算引擎与数据结合在一起。与数据源的整合不仅会影响分析师任务范围和他们所需要的培训，而且会影响一个分析项目的周期。

在机器学习和大数据预测分析上可以运用分布式计算吗？这个问题之所以关键其原因是：

(1) 大数据分析所需的源数据通常存储在分布式数据平台中，如 MPP appliances 或 Hadoop。

(2) 很多情况下，需要用作分析的数据太过庞大以至于不能存储在一个机器的内存中。

(3) 持续增长的计算量和复杂度超出了用单线程所能达到的处理能力。

12.1.1 关于并行计算

首先看一些定义。我们用并行计算这个术语来特指将一个任务分为更小的单元，并将其同时执行的方式(见图 12-7)。在一个程序中独立运行的程序片段叫作“线程”。所

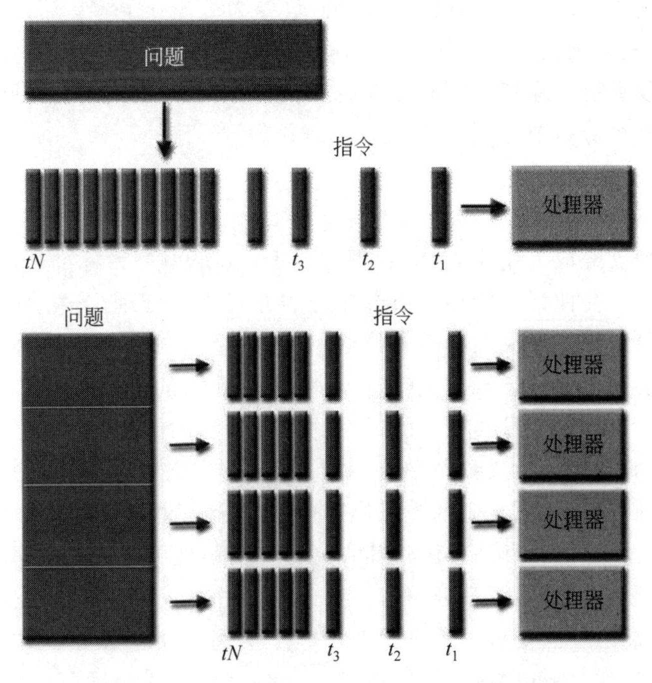

图 12-7 串行处理(上)和并行处理(下)示意图

谓多线程处理,是指从软件或者硬件上实现多个线程并发执行(当具备相关资源时)的技术;分布式计算是指将进程处理分布于多个物理或虚拟机器上的能力。

并行计算的主要效益在于速度和可扩展性。如果一个工人要花一个小时的时间去制造 100 个机器部件,那么在其他条件不变的情况下,100 个工人在一个小时之内可以制造 10 000 个机器部件。多线程处理优于单线程处理,但是共享内存和机器架构会对潜在的速度提升和可扩展性造成限制。大体上,分布式计算可以没有限制地横向扩展,并行处理一个任务的能力在于对任务本身的定义。

12.1.2 并行计算的三种形式

一些任务可以简单地进行并行处理,因为每个分析节点处理的计算指令独立于所有其他的分析节点,并且预期结果是每个分析节点所得结果的简单组合。我们称这些任务为高度并行。一个 SQL 的选择查询指令是高度并行的;评分模型也是;很多文本挖掘进程中的任务,如词语过滤和单词衍生形态查询,也是高度并行的任务。

第二类任务需要更多的努力来进行并行计算。对于这些任务,每个分析节点执行的计算也是独立于所有其他的分析节点,但是预期结果是来自于每个分析节点所得结果的线性组合。例如,通过分别计算每个分析节点的均值和行数,我们能够并行计算一个分布式数据库的均值,然后计算总平均值,作为分析节点均值的加权平均数。我们称这些任务为线性并行。

第三类任务更难进行并行计算,因为分析师必须以有意义的方式来组织数据。如果每个分析节点执行的计算独立于所有其他的分析节点,只要每个分析节点都有一大块"有意义"的数据,我们称这种任务为数据并行。假设要为每 300 个零售店建立独立的时间序列预测模型,并且我们的模型没有店与店之间的交叉效应。如果能够对数据进行组织,保证每个分析节点仅拥有一家店的所有数据,把问题转换为一个高度并行问题,就能够将计算工作分配给 300 个分析节点同时进行。

12.1.3 数据并行与"正交"

数据并行处理已经成为使用 MPP 数据库或 Hadoop 的一种标准处理方式,有两类限制需要我们去考虑。为使任务能够以数据并行的方式进行处理,分析师必须按照业务逻辑将数据进行分段组织。存储在分布式数据库中的数据很少会符合这种要求,所以,在分析进程处理之前必须重新整理数据,这个过程将增加处理的延迟。第二类限制是最佳的分析节点数量取决于问题本身。在之前引用的有关预测的问题上,最佳的分析节点数量是 300 个,这很少能和在分布式数据库或 Hadoop 集群中的节点数相匹配。

为了方便,我们用"正交"这个术语来形容一个完全无法并行计算的任务。"正交"原本是线性代数的概念,如果能够定义向量间的夹角,则正交可以直观地理解为垂直。在物理中,运动的独立性也可以用正交来解释。在分析学中,基于案例的推论是描述正交的最好例子,因为这种推论方法要求按顺序检查每一个案例。大多数机器学习和预测分析算法处于复杂并行的中间地带;数据可以被分段,交给分布式的分析节点处理,但分析节点之间必须互相通信,并可能需要多轮往复,预期结果是每个分析节点结果的复杂组合。

12.1.4 分布式的软件环境

软件开发者必须为分布式计算专门设计并建立机器学习软件。尽管可以将开源软件R或Python物理上安装在分布的环境中(见图12-8),这些语言的机器学习包必须在集群的每个节点上本地运行。例如,如果将开源软件R安装在一个Hadoop集群中的每个节点上,并进行逻辑回归计算,会得到在每个节点运算出来的24个逻辑回归模型。某种程度上你或许可以使用这些运算结果,但必须自己来决定这些结果如何组合。

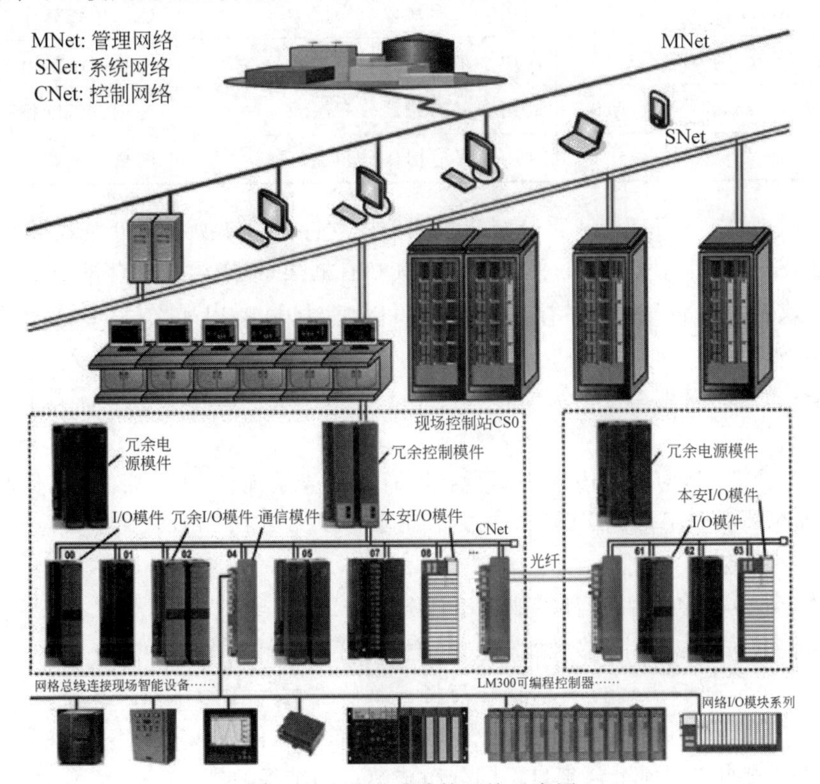

图12-8 分布式计算环境示意图

传统的高级分析商业工具提供了有限的并行和分布式计算能力。SAS在它的传统软件包中有三百多个程序,这其中只有一小部分支持在单机上进行多线程(SMP)处理。

表12-1展示了部分预测分析的分布式平台。

表12-1 分布式预测分析软件

产品/项目	类别	方法	平台
Alpine	商用	Push-down MapReduce	MPP数据库,Hadoop
Apache Mahout	开源	MapReduce,可移植到Spark	Hadoop
dbLytix	商用	SQL表功能	MPP数据库
H20	开源	专用分布层	网格,Hadoop

续表

产品/项目	类别	方　法	平　台
IBM SPSS Analytic Server	商用	Push-down MapReduce	Hadoop
MADLib	开源	SQL 表功能	Pivotal database，Hadoop
MLLib	开源	Spark	Spark
Netezza Analytics	商用	SQL 表功能	IBM PureData(Netezza)
Oracle Data Mining	商用	私有协议分布层	Oracle 数据库
Revolution R Enterprise	商用	取决于平台	网格，Hadoop，Teradata
SAS High Performance Analytics	商用	私有协议分布层	专用设备网格
Skytree Server	商用	私有协议分布层	网格

（1）目前为止，没有任何一款分布式预测分析软件可以在所有的分布式平台上运行。

（2）SAS 可以在一些不同的平台上部署其私有框架，但必须和平台搭配使用，而且不能在 MPP 数据库内部运行。尽管 SAS 声称可以在 Hadoop 内部支持 HPA，但是少见成功的客户案例。

（3）一些产品，譬如 Netezza Analytics 和 Orcale Data Mining，完全不能移植到其他平台上。

（4）理论上来讲，MADLib 可以运行在所有支持表功能的 SQL 环境中，但是 Pivotal Database 看起来被应用得更广泛。

总结以下要点：

（1）一项任务是否能并行计算取决于任务本身。

（2）在高级分析任务中，多数“学习型”任务是不能高度并行的。

（3）在分布式平台上运行一款软件与将一款软件运行在分布式模式中是不一样的，除非开发者在设计软件时就明确支持分布式处理，否则软件将在单机本地运行，并且用户不得不自己去弄明白如何组合来自不同分布式节点的结果。

一些软件商声称他们的分布式数据平台不需要多余的编程就能利用开源软件 R 或是 Python 包进行高级分析，这是他们将“学习型”预测模型与一些简单任务（如分值运算或是 SQL 查询指令）的概念混为一谈的结果。

12.2 预测分析架构

预测分析工作流程中的任务是一个复杂序列，尽管任务的真正序列取决于问题本身，而且会随着组织的不同而变化。当考虑整合分析和数据的实操选项时，有 4 种不同的架构可以选择，即独立分析、部分集成分析、基于数据库的分析和基于 Hadoop 的分析。

12.2.1 独立分析

“独立分析”是指所有的分析任务在一个独立于所有数据源的平台上运行。在独立分析架构中(见图 12-9),分析师会在一台独立于所有数据源的工作站或服务器上运行所有需要进行的任务。用户从源数据中以原子形式抓取数据,然后在分析环境下进行数据汇集和清理。准备好数据之后,用户在分析环境下进行高级分析并保存预测模型。为了应用模型,用户会再次抓取生产数据,在分析引擎中对其评估打分,然后将模型评分返还到生产环境中,用于上传和使用。

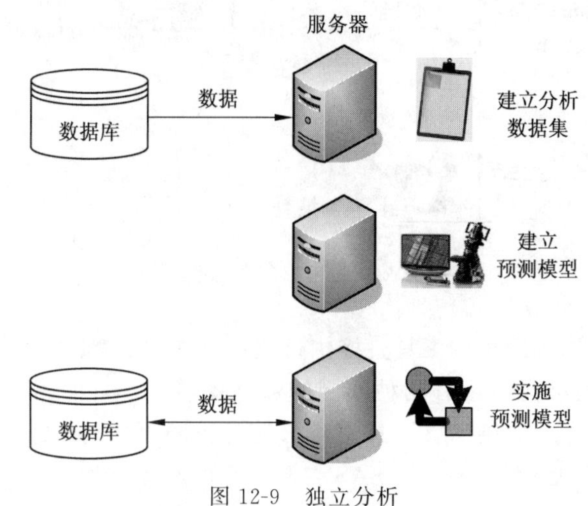

图 12-9　独立分析

多年来这个架构都是唯一的方案,并且很多组织仍然将其作为标准做法。在独立分析环境中,打分是一种非常耗费人力的活动,会花费分析团队的大量时间,因此不适合对时效性要求高的应用。

在某些情况下,这个架构表现得相当好。例如,一些只需要很少数据片段的应用,一些以报告和图表而不是预测模型来体现分析洞察的应用,以及不需要确保生产实施的一次性项目。研究类的应用,譬如仿真或是复杂的敏感性分析经常会归为这一类,并从基于内存的平台中获得更好的性能。譬如通过 GPU 辅助运算或是内存数据库的使用来提高性能,而不是通过数据集成本身来提高性能。

12.2.2　部分集成分析

"部分集成分析"是指模型开发任务运行在一个独立的平台上,但是数据准备和模型部署任务运行在数据源平台上。在部分集成分析架构中(见图 12-10),用户在源数据平台执行一些任务,其他的在独立分析平台执行。通常用户在数据源中执行数据处理任务并将获得的得分放到目标数据库或决策引擎中,这种方法将任务和工具匹配起来以达到最大效率。

关于数据源集成,分析师不再采取在原子水平上抓取所有数据并在分析环境中建立"自下而上"的分析数据集,而是在数据源中使用原生工具(例如 SQL 或 ETL 工具)来建立分析数据集。随后,分析师对完成的数据集进行抓取并将其放入分析环境中,用来完成数据准备任务(使用在数据库环境中无法支持的技术)并执行建模的操作。

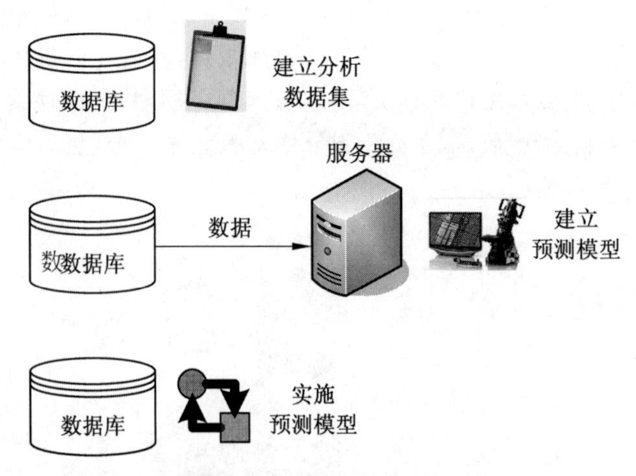

图 12-10 部分集成分析

尽管分析师们可以用原生的工具直接执行这些操作，但是很多分析师还是喜欢选择偏爱的分析软件商提供的接口，有两种不同的数据源接口：pass through（穿过）和 push down（下推）。例如，SAS 提供"穿过"式集成来使分析师可以将 SQL、HiveQL、Pig 或是 MapReduce 指令嵌入到 SAS 程序中；SAS 控制执行的整体过程，并以远程用户的身份登录到目标数据源去执行指令。这个方法具有很高的灵活性，但是用户必须明确地写出所用指令的正确语法格式，这要求用户对相关编程语言有很深的理解。

IBM SPSS、Alpine 还有其他软件商可以提供"下推"式集成服务，这种服务能将用户请求翻译为平台特定的指令。下推式集成服务的使用更简单，因为分析师不需要掌握编程语言的特定知识。由于界面本身仅支持有限的用例，这种服务本身缺少一些灵活性。

关于评分和预测，对新数据的评分不是在分析环境中进行的，而是分析师建立一个目标或可执行代码并把它传送到生产数据库中，进行数据库的评分。大多数分析软件包将模型导出为流行的编程语言（如 C、Java 或是 Python）或是预测模型标记语言（PMML），但是也有一些例外。举个例子，"传统"的 SAS 软件（Base SAS、SAS/STAT 等）只能把模型导出为 SAS 私有的格式。SAS Enterprise Miner 可以把模型导出为 C、Java 或 PMML 格式，但是有一些限制。SAS Scoring Accelerator 可以把所拥有的评分功能导出到指定的数据库类型中，但是只有跟 SAS Enterprise Miner 组合使用才可以。

不过，只有分析建模环境的表空间结构和用于评分模型的目标环境表空间结构匹配时，自动评分模型的集成才可以正常工作。用于分析模型的表空间结构不一定是生产环境表空间结构的副本，它可以是一个子集，但不能是超集。字段命名规范和其他的规范也必须保持一致。否则，生产数据库或是决策引擎无法解析分析应用程序所生成的评分模型。

当分析表空间结构和生产环境无法匹配的时候，唯一的方法就是手工开发评分模型，这项任务可以使项目生命周期增加 6 个月。然而手工编程至今仍然是众多组织的标准做法。

12.2.3 基于数据库的分析

“基于数据库的分析”是指所有的分析任务在一个大型的并行计算数据库中运行。我们用基于数据库的分析来描述这样一种架构，在这种架构中，预测分析引擎与数据库运行在同一个物理平台上（见图12-11）。所有的任务运行在同一个物理环境中，并且数据不用从一个平台传递到另外一个平台。

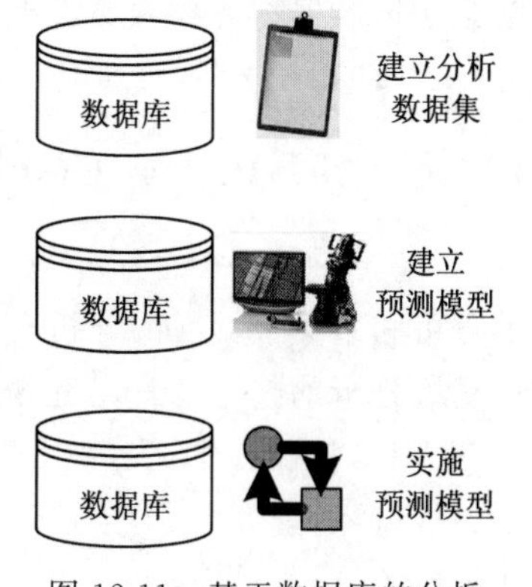

图12-11 基于数据库的分析

主流的关系型数据库（譬如DB2、Oracle）和MPP数据库（譬如IBM PureData和Tecradata）都提供了高级分析功能。例如，1990年Oracle并购了数据挖掘软件Thinking Machine，并且在2003年将其整合到Orcale数据库中。

MPP类型数据库（如IBM PureData for Analytics（Netezza）和Pivotal数据库（Greenplum））的出现、使用和发展再一次掀起了将分析引擎并入数据库引擎的热潮。IBM PureData提供了一种分布式机器学习查法的函数库，称为IBM Netezza Analytics。Orcale提供了一种相似的函数库，称为Oracle Advanced Analytics Option。Pivotal数据库缺少自身的分析能力，但是供应商与用户合作使用MADLib开源函数库提供的机器学习能力。Teradata在分析能力的提供上采取一种中立于厂商的姿态，可以同时支持来自于Fuzzy Logix、Revolution Analytics、SAS和TIBCO等厂商的基于数据库的分析解决方案。

由于数据库分析还没有形成跨平台的标准，每个供应商都开发了自己的函数库，数据库厂商提供分析能力来形成其产品在市场上的差异化。不过，标准的缺乏限制了它的应用。很多组织使用多厂商的数据架构，并且用户无法方便地将模型从一个平台移植到另一个平台。

现在有两种方法可以实现基于数据库的跨平台分析。一种方法是建立一个分析函数库，同时通过表函数在多个平台支持这个分析函数库。一个独立的分析供应商Fuzzy Logix，通过这个方法在多个数据库平台上提供了它的DB Lytix函数库。在IBM Infomix、IBM PureData、Microsoft SQL Server、Par Accel、SAP Sybase、Teradata Database和Teradata Aster中都可以使用DB Lytix。

还有另外一个可以实现跨平台的方法，几个MPP数据库供应商鼓励大家使用开源软件R。这种方法可以用于高度并行计算或是数据并行应用，但是在集成上会比较困难，而且供应商能提供的支持也比较有限。HP Vertica推广在Vertica平台上将其分布式计算框架（Presto）与开源软件R一起使用。IBM PureData发布了一系列的R包，使得R软件的用户可以通过R控制台提交工作。

Oracle发布了自己的R发行版本：Oracle R Distribution和Oracle R Enterprise。这种软件可以把R功能植入到Oracle数据库和Oracle大数据应用中。Teradata与Revolution Analytics合作来支持在Teradata数据库中运行Revolution R Enterprise。

某些特定的用例能够很好地适用于这种基于数据库的架构，包括预测模型评分，需要利用全部数据的大数据集分析，还有对不能离开数据物理存储地点的专业数据的分析等。最后一种情况的典型例子是关于临床实验数据的分析，相关组织对于数据安全的重视通常会通过数据物理移动的管控来实现。这样的组织使用一个基于数据库的分析架构是十分有必要的。

12.2.4 基于 Hadoop 的分析

“基于 Hadoop 的分析”是指所有的分析任务在 Hadoop 中运行。尽管基于 Hadoop 的分析和基于数据库的分析有相似的优势，我们还是将这两者区别开来，因为在 Hadoop 中高级分析的技术选择是完全不同的。Hadoop 仍然处于发展阶段，Hadoop 的查询工具没有 MPP 数据库那么成熟，而且比起 MPP 数据库，通常来说，Hadoop 更难操作。

Hadoop 非常适合作为分析平台来使用(见图 12-12)。和 MPP 数据库相比，Hadoop 所需成本低，而且 Hadoop 的文件系统无须预先建模就能兼容不同的数据。正因为如此，在 Hadoop 中高级分析的方法正在变得越来越多。但是，Hadoop 中高级分析的方法还比较有限，可用的开源项目不多，并且对用户的使用技巧有更高的要求。大多数情况下，分析师不得不用 MapReduce 或其他编程语言来自己写算法。

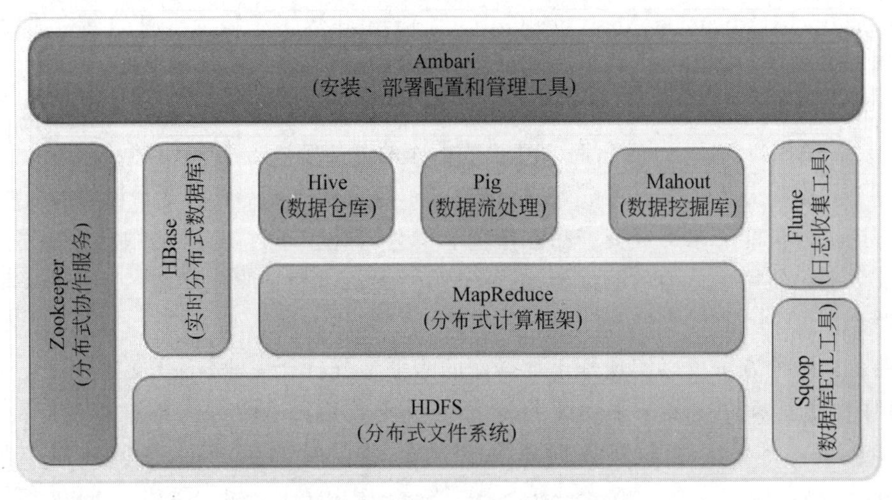

图 12-12 Hadoop 模型

设计上，MapReduce 可以对数据进行单次扫描并保留结果集。这个方法适用于高度并行计算和数据并行问题，但是在图形并行分析、迭代分析和流分析中表现并不好。关于分析的最重要的开源项目就是 Apache Hive、Apache Mahout 和 Apache Giraph。

Apache Hive 通过使用一种称作 HiveQL 的 SQL 变体，给用户提供了汇总、查询和分析的工具。2007 年，脸书的开发者进行 Hive 的研发并在 2008 年发布了一个开源版本。

Apache Mahout 项目始于 2008 年，它支持一个可在 Hadoop 中使用的机器学习算法函数库。

Apache Giraph是一个基于谷歌Pregel图形引擎项目开发的高度可扩展的图形引擎。2012年,Giraph作为Apache的孵化项目开始运行。脸书用Giraph来支持一个超过一万亿个边的社交图像。Giraph和Hadoop分布式文件系统(HDFS)相互配合,在MapReduce中直接运行。

除了之前提过的开源项目,三个商业性质的授权软件产品也通过MapReduce与Hadoop集成在了一起。其中有Alpine数据实验室的Alpine软件;IBM SPSS Analytic Server(一个后端组件),它可以将用户需求从IBM SPSS Modeler的形式转换为MapReduce指令;还有Revolution Analytics的Scale R包,可以将一个R软件用户的需求转换为MapReduce的形式。

随着为工作负荷管理而开发的YARN的不断发展,开发者现在可以引入能够利用Hadoop文件系统的分析,同时绕过MapReduce。然而,最重要的开源项目有可以用来做快速查询的Impala、Shark和Stinger;可以用来做机器学习的H2O和Spark MLLib;可以用作图像引擎的GraphLab和Spark Graph X;还有可以用作流分析的Spark Streaming。

H2O是一个由创业公司Oxdata开发的开源项目(Hexadata)。这个项目包括基于内存的分布式算法函数库,可以在一个独立集群或Hadoop中运行。Oxdata将自己的软件无偿地向社会开放,然后再根据服务和能够提供的支持协商达成协议。

Apache Spark是一个可在Hadoop环境中进行内存计算的平台。Spark同时支持多个子项目,包括用于机器学习的MLLib,用作图形引擎的Graph X,用作快速查询的Shark,还有用作流分析的Spark Streaming。Spark适用于所有的Hadoop文件格式,还提供与Scala、Java、Python和R的接口,它可以在每个主要的Hadoop版本中使用。

卡耐基·梅隆大学2009年开发的GraphLab是一个图形化的分布式计算框架,它吸引了一大批开发者社区和用户。GraphLab包括一系列支持图形分析的函数库(工具组)(例如网页排名和三角计数)、图形模型、主题建模(包括文本聚类和主题展现)、集群、协同过滤和推理图形的工具。GraphLab股份有限公司是一家2013年建立的创业公司,为GraphLab的开源项目提供了商业上的支持。

商品化软件供应商还提供了另外两种在Hadoop环境中进行高级分析的工具。分析软件的领导者SAS提供了基于内存的High Performance Analytics软件;这和SAS提供的用于一体机的是同一款软件。Skytree创业公司提供了一种在佐治亚理工学院FastLab实验室中研发出来的分布式机器学习软件(Skytree Server)。初期,用户对于这些产品的接受度还是有限的,但是随着YARN的发展,采纳度会越来越高,这些产品将具有更大的吸引力。

12.3 Apache Spark 分布式分析软件

Apache Spark是一个开源平台,它可用于基于Hadoop的分布式内存高级分析。这个项目源于加州大学伯克利分校AMPLab的一个研究项目,2013年6月在Apache中孵化,2014年2月达到了Apache中的最高层次(见图12-13)。

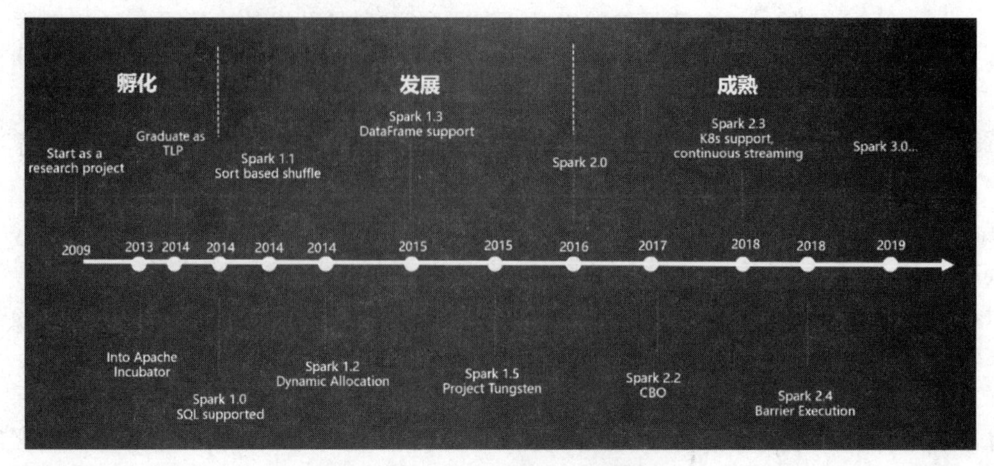

图 12-13　Apache Spark 的发展历程

那些准备在 Hadoop 平台上实施高级分析的组织面临着两大挑战。第一，MapReduce 必须在每次遍历数据后在磁盘上保留中间结果。由于大多数高级分析任务需要多次遍历数据，中间结果的保存给进程带来了延迟。

第二个关键挑战是基于 Hadoop 分析的局部解决方案过多。它们包括但不限于机器学习的 Mahout，图形分析的 Giraph 和 GraphLab，流分析的 Storm 和 S4，或是交互式查询的 Hive、Impala 和 Stinger。多种独立开发的分析项目给解决方案增加了复杂度，也带来了技术支持和集成上的挑战。

Spark 直接解决了这些挑战。它支持分布式内存处理，因此开发者可以编写迭代算法而不用每次遍历数据后就输出结果集。这使得真正的高效能高级分析成为可能。对于一些如回归分析算法的技术实现，项目主管反馈 Spark 的运行库比他们能在 MapReduce 中实现的快 100 倍。

其次，Spark 为分析提供了一种集成的框架，包括：

(1) 机器学习(MLLib)。

(2) 图形分析(Graph X)。

(3) 流分析(Spark Streaming)。

(4) 快速交互式查询(Shark)。

(5) SQL 接口(Spark SQL)。

Spark 的核心是一个抽象层，称为弹性分布式数据集或是 RDD。RDD 是只读的分区记录集合，这些记录是通过稳定分布数据或其他 RDD 中的确定性优化而产生的。RDD 中有相关重要信息，它们包括数据沿袭、数据转换的指令和为了持久化的(可选)指令。这些信息是容错的，失败的操作只需要再次运行即可。

对于数据源，Spark 支持任何存储在 HDFS 或是存储在任何由 Hadoop 支持的存储系统(包括本地文件系统、Amazon S3、Hypertable 和 HBase)上的文件。Hadoop 支持文本文件、SequenceFiles 以及任何其他建立在 Hadoop 基础上的输入格式。通过 Spark SQL，Spark 的用户们可以导入来自于 Hive 表和 Parquet 文件的关系型数据。

Spark 支持 Scala、Java 和 Python 的编程接口。伯克利 AMPLab 的团队针对 R 用户发布了 Spark R 的开发者版本，这个项目于 2015 年年初针对 R 用户发布用于生产环境的应用开发接口。有一个关于 Spark 的非常活跃并且持续增长的开发者社群。这些开发者为 Spark 提交的成果比所有其他 Apache 分析项目的总和还多。

Spark 的机器学习库 MLLib 成长得非常快，包含逻辑回归、对二元分类向量机的支持、线性回归、K-means 聚类和用于协同过滤的交替最小二乘迭代。线性回归、逻辑回归和向量机支持都使用了一种梯度下降的优化算法，并可以选择进行 L1 和 L2 的正则化。MLLib 是另一个更大的机器学习项目(MLBase)的一部分，那个项目包括用于特征提取的 API 和优化器。

2014 年 3 月，Apache Mahout 项目宣布将开发重点从 MapReduce 转到 Spark。Mahout 不再接受任何基于 MapReduce 建立的项目，未来项目将依赖于一个建立在 Spark 上实现线性代数的 DSL。Mahout 团队将会继续维持已经开展的 MapReduce 项目。

Graph X(Spark 的图形引擎)通过在 Spark 框架中进行高效的图形计算，融合了数据并行和图形并行系统的优点。它允许用户交互式地进行大量图形的上传、转换和计算。项目投资人表示其性能可以与 Apache Giraph 媲美，而且在一个很容易与其他高级分析集成的容错环境中。

Spark 流分析提供了另外一种抽象概念，称作离散流或是 DStream。DStream 是代表数据流的 RDD 的连续数列。用户可以从实时输入数据来创建 DStream，也可以通过转换其他 DStream 创建。Spark 接收数据，将其分成多个批次，接着复制这些批次以实现容错，并把它们保存在内存中进行数学运算。

2014 年 2 月，Cloudera 宣布对 Spark 即刻进行支持。4 月，MapR 宣布将会分销 Spark。5 月，HortonWorks、Pivotal 和 IBM 加入分销行列。HortonWorks 对于 Spark 的策略是更加关注于机器学习能力这一较窄的领域，而在流分析领域则推广他自己的 Storm，在 SQL 领域推广 Hive。

2014 年 5 月，NoSQL 数据库供应商 Datastax 宣布计划将 Spark 核心引擎与 Aparhe Cassandra 进行集成。Datastax 在这个项目上将会和 Databricks 合作，Databricks 提供一个 Spark 的认证机制。已经有不少公司参与了这个认证机制，包括 Alpine Data Labs、MicroStrategy、Qlik 和 Zoomdata。

ApacheSpark 从诞生之初到现在，从最初的学术界新星，到工业界的宠儿，再到现在的大数据处理不二之选，经过了多次的重构和改进，不断引领当今大数据处理的风潮。

12.4　云计算中的分析

除了在本地使用前面介绍的那些架构，企业也可以将其部署在"云端"。本节简要地讨论一下在一个整体的分析架构中，云计算可以扮演怎样的角色。

云计算是基于资源池概念的分布式计算，最终用户无须关注对于用来提供计算能力的物理硬件的控制，也就是说，用户只需把任务提交到云端（见图 12-14）。用于计算的云可以是公共云（如亚马逊的 AWS）或是专属于企业的私有云。公共云服务可以仅包括在指定时间段租用的 IT 基础设施，或是可以包含特定的应用（如在 Amazon Marketplace 提供的一些应用程序）。私有云可能包括企业自己拥有的计算硬件、共享资源或是两者的结合。

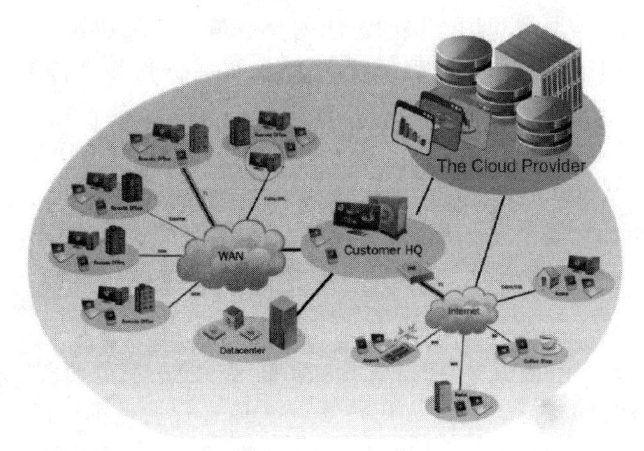

图 12-14　云计算

12.4.1　公有云和私有云

创业公司和小型分析服务提供商一般都会利用公有云。在一些大型的公司，他们也会选择私有云。对于那些有特殊安全或隐私要求的公司，比起公有云计算，他们更倾向于使用私有云。

私有云是为一个客户单独使用而构建的，因而提供对数据、安全性和服务质量的最有效控制。该公司（客户）拥有基础设施，并可以控制在此基础设施上部署应用程序的方式。私有云可部署在企业数据中心的防火墙内，也可以将它们部署在一个安全的主机托管场所，私有云的核心属性是专有资源。

在下面 5 种情况下更加适合使用云服务的分析。

（1）公司在 IT 基础设施上能够投入的资金有限。

（2）分析服务提供商将成本作为账单的一部分向客户进行收取。

（3）分析团队所面临的运算量变化很大且无法预测。

（4）企业面临可预测的峰值负载。

（5）分析团队的 IT 支持力量很弱。

创业公司在初期投资中经常缺少足够的预算去采购 IT 基础设施。尽管云计算架构的基础设施平均来说成本可能更贵，但是云计算上的规模经济可以使小型、成长型企业快速发展。云计算架构的方便性和灵活性可以让公司专注于自己的核心业务。

分析服务提供商包括咨询公司、广告公司、专业的分析服务商以及类似的其他公司。服务提供商还有另外一个问题，就是他们很难去预测工作量：仅增加一个用户可能会造成分析计算量的翻倍。这些公司将费用计算到客户身上，因此每一个工作单元都必须归属于一个明确的客户。云计算平台简化了这种记账和计费问题。

高级分析的计算量非常大,经常会产生“波动的”和无法预测的计算量。如果公司提供专门的基础设施用于支持分析团队的高峰计算量,这些计算资源在大多数时间将保持空闲的状态。因此,用私有云或公有云基础设施来支持分析团队是非常合理的。

分析应用程序也会产生多变但可预测的计算量。例如,银行每个月都要提交巴塞尔报告(一种银行合规报告)。由于经理需要将计划和绩效做对比,查询和报告的计算量会在月底达到高峰。零售商的分析计算量在春季的计划阶段和圣诞的报告阶段会有很大不同。同样的道理,对企业来讲,需要合理区分平时计算量和峰值计算量,并将峰值计算量放在云平台上进行支持。

最后,云计算平台对那些内部 IT 支持较弱的分析团队是非常有用的。想要寻求快速响应的业务部门分析师也许会和他们的 IT 支持团队发生冲突,尤其是在以注重成本控制或流程制度为激励的保守组织中。特别是市场部更倾向于快节奏的运营方式。在这种情况下,分析团队会发现公有云模式可以使他们更快地回应内部客户的需求。

12.4.2 安全和数据移动

有两个主要顾虑限制了云计算分析的采用:安全和数据移动。安全方面的问题更多的是一个认知问题而不是实际问题——实际上,本地系统也有可能被黑客攻击——但是认知非常重要。比起私有云,这个问题对公有云影响更大。

上传数据的需求也会限制大数据集分析中云计算的使用。用来移动数据所需要的时间和成本可能会是难以接受的。当用于分析的源数据已经在云计算平台中的时候(一些公司已经这样),这将不再会成为一个问题。另一点需要记住的是,不管分析是在本地运行还是在云计算平台中进行,可能都会需要移动数据。在这种情况下,将数据传输到云计算平台中不会比在本地将数据从一个系统传输到另一个系统所花的时间长。

负载管理的逻辑表明,随着分析师越来越多地使用密集型计算技术,预测模型的开发将会更多地移动到云计算平台中。高度并行并且 I/O 密集型的模型评分应用会选择和源数据同样的平台。根据源数据存储的具体情况,不管是在本地还是在云计算平台中,公司都将保持这类任务尽可能地靠近源数据的存储地点。

12.5 现代 SQL 平台

SQL(结构化查询语言)在 20 世纪 70 年代早期由 IBM 开发出来。在 20 世纪 80 年代初期,由于 Oracle 的大力推广,SQL 成为事实上普遍接受的数据库语言。在这段时期,数据库的设计初衷是用来创建并修改每一条交易本身,并逐步以线上交易处理(OLTP)而闻名。此时计算量的优化主要针对每一条记录的操作,因此主要用于捕捉交易数据,而不是用于分析类型的计算量,分析类型的计算更多是针对汇总后的数据,或按列进行计算。在过去的几十年,SQL 标准已经延展,在语言中包含基本计算功能,例如平均数、最小值、最大值和计数。

20 世纪 80 年代早期，可以用于存储大量数据的数据仓库的普及给分析数据带来了新的机会。20 世纪 90 年代中期，数据库分析首先被引入，开始了基于 SQL 的数据库和分析的融合。数据库分析让数据库用户有机会将更多复杂的分析嵌入到数据库中，可以对数据进行计算而无须将其从数据仓库中提取出来。然而，编写复杂的分析代码是有挑战的，直到 21 世纪前十年中期，数据库分析才开始普及。为了使数据库用户的使用更简单，数据库厂商开始将更加庞大的分析函数库植入到数据库平台之中。尽管数据库分析带来了越来越多的好处，这项技术在市场上还是没有被充分利用。

12.5.1 什么是现代 SQL 平台

埃德加·考德首次引入了 SQL 这个概念，作为一种数据库语言来使用户能够更方便地创建和操作关系型数据库表。如今，SQL 已经成为数据库领域最权威、成熟和广泛接受的编程语言。尽管 SQL 平台大部分具有交互能力，用户可以进行查询并得到结果，但很多的生产进程是通过批处理方式离线执行的。

通常来讲，一般用途的数据库被归类为 OLTP 数据库。自从 20 世纪 70 年代起，OLTP 数据库已经普及并非常成熟。随着 OLTP 数据的成熟，数据库厂商重点推广（基于行）关系型数据库，以提供多种功能来保证数据库中交易的可靠处理。今天我们把这套数据完整性属性统称为 ACID（原子的、一致的、独立的、持久的）规范。

数据仓库是一种专业关系型数据库，用来生成报表和在线分析（OLAP）。如今数据仓库也已相当成熟，完全符合 ACID 的规范。2006 年，随着 Hadoop 的引入，传统的数据库和数据仓库市场发生了巨大的改变（见图 12-15）。Hadoop 是一种开源软件框架，用于对廉价商业硬件上的大量非结构化数据进行分布式存储和处理。Hadoop 被设计成具备跨服务器集群的弹性扩展和容错。容错处理是一种特性，用来使系统可以正确处理意外的软硬件中断，如断电、断网等。

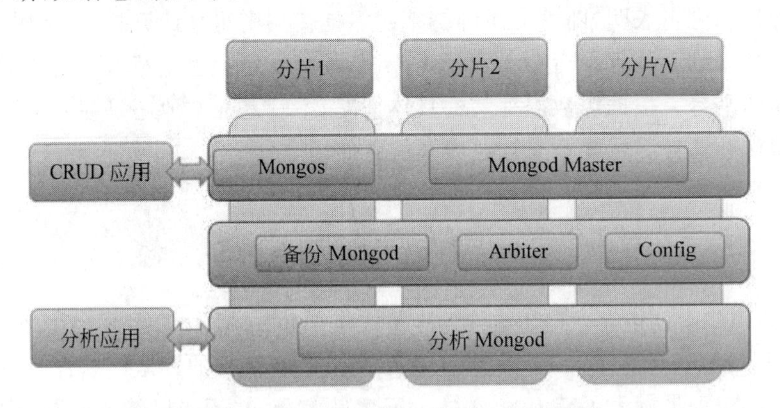

图 12-15　Hadoop 多维分析平台架构图

Hadoop 为数据库市场的创新创造了一个良好的开端，这场创新仍然在持续进行中。2009 年左右，NoSQL 数据库出现，它和传统数据库有如下几个不同点。

(1) 非关系型分布式数据存储。

(2) 无 SQL 功能。

(3) 不符合 ACID 规范。

NoSQL 数据库使用了不同的数据存储架构,包括树、图和键值对。随着 NoSQL 数据库逐渐成熟,引进了一种“最终一致性”的数据完整性模型,能够最终提供符合 ACID 规范的数据完整性。

尽管 NoSQL 数据库一开始并没有 SQL 功能,但是随着 NoSQL 数据库的发展,拥有了一种类似 SQL 的功能,NoSQL 的名称也逐步变为“不仅是 SQL”(Not only SQL)。这项技术最重大的贡献之一是突破了传统的 OLTP 和数据仓库在水平拓展方面的局限性。水平拓展是一种能力,指通过在物理机器以外增加计算节点来提高数据库处理能力,而不受任何限制。这个重大突破可以让 NoSQL 数据库利用廉价的商业硬件来进行计算能力的扩展,从而使数据库和数据仓库应用的成本显著下降。NoSQL 数据库另外一个很关键的能力是容错。

2011 年,紧接着 NoSQL 数据库的引入,行业又推出了 NewSQL 数据库平台,借鉴了传统数据库、数据仓库和 NoSQL 数据库的功能。基本来说,NewSQL 数据库平台提供了水平拓展、更快的交易进程处理、容错能力、SQL 界面,并符合 ACID 规范。

12.5.2 现代 SQL 平台区别于传统 SQL 平台

一个现代 SQL 平台在以下几个重要方面是区别于传统 SQL 平台的。

(1) 在廉价商业化硬件上的水平拓展能力。

(2) 简单提取和处理任何数据的能力。

(3) 在查询和分析处理能力上有更高的性能。

(4) 数据完整性和一致性。

(5) 用户可以在分布式进程处理和容错之间的平衡上进行调节。

一个现代 SQL 平台在商业化硬件上使用分布式进程架构,提供可以容错的无限制的水平扩展能力。尽管现代 SQL 平台提供了符合 ACID 规范的和更高的进程吞吐量,但是天下没有免费的午餐。为了保障数据一致性,这些平台需要锁定数据来进行修改。每个平台或者默认在性能和一致性中进行平衡,或者允许用户去做平衡选择。

为了能够充分管理无限制的长度可变的字符,现代化 SQL 平台做出了很多的努力来支持大型字符和字符串数据。此外,现代 SQL 平台针对巨型数据集——互联网级别的数据集——而不是局限于数据子集,提供了更快的处理。

如今,有以下三种主要的现代 SQL 平台。

(1) MPP(大规模并行处理)数据库。

(2) SQL-on～Hadoop。

(3) NewSQL 数据库。

每个现代 SQL 平台支持一种或多种类型的分析查询和处理任务,包括:

(1) 批处理 SQL。在后台执行需要时间处理的静态数据查询。需要长时间处理的查询通常所需的运行时间从 20min 到 20h 不等。这种批处理方式一般用来进行大量的

ETL 处理、数据挖掘和预测模型建模。

(2) 交互式 SQL。在线执行静态数据的查询,用户在线等待查询结果。这种低延迟的查询所需的运行时间从 100ms 到 20min 不等。这种交互式 SQL 一般用作传统的商务智能报表和可视化报表,即席查询和固定报表。

(3) 实时或运营 SQL。对静态数据的大用户量高并发交易数据查询。这种低延迟查询所需运行时间通常低于 100ms。这种形式一般用作对大数据量(OLAP)的只读操作、点查询和针对小数据集的互联网应用程序。

(4) 流式 SQL。在一个时间窗口内,对动态数据进行实时连续查询和分析处理(举个例子,"在最近 5min 有多少异常现象被检测出来?")。这种延迟极低的查询所需运行时间一般低于 10ms。这种方式一般用作算法交易、实时个性化广告、实时欺诈检测和实时网络入侵。

SQL 通过以下几种机制来支持分析型任务。

(1) SQL 内置函数。在 SQL 中实现的基本的描述性分析函数,如平均数、计数、百分比、标准差及其他。

(2) SQL 自定义函数(UDF)。它们提供一种机制,可以让用户自己编写分析函数,使用较低级的编程语言,如 Java、C 或 C++ 。

(3) SQL 分析库。在 SQL 和 SQL 自定义函数中实现的分析功能。这些通常是第三方函数库,可能包含统计、预测分析、机器学习和其他诸多功能。Fuzzy Logix 的 DB Lytix 和开源软件 MadLib 都是这种函数库的典型例子。

12.5.3 MPP 数据库

一个典型的大规模并行处理(MPP)数据库会使用一种无共享架构,它把一个服务器的数据和工作量分配到许多独立的计算节点中。将工作量分割完成提高了数据库操作处理能力。在传统的数据库中,计算是集中进行的,所有数据被打包送到中央节点,然后进行计算。在 MPP 数据库中,通过把查询和计算发送到数据的位置进行,从而避免了数据移动的瓶颈。

如今 MPP 数据库是被广泛接受的商业化数据仓库。

一体机是针对某一硬件优化过的一种软件和硬件的组合设备。数据仓库一体机通常包括一个 MPP 数据库和用来支持数据库的硬件,在现今市场中是比较成熟的一种设备。一体机不仅打包了软件和硬件,而是针对某一目标制造的软硬件紧密集成并都经过调优的数据库设备。

市场上有一些可选的商业化的 MPP 产品,这些产品代表了一些技术路线上的差异。

12.5.4 SQL-on-Hadoop

SQL-on-Hadoop 作为一种 SQL 引擎,与 Hadoop 节点中的数据共存。这种 SQL 引擎对 Hadoop 各种数据源直接进行批量 SQL 和交互式 SQL 的查询。

但是需要注意的是,SQL-on-Hadoop 和 Hadoop 连接器是不同的。连接器将数据在连接的数据源和 Hadoop 之间反复传输。尽管可以将连接器并行设置以提高吞吐量，数据移动尤其是大数据量的移动，除了针对临时性的即席查询比较方便以外，是一种难以维护的解决方案。

市场上有几种开源和商用的 SQL-on-Hadoop 产品，这些产品代表了一些技术路线上的差异。

12.5.5 NewSQL 数据库

NewSQL 数据库是下一代 SQL 交易(OLTP)数据库。NewSQL 数据库最关键的优势在于它是一个以 SQL 为基础的、符合 ACID 规范的、享有无限水平扩展能力的分布式架构。NewSQL 数据库提供了更广泛的 SQL 功能，包括批量处理、交互、实时，有些情况下还提供流分析功能。

市场上有几种商品化的 NewSQL 产品，这些产品代表了一些技术路线上的差异。

12.5.6 现代 SQL 平台的发展

现代 SQL 平台在传统的数据库市场激起变革的浪潮。20 世纪 80 年代早期，随着 MPP 数据库的引入，这种趋势正在慢慢地崛起，2006 年随着 Hadoop 的出现，这种改变就走入了快车道。从那时以来，NoSQL 出现，紧接着 SQL-on-Hadoop 出现，到现在的 NewSQL 平台，各种改良的数据库架构层出不穷。

MPP 数据库很快变成了一种传统环境，但是仍然在很多的数据中心中应用。科技新贵们主要集中在新兴行业(如数字化媒体和游戏行业)，常常绕过 MPP 平台而更倾向于使用新平台，诸如 Hadoop、NoSQL 或是 NewSQL 这类环境。尽管如此，MPP 数据库仍然会存在相当长的时间，因为它们已经渗透到了很多行业的数据中心里，如金融服务、电信、零售、卫生保健等。SQL-on-Hadoop 给那些想要从 Hadoop 数据中汲取价值的用户一个机会，让他们能够从自己的大数据中获得价值。无论如何，Hadoop 现存的在实时处理大型混合数据分析负载相关能力(很多行业需要这种能力成熟到可以在企业中实际应用)方面的局限已经越来越小了。NewSQL 平台虽然还没有 MPP 或是 SQL-on-Hadoop 平台那么成熟，但是它正在展示其拥有在处理混合数据和分析工作负载时具备实时扩展的能力。

同时还有一个新的领域出现，那就是 Gartner 咨询公司所称的混合事物和分析处理(HTAP)。这个新领域中预计会出现内存处理数据库(IMDBMS)，它能够在提供实时分析处理的同时摄取互联网规模的数据。支持 HTAP 的数据库大大简化了基础架构，因为不再需要将交易数据和分析数据进行分离，其底层的支撑技术终于成熟到可以支持大量的负载需求。这给业务提供了创造新型实时分析应用的机会，这种应用不单纯是现有分析应用的提速，而且让业务能够将分析应用嵌入到日常运营流程之中，以实现更好的、对环境变化能够迅速反应的应用。

图 12-16 列出了三大现代 SQL 平台的优势与劣势。

	MPP	SQL-on-Hadoop	NewSQL
主要的数据存储	相关的	基于文件的	相关的
分布情况	●	◕	●
水平拓展	◔	◕	●
静态数据	●	●	●
动态数据	◑	○	●
非结构化数据	◔	◑	◑
OLTP	○	○	●
OLAP	●	●	◑

图 12-16 现代 SQL 平台的总结(其中图符表示优劣程度)

作　业

1. 在大数据分析中有很多分析平台可供选择,但下列(　　)选项不是。

A. 数据库分析　　B. 硬盘分析　　C. 内存分析　　D. 云计算分析

2. 数据是分析的原材料,而分析决定了(　　)的价值。

A. 数据　　B. 程序　　C. 系统　　D. 计算机

3. 在大数据分析中是否可以运用分布式计算,需要考虑的关键因素除(　　)之外。

A. 大数据分析所需的源数据通常存储在分布式数据平台中

B. 很多情况下,需要用作分析的数据太过庞大以至于不能存储在一个机器的内存中

C. 用单个原子、分子制造物质的纳米技术

D. 持续增长的计算量和复杂度超出了用单线程所能达到的处理能力

4. "并行计算"是指:将一个任务分为(　　)的单元,并将其同时执行的方式。

A. 更大　　B. 独立　　C. 完整　　D. 更小

5. 在一个程序中独立运行的程序(　　)叫作"线程"。

A. 片段　　B. 代码　　C. 模块　　D. 机器码

6. 多线程处理,是指从软件或者硬件上实现多个线程(　　)执行(当具备相关资源时)的技术。

A. 顺序　　B. 互斥　　C. 并发　　D. 合并

7. 分布式计算是指将进程处理分布于多个(　　)机器上的能力。

A. 超级　　B. 物理或虚拟　　C. 计算　　D. 数字

8. 并行计算的主要效益在于速度和(　　)可扩展性。

A. 可扩展性　　B. 大容量　　C. 多样性　　D. 高利润

9.下列(　　)不属于并行计算三种形式之一。

A. 简单地可以进行并行处理　　B. 需要更多的努力来进行并行计算

C. 更(很)难进行并行计算　　D. “正交”型独立模块

10. 当考虑整合分析和数据的实操选项时,有 4 种不同的架构可以选择,下列(　　)不属于其中之一。

A. 独立分析　　B. 部分集成分析

C. 基于实验试管分析　　D. 基于 Hadoop 分析

11. Apache Spark 是一个(　　)平台,它可用于基于 Hadoop 的分布式内存高级分析。

A. 开源　　B. 集成　　C. 商用　　D. 封闭

12. Spark 为分析提供了一种集成的框架,但下列(　　)不包括在内。

A. 机器学习　　B. 图形分析　　C. 分子筛选　　D. 流分析

13. 云计算是基于(　　)概念的分布式计算,最终用户只需把任务提交到云端。

A. 数据包　　B. 信息包　　C. 文件夹　　D. 资源池

14. (　　)是为一个客户单独使用而构建的,因而提供对数据、安全性和服务质量的最有效控制。

A. 公有云　　B. 私有云　　C. 应用云　　D. 计算云

15. 20 世纪 90 年代中期,数据库分析首先被引入,开始了(　　)和分析的融合。

A. 基于 SQL 的数据库　　B. 基于云平台

C. 部分集中　　D. 全部集中

社交网络与推荐系统

【导读案例】

推荐系统的工程实现(节选)

本文作者结合多年推荐系统开发的实践经验介绍了推荐系统的工程实现，简要说明要将推荐系统很好地落地到产品中需要考虑哪些问题及相应的思路、策略和建议，其中有大量关于设计哲学的思考，希望对从事推荐算法工作或准备入行推荐系统的读者有所帮助。

1. 推荐系统与大数据

推荐系统是帮助人们解决信息获取问题的有效工具，对互联网产品而言，用户数和信息总量通常都是巨大的，每天收集到的用户在产品上的交互行为也是海量的，这些大量的数据收集处理涉及大数据相关技术，所以推荐系统落地，往往需要企业具备一套完善的大数据分析平台。

推荐系统与大数据平台的依赖关系如图 13-1 所示。大数据平台包含数据中心和计算中心两大抽象，数据中心为推荐系统提供数据存储，包括训练推荐模型需要的数据，依赖的其他数据以及推荐结果，而计算中心提供算力支持，支撑数据预处理、模型训练、模型推断(即基于学习到的模型，为每个用户推荐)等。

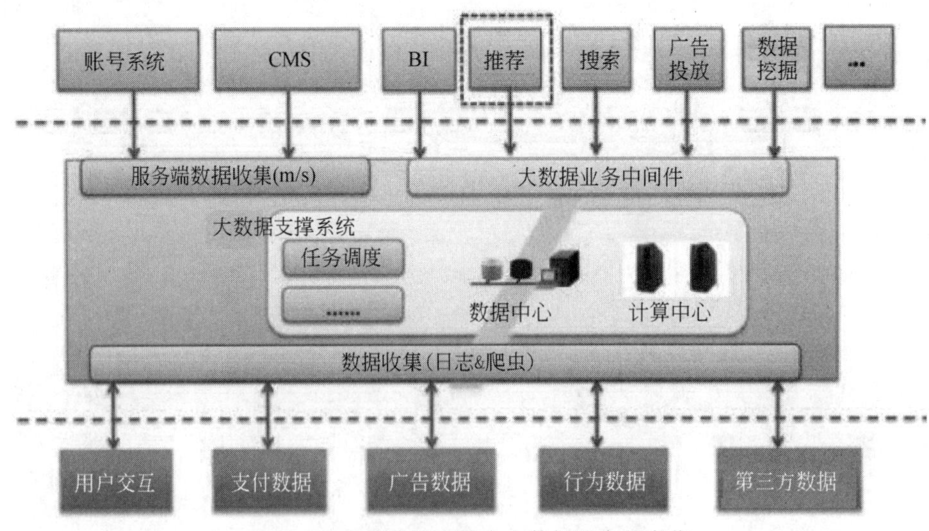

图 13-1　推荐系统在整个大数据平台的定位

大数据与人工智能有着千丝万缕的关系，互联网公司一般会构建自己的大数据与人工智能团队，构建大数据基础平台，基于大数据平台构建上层业务，包括商业智能(BI)、推荐系统及其他人工智能业务。图13-2是典型的基于开源技术的视频互联网公司大数据与人工智能业务及相关的底层大数据支撑技术。

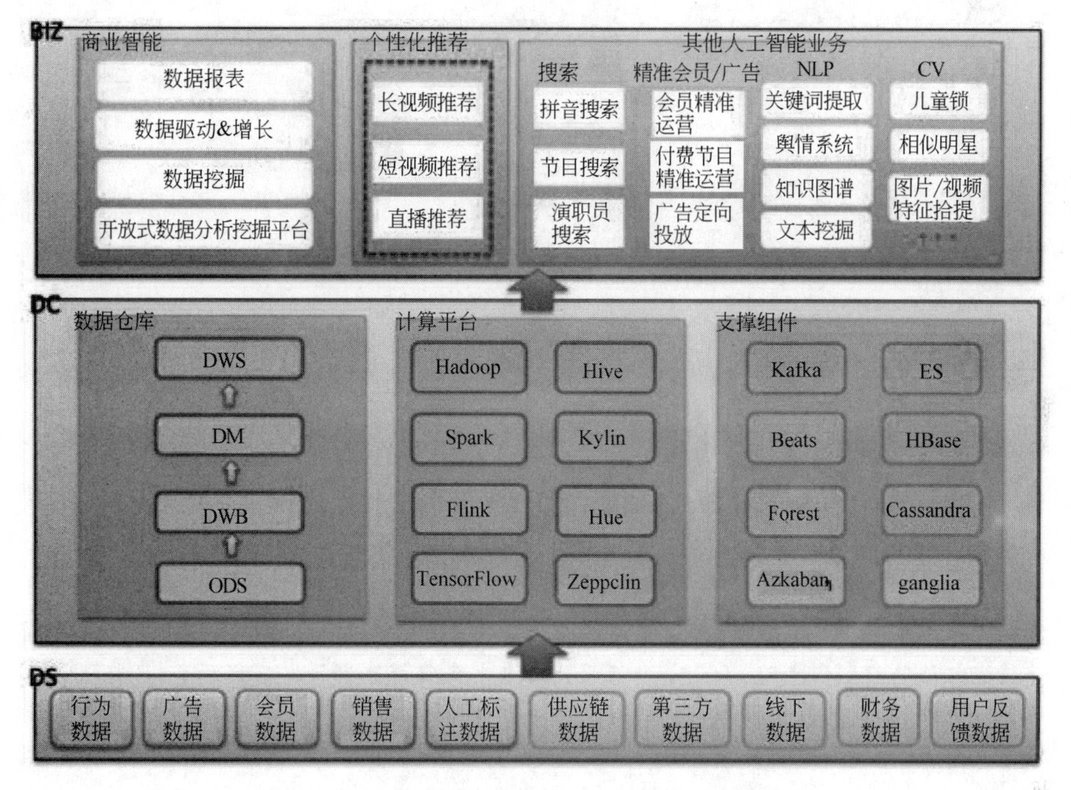

图13-2 大数据支撑下的人工智能技术体系

(DS：数据源；DC：大数据中心；BIZ：上层业务)

在产品中整合推荐系统是一个系统工程，怎么让推荐系统在产品中产生价值，真正帮助到用户，在提升用户体验的同时为平台方提供更大的收益，是一件有挑战的事情。整个推荐系统的业务流可以用图13-3来说明，它是一个不断迭代优化的过程，是一个闭环系统。

有了上面这些介绍，相信读者对大数据与推荐系统的关系已经有了一个比较清楚的了解。

2. 推荐系统的未来发展

随着移动互联网、物联网的发展以及5G技术的商用，未来推荐系统一定是互联网公司产品的标配技术和标准解决方案，会被越来越多的公司所采用，用户也会更多地依赖推荐系统做出选择。

在工程实现上，推荐系统会采用实时推荐技术来更快地响应用户的兴趣(需求)变化，给用户强感知，提升用户体验。

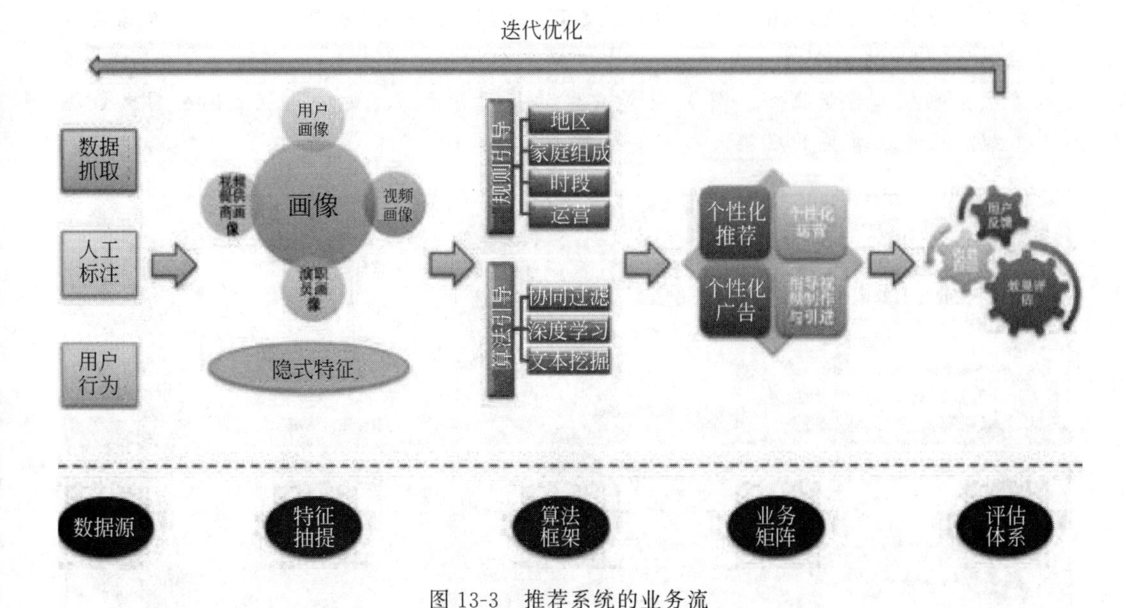

图 13-3　推荐系统的业务流

未来会有专门的开源推荐引擎出现，并且提供一站式服务，让搭建推荐系统的成本越来越低。同时，随着人工智能的发展，越来越多的云计算公司会提供推荐系统的 PaaS 或者 SaaS 服务(现在就有很多创业公司提供推荐服务，只不过做得还不够完善)，创业公司可以直接购买推荐系统云服务，让搭建推荐系统不再是技术壁垒。到那时，推荐系统的价值将会大放异彩！到那时，不是每个创业公司都需要推荐算法开发工程师了，只要理解推荐算法原理，知道怎么将推荐系统引进产品中创造价值，就可以直接采购推荐云服务。就像李开复在《AI 未来》一书中所说的，很多工作会被 AI 取代。所以，推荐算法工程师也要有危机意识，要不断培养对业务的敏感度、对业务的理解，短期是无法被机器取代的，到时候说不定可以做一个推荐算法商业策略师。

资料来源：gongyouliu. 大数据工程师. AI 科技大本营，2019-3-15.

阅读上文，请思考、分析并简单记录。

(1) 本文原标题是“推荐系统的工程实现”。请借助搜索引擎找到这篇文章并完整阅读。请简单记录你的读后感。

答：____

____

____

____

(2) 本文作者认为：大数据与人工智能有着千丝万缕的关系。请对此简述你的看法。

答：____

____

____

____

(3) 本文作者认为，随着移动互联网、物联网的发展，以及5G技术的商用……未来推荐系统的应用前景如何？

答：____

____

____

____

____

(4) 请简单记述你所知道的上一周内发生的国际、国内或者身边的大事。

答：____

____

____

____

13.1 社交网络的定义

社交网络(见图13-4)即社交网络服务(Social Network Service，SNS)，其本义是社会化网络服务。社交网络的含义包括硬件、软件、服务及应用，通过分析来自社交网络的大数据可以获得大量有价值的信息。

图13-4　社交网络服务

微信、QQ、知乎以及脸书、推特、领英等，都是社交网络的典型代表。但社交网络远不止这些，所提供的服务及内涵也极为丰富，其现实场景包括：

(1) 以超链接方式链接在一起的网页。

(2) 人与人之间的电子邮件网络。

(3) 因引用而建立连接关系的研究论文。

(4) 通信运营商的客户之间的电话呼叫。

(5) 通过流动性依赖而相互连接在一起的银行。

(6) 疾病在病人之间的传播。

13.1.1 社交网络的特点

社交网络能广泛地应用于各种不同的业务场景,它具有以下基本特点。

(1) 网络包含一组实体。最容易理解的情况是:这些实体是同一社交网络中的人,但是这些活动者也完全可以是其他对象。

(2) 这些活动者之间存在着某种关系,正是这种关系将他们连接在一起。在典型的社交网络中,这种关系是"好友",在微博等社交媒体中,这种关系也可以是"关注"。

鉴于社交网络的重要成分是实体和实体间的关系,因此,可以用图来为社交网络建模,这样的图也被称为社交图。在具体的业务场景下,社交网络表现为任意节点(也称为顶点)以及把它们连接在一起的边。图中的节点为社交网络中的实体,节点之间的边则表示实体之间的关系。社交图可以为有向图或无向图,例如,"好友关系"并不强调方向,故为无向图。相对地,微博中的"关注关系"则为有向图。

社交网络分析是指基于信息学、数学、社会学、管理学、心理学等多学科的融合理论和方法,为理解人类各种社交关系的形成、行为特点分析以及信息传播的规律提供的一种可计算的分析方法。

社交网络的节点(顶点)和边都需要在分析活动开始之初就加以明确定义。节点(顶点)可以是客户(普通个人/专业人士)、住户/家庭、病人、医生、作者、论文、恐怖分子、网页等,边代表连接关系,可以是朋友间的关系、一次通话、疾病的传播、论文的引用等。注意,可以基于节点相互作用的频率、信息交互的重要性、亲密程度和情感强度等,给"边"赋予一定的权重。例如,在客户流失预测业务场景中,"边"是客户间的通话,可根据两个客户在指定时期相互通话的时长给边赋权。图 13-5 是社交网络图示例,在该图中还用不同颜色来表示节点的状态(如流失或非流失)。

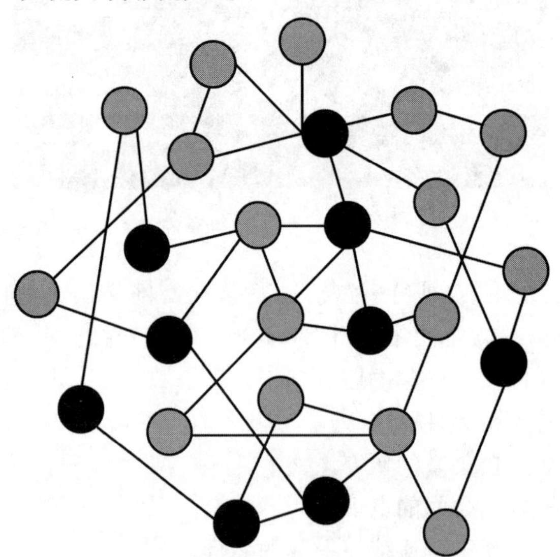

图 13-5 社交网络示例

小型网络很适合采用社交网络图来表示,而大型网络则通常用矩阵来表示。表13-1就是一个社交网络矩阵示例。这种表示节点关系的矩阵通常是对称的稀疏矩阵(有大量的值为0),该范例中,"1"表示两个节点有直接连接,"0"表示两个节点之间无直接连接,当连接关系有权重时,矩阵的非零数值就表示权重。

表13-1　用矩阵来表示的社交网络

	C1	C2	C3	C4
C1	—	1	1	0
C2	1	—	0	1
C3	1	0	—	0
C4	0	1	0	—

13.1.2　社交网络度量

可以用多种度量指标来描述社交网络的具体特征,其中最重要的是表13-2中所描述的中心性指标,是一种反映节点在网络中的地位的方法。假设某个网络有 g 个节点,表示为 $n_i(i=1,2,\cdots,g)$。g_{jk} 代表从节点 n_j 到节点 n_k 的测地线的数量,可以用公式计算出节点 n_i 的中心性度量指标值。

表13-2　网络中心性的度量指标

测　地　线	网络中两个节点之间的最短路径
度中心性	节点的连接数量(在有向连接中,还应区分入度和出度)
邻近中心性	网络中给定节点到其他所有节点的平均距离的倒数
介中心性	所有的经过节点 n_i 任意两个节点(n_j、n_k)的测地线数与它们所有的测地线的比值的累积和
网络/图的理论中心	网络中到其他节点的最大距离的累计和最小的节点

测地线又称大地线或短程线,可以定义为空间中两点的局域最短或最长路径。测地线的名字来自于对于地球尺寸与形状的大地测量学。

关于这些度量指标的使用,可以用风筝网络图(见图13-6)加以描述。

表13-3是如图13-6所示的风筝状网络的各节点的中心性度量指标结果值。基于度中心性,张乐的值最大,是6,表示她的连接数最多,她在这个网络中的角色相当于连接器或集线器。然而请注意,度中心性只是反映节点间的直接连接关系,图13-6中,张乐与6个人有直接连接。李晓明、王强与其他人的距离最近,他们俩处于信息交流的最佳位置,通过他们俩能快速地把信息传递给网络中的其他人,这就是邻近中心性度量指标。接下来再看介中心性度量指标,章佳乐的值最高,她位于两个重要小群体的中间位置(右边是王菲、李刚,左边是所有的其他人),她扮演这两个小群体的中间人角色,没有了章佳乐,这两个小群体就失去了联系。

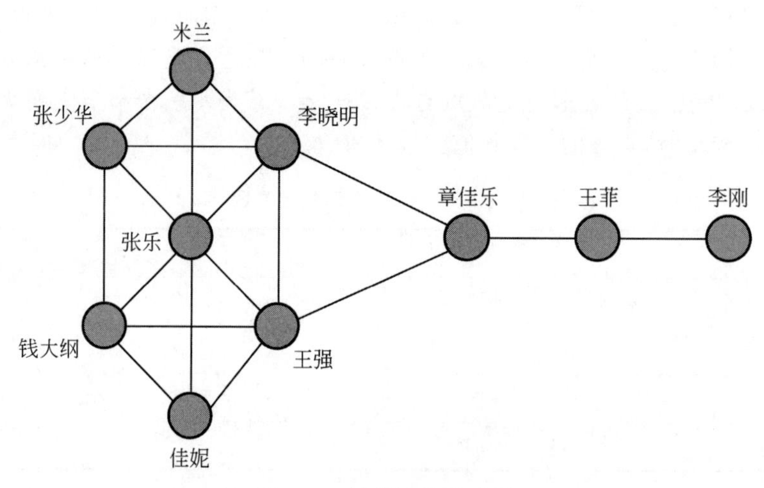

图 13-6　风筝网络图示例

表 13-3　风筝网络的中心度测量结果

度中心性得分		邻近中心性得分		介中心性得分	
6	张乐	0.64	李晓明	14	章佳乐
5	李晓明	0.64	王强	8.33	李晓明
5	王强	0.6	张乐	8.33	王强
4	张少华	0.6	章佳乐	8	王菲
4	钱大纲	0.53	张少华	3.67	张乐
3	米兰	0.53	钱大纲	0.83	张少华
3	佳妮	0.5	米兰	0.83	钱大纲
3	章佳乐	0.5	佳妮	0	米兰
2	王菲	0.43	王菲	0	佳妮
1	李刚	0.31	李刚	0	李刚

在社交网络分析中，介中心性指标常用于社群挖掘，常用技术是吉文·纽曼算法，其计算过程如下：

(1) 基于已存在的边计算每条边的介中心性指标。

(2) 删除介中心性指标值最高的边。

(3) 重新计算剩余边的介中心性指标。

(4) 重复步骤(2)和步骤(3)，直到所有边都被删除为止。

按照这个方法步骤计算出来的结果基本上是一个树状图，可以用这种树状图来确定最优的社群数量。

13.1.3　社交网络学习

社交网络学习的目的是在网络内部进行群组划分时，计算出指定节点与网络中其他节点相比较而言成为边界成员的概率。社交网络学习的各种关键挑战层出不穷。第一个挑战：数据之间并非完全独立且均匀分布(IID)，而古典统计模型(如线性回归和逻辑回归)恰恰假设样本之间具有独立性且均匀分布。不同节点的行为存在相关性，意味着某个节点的成员对相关节点的成员有影响力。第二个挑战：在模型开发过程中，难以将数据划分为训练集、验证集，因为整个网络的每个节点均有内在联系，不能简单切割成两部分。第三个挑战：对共同模式推断程序有强烈需求，因为节点间关系的推断会相互影响。第四个挑战：许多网络的规模巨大(如电信运营商的通话关系网络)，因此需要开发高效的算法程序来完成社交网络学习任务。最后不要忘记，在分析时，传统的方法只使用节点的特征属性信息，因为对于预测来说，这仍然是经过证明的非常有价值的信息。

基于上述挑战，社交网络学习通常由以下几个部分组成。

(1) 本地模型：该模型只使用节点本身的特征属性，通常使用经典的预测分析模型(如 Logistic 回归、决策树)来完成参数估计。

(2) 网络模型：该模型将利用网络中的连接关系进行分析推断。

(3) 共同摸式推断程序：该程序用于确定如何对未知节点进行估计，这里主要指彼此间的影响关系。

为了便于计算，分析人员通常利用马尔可夫性质林，即网络中某个节点的类别只取决于与其直接相邻的节点的类别，即只取决于邻居，而不是邻居的邻居。虽然第一眼看过去，这个假设可能太过于局限，但实践证明，这是一个非常合理的假设。

马尔可夫性质是概率论中的一个概念，即当一个随机过程在给定现在状态及所有过去状态的情况下，其未来状态的条件概率分布仅依赖于当前状态；换言之，在给定现在状态时，它与过去状态(即该过程的历史路径)是条件独立的，那么此随机过程即具有马尔可夫性质。

13.2 社交网络的结构

实际上，网络是可以描述自然和社会的大规模的系统，例如，细胞、被化学反应联系起来形成的化学品网络、由路由器和计算机连接而组成的网络等(见图 13-7)。然而，这些系统包含的信息更加丰富多样，结构也更加复杂，通常建模后会形成复杂的网络。

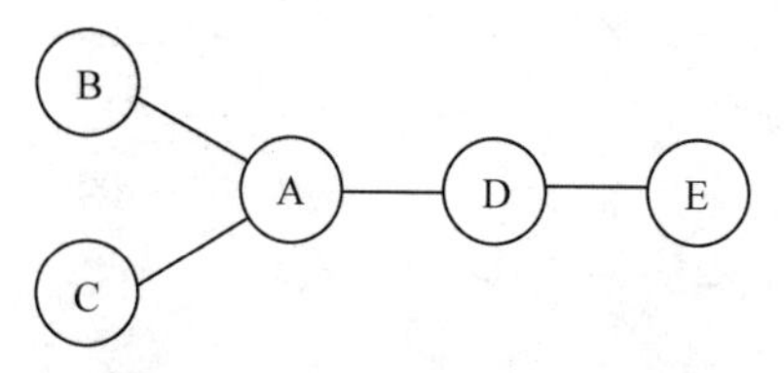

图 13-7 一个简单的社交网络模型

(图中有 5 个实体及其之间的 4 段关系)

13.2.1 社交网络的统计学构成

在网络理论的研究中,复杂网络是由数量巨大的节点和节点之间错综复杂的关系共同构成的网络结构,用数学语言来说,就是一个有着足够复杂的拓扑结构特征的图。复杂网络分为随机网络、小世界网络和自相似网络。小世界网络和自相似网络介于规则和随机网络之间。

复杂网络具有简单网络(如晶格网络、随机图)等结构所不具备的特性,而这些特性往往出现在真实世界的网络结构中。复杂网络的研究是现今科学研究中的一个热点,与现实中各类高复杂性系统(如互联网、神经网络和社交网络)的研究有密切关系。

一些统计学中社交网络的相关研究和理论,例如:

(1) 随机图理论。随机图的"随机"体现在边的分布上。一个随机图是将给定的顶点之间随机地连上边。假设将一些纽扣散落在地上,并且不断随机地将两个纽扣之间系上一条线,这就得到一个随机图的例子。边的产生可以依赖于不同的随机方式,产生了不同的随机图模型。

(2) 小世界网络。在数学、物理学和社会学中,小世界网络是一种"数学之图"的类型。在这种图中,大部分的节点不与彼此邻接,但大部分节点可以从任一其他点经少数几步就可到达。若将一个小世界网络中的点代表一个人,而连接线代表人与人认识,则这个小世界网络可以反映陌生人由彼此共同认识的人而连接的小世界现象。小世界网络的典型代表包括广为人知的"六度分隔理论"以及凯文贝肯游戏与埃尔德计数等。小世界网络最显著的特征是平均路径长度一直处于较低水平。平均路径长度也称为特征路径长度,指的是一个网络中两点之间最短路径长度的平均值。

六度分隔理论指出:你和任何一个陌生人之间所间隔的人不会超过六个,也就是说,最多通过五个中间人你就能够认识任何一个陌生人(见图 13-8)。

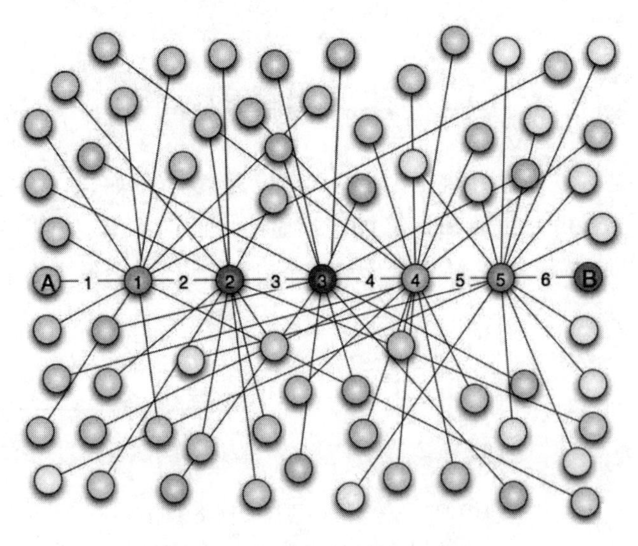

图 13-8 六度分隔理论示意

(3) 无尺度网络。在网络理论中,无尺度网络(或称无标度网络)是一类复杂网络,其典型特征是在网络中的大部分节点只和很少的节点连接,而有极少的节点与非常多的节点连接。这种关键的节点(称为"枢纽"或"集散节点")的存在使得无尺度网络对意外故障有强大的承受能力,在面对协同性攻击时则显得脆弱。现实中的许多网络都带有无尺度的特性,例如,互联网、金融系统网络、社交网络等。无尺度网络的度分布没有一个特定的平均值指标。

13.2.2 社交网络的群体形成

社交网络中群体的形成包括社区会员、社区成长和社区演化,从中可以归纳出以下问题。

(1) 社区会员:影响个人加入社区的结构特征是什么?

(2) 社区成长:随着时间的推移,影响一个社区重大成长的结构特征是什么?

(3) 社区演化:在任何一个时间点,一个社区都有可能因为一个或多个目的存在。例如,在数据库里,群体往往因为额外的主题或兴趣集中在一起。这些焦点是如何随着时间改变的?这些变化与底层群体成员的变化有什么关联?

社区集成到一起的过程中会吸引新的成员,并随着时间的推移,发展成一个社会科学中心研究组织——政治运动、专业组织、宗教派别都是社区集成最基础的例子。在数字领域,由于社区和诸如"我的空间"和"博客"这样社交网站的成长,在线社区组织也变得越来越突出。在社交网络和社区上收集和分析大规模具有时间特征的数据引发了关于群体演化最基本的问题,即影响个体是否参加群体的结构特征是什么?哪个群体将会迅速增长?随着时间的推移群体之间是如何有重叠的?

为了解决以上问题,我们使用两个大型数据源:LivcJournal(一个综合型 SNS 交友网站,有论坛、博客等功能)上的友情链接和社区成员,DBLP(以作者为中心的学术搜索网站)上的作者合作关系和公开的会议。这两个数据库都提供了显示用户定义的社区,通过研究这些社区的演变所涉及的性质(如社会底层网络数据结构),可以发现个体加入社区的倾向和社区快速增长的倾向取决于底层的网络结构。例如,一个人加入社区的倾向不仅与该社区中他的朋友的数量有关,还与朋友之间如何联系有关。通过使用决策树技术可以识别这些特性和其他结构因素。而通过构建语义 Web,可以测量个体之间的社区变化,并展示这种社区运动与社区内话题的变化之间密切的关系。图 13-9 展示了基于语义分析利益冲突发现的步骤。

除了在个人和个人决策水平上,还可以在全局水平上思考随着时间迁移社交网络中社区增长的方式。社区可以在成员和内容上演变,这使得即使有非常丰富的数据,分析基本特征也非常具有挑战性。社区上复杂数据集的可利用度和社区的演化,可以很自然地引出对更精确理论模型的研究。将社交网络中标准扩散理论模型和在线的社区会员种类数据联系到一起是非常有趣的。其中的一类问题是:形成异步进程的精确模型,即节点可以意识到它们的邻居行为,并采取行动。另一类问题是:如果将邻居的内部连通参数化,则可能得出新的扩散模型。这类研究也会涉及一些有趣的技术,如霍夫和穆尔等研究的潜在空间模型的社交网络分析等。

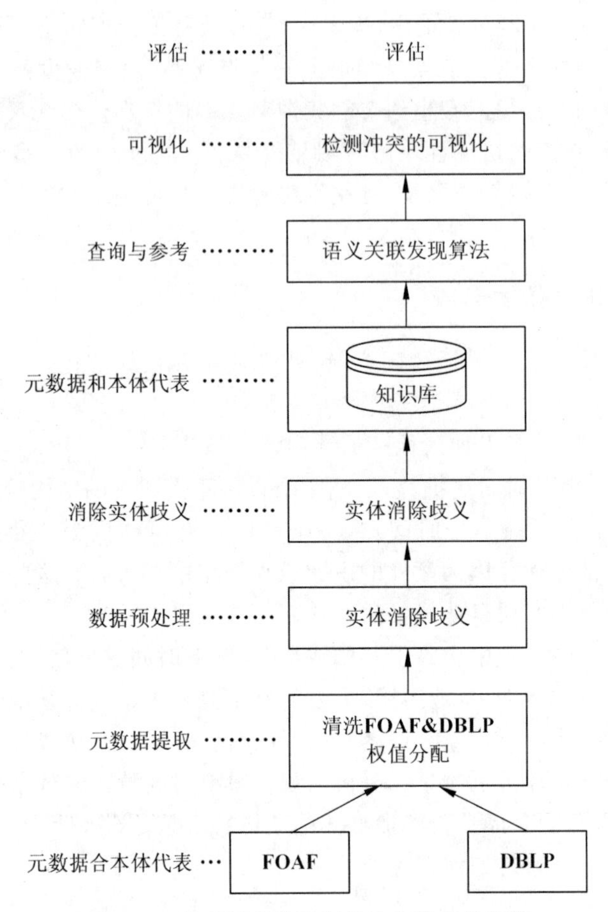

图 13-9　基于语义分析利益冲突发现的步骤

13.2.3　图与网络分析

在数学中，图用来描绘对象之间关系的结构。图由代表对象的节点和表示连接或关系的边组成。在数学原理中，这种图关系理论称为图论，用于分析用图表示的行为系统。

数学图用来描述系统（如分布式计算机网络）、交通网络，或者一个网站页面的一个有用的比喻。当以这种方式来建立系统模型时，就可以模拟网络流量或者单击路径，并利用这些信息制订最优路由计划或预测用户的下一次单击。图分析用例是一种在社会媒体分析、欺诈检测、犯罪学与国家安全中进行发现并证明有效的形式。

数学图在预测分析中不占主要地位，但是可以在以下两方面提供支持作用。

首先，图在探索分析中非常有用，在这种分析中分析师仅试图理解发生的行为。贝叶斯网络就是图分析的一个特例，在其中图的节点代表变量。但是，一个分析师可以从图分析的其他应用中获得有价值的见解，例如，社交网络分析。在一个社交网络中，节点代表人，边代表人与人之间的关系。利用一个社交网络，犯罪学家发现在芝加哥发生的大多数案件都在一个很小的社交网络中。这种见解可以引导分析师去检查一些特征，这些特征能够区别高风险社交网络和一种预测杀人风险的模型。

图分析也可以在一个更广泛数据集的基础上为一个预测模型贡献一些特征。例如，从社交图分析看到的潜在客户和现有客户之间的社交关系，可能会在一个预测市场促销响应的模型中起到很大作用。另一个例子里，员工和其他员工之间的社会联系可能在一个员工留任模型中是一个有价值的预测因子。

网络分析侧重于分析网络内实体关系，它将实体作为节点，用边连接节点。有专门的网络分析的方法，例如：

(1) 路径优化。

(2) 社交网络分析。

(3) 传播预测，比如一种传染性疾病的传播。

例如，基于冰激凌销量的网络分析中的路径优化：有些冰激凌店的经理经常抱怨卡车从中央仓库到遥远地区的商店的运输时间。天热的时候，从中央仓库运到偏远地区的冰激凌会化掉，无法销售。为了最小化运输时间，用网络分析来寻找中央仓库与遥远的商店的直接最短路径。

当使用一个数学图来建立社会体系模型时，其结果是社交网络图。这种图在许多应用场景中是非常有用的。警方调查使用社交网络分析识别有组织的犯罪集团；保险公司使用这种方法来检测欺诈行为；社交媒体公司使用这种方法来推荐新朋友、预测流量及优化广告。

可以用记号笔在白板上绘制一个简单的社交网络。在正式的社交网络分析中，价值体现在从大的社交群体中发现社交联系。因此，采用图分析需要一个可扩展的平台。图分析的计算非常复杂，需要专门的引擎来支持复杂问题的分析，如图 13-10 所示。

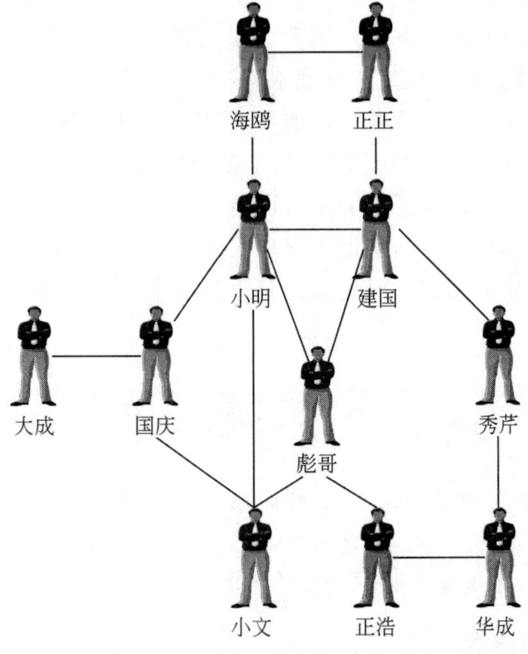

图 13-10　社交网络图的一个例子

(1) 小明有许多朋友,大成只有一个朋友。

(2) 社交网络分析结果显示大成可能会和小明和小文做朋友,因为他们有共同的好友国庆。

网络图适用的样例问题可以是:

(1) 在一大群用户中如何才能确定影响力?

(2) 两个个体通过一个祖先的长链而彼此相关吗?

(3) 如何在大量的蛋白质之间的相互作用中确定反应模式?

13.3 社交网络的关联分析

关于社交网络的分析主要都是集中在两个人之间是否存在关系这一问题。然而,在在线社交网络中,由于关系构建的代价比较低,就导致了各种关系强度混杂在一起,例如,相识和密友关系混在一起。一种社交网络中评估关系强度的无监督模型方法,可以通过用户之间的联系和用户之间的相似度来判别用户之间的关系强度。

社交网络的研究表明,采用同质性的关系模式可以提高联系结构和表现模型的准确率。同质性是指人们在生活背景、职业、经济水平、受教育程度、性格爱好、社会地位、价值观念、文化层次、种族传统、行为习惯等涉及人类社会生活等各个方面中存在的能彼此认同或相互吸引的东西,是相似人群凝结成一个共同体的基础。然而,过去的工作都集中在二值关系连接上(是朋友或者不是)。这些二值关系只能提供一个比较粗糙的指示。由于在线社交网络上的朋友关系的认证和变化比较简单,网络中的关系有强有弱。鉴于关系较强的连接(亲密朋友)比关系较弱的连接(相识之人)表现得更为相近,一致地对待所有关系将会增加学习模型的噪声,并导致模型效果变得很差。最近的一些研究也表明加强紧密关系的作用可以提高对应模型的准确率。

幸运的是,在线社交网络包含着丰富的社交联系记录。系统通常保存着人们之间的底层交流,这可以用来判别两个成员的关系是亲密朋友、同事还是仅仅相识。例如脸书中,每个人有一个 Wall page(墙页),朋友可以留下信息作为他们每个人的简介。然而,一个特别的用户可能有上百个朋友,但由于资源限制,她会更倾向于和那些关系亲密的朋友进行交流。与此类似,领英用户可以请求或者为其他用户推荐,用户同样会倾向于给那些他最熟识的人写推荐。

13.4 推荐系统

传统零售商的货架空间是稀缺资源,然而网络使零成本产品信息传播成为可能,“货架空间”从稀缺变得丰富,这时候,注意力变成了稀缺资源,从而催生了推荐系统——旨在向用户提供建议。推荐系统是大数据创造价值的重要途径。

13.4.1 推荐系统的概念

从计算的角度,推荐系统的基本输入是用户集 X 和项目集 S,其中,项目集即是待推荐物品的集合,可以是商品、音乐、用户、文章等(见图 13-11)。其基本输出是效用函数 $u: X \times s \rightarrow R$,其中,$R$ 是评分集,它是一个完全有序集,例如,0～5 星,[0,1] 的实数。对于一个用户,可以根据评分集 R 为其推荐相应的物品。

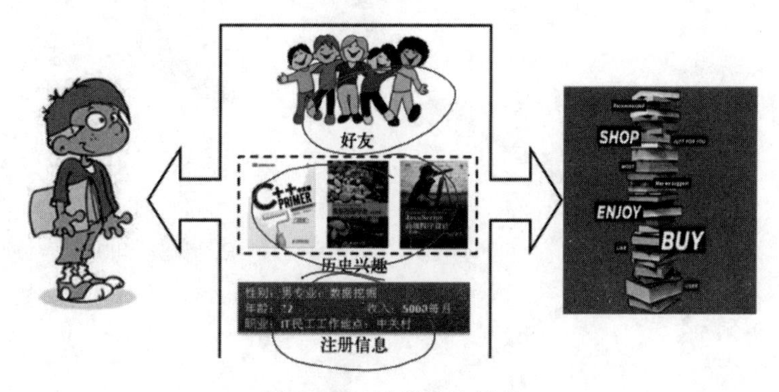

图 13-11　推荐系统原理

推荐系统需要解决的问题包括如何收集已知评分形成 **R** 矩阵、如何收集效用矩阵中的数据、如何根据已知的评分推断未知的评分、如何评估推断方法、如何衡量推荐方法的性能等(见图 13-12)。

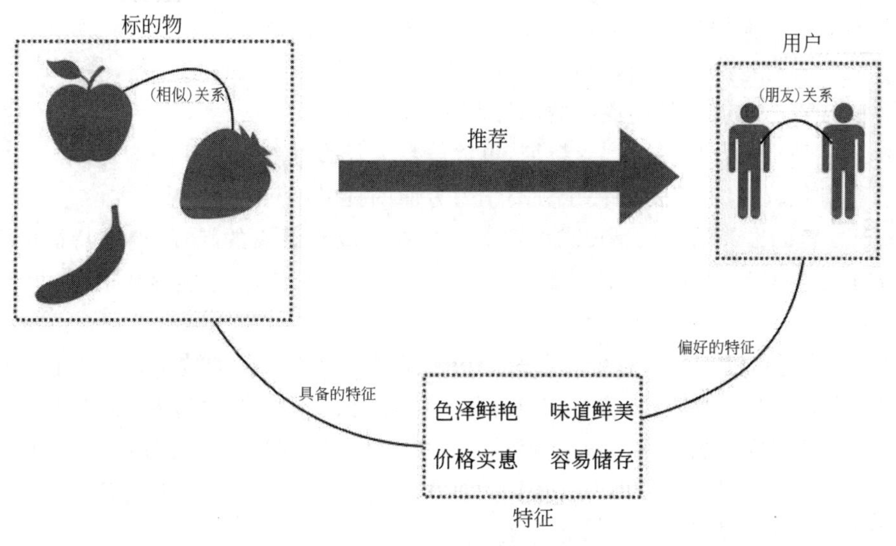

图 13-12　推荐

推荐系统可以有多种实现方法,几种常见的推荐策略例如:

(1) 基于内容的推荐(见图 13-13)。这是信息过滤技术的延续与发展,它是建立在项目的内容信息上的推荐,而不需要依据用户对项目的评价意见,更多地需要用机器学习的方法从关于内容的特征描述的事例中得到用户的兴趣资料。在基于内容的推荐系统中,项目或对象通过相关的特征的属性来定义,系统基于用户评价对象的特征,学习用户的兴趣,考察用户资料与待预测项目的相匹配程度。用户的资料模型取决于所用的学习方法,常用的有决策树、神经网络和基于向量的表示方法等。基于内容的用户资料是需要有用户的历史数据,用户资料模型可能随着用户的偏好改变而发生变化。

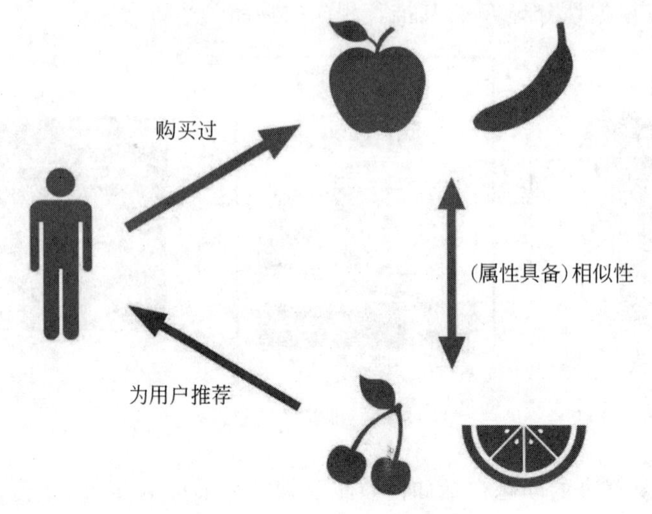

图 13-13　基于内容的推荐

基于内容推荐方法的优点如下。

① 不需要其他用户的数据,没有冷启动问题和稀疏问题。

② 能为具有特殊兴趣爱好的用户进行推荐。

③ 能推荐新的或不是很流行的项目,没有新项目问题。

④ 通过列出推荐项目的内容特征,可以解释为什么推荐那些项目。

⑤ 已有比较好的技术,如关于分类学习方面的技术已相当成熟。

基于内容的推荐的缺点是要求内容能容易抽取成有意义的特征,要求特征内容有良好的结构性,并且用户的爱好必须能够用内容特征形式来表达,不能显式地得到其他用户的判断情况。

(2) 协同过滤推荐。这是推荐系统中应用最早和最为成功的技术之一。它一般采用最近邻技术,利用用户的历史喜好信息计算用户之间的距离,然后利用目标用户的最近邻居用户对商品评价的加权评价值来预测目标用户对特定商品的喜好程度,从而根据这一喜好程度来对目标用户进行推荐。协同过滤推荐的最大优点是对推荐对象没有特殊的要求,能处理非结构化的复杂对象,如音乐、电影。

协同过滤推荐是基于这样的假设:为一个用户找到他真正感兴趣的内容的好方法是首先找到与此用户有相似兴趣的其他用户,然后将他们感兴趣的内容推荐给此用户。这一基本思想非常易于理解,在日常生活中,我们往往会借助好朋友的推荐来进行一些选择。协同过滤推荐正是把这一思想运用到了电子商务推荐系统中,基于其他用户对某一内容的评价来向目标用户进行推荐。

基于协同过滤的推荐系统可以说是从用户的角度来进行相应推荐的,而且是自动的,即用户获得的推荐是系统从购买模式或浏览行为等隐式获得的,不需要用户努力地找到适合自己兴趣的推荐信息,如填写一些调查表格等。

（3）基于关联规则的推荐（见图13-14）。这是以关联规则为基础，把已购商品作为规则头，把推荐对象作为规则体。关联规则挖掘可以发现不同商品在销售过程中的相关性，在零售业中已经得到了成功应用。管理规则就是在一个交易数据库中统计购买了商品集 X 的交易中有多大比例的交易同时购买了商品集 Y，其直观的意义就是用户在购买某些商品的同时，有多大倾向去购买另外一些商品，比如很多人购买牛奶的同时会购买面包。

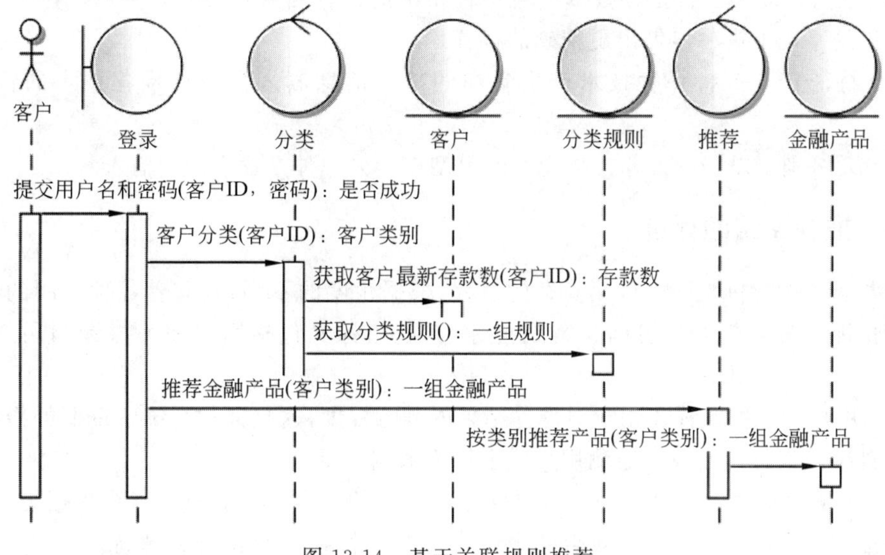

图13-14　基于关联规则推荐

这种算法的第一步（关联规则的发现）最为关键且最耗时，是算法的瓶颈，但可以离线进行。此外，商品名称的同义性问题也是关联规则的一个难点。

（4）基于效用的推荐。建立在对用户使用项目的效用情况上，其核心问题是如何为每一个用户去创建一个效用函数，因此，用户资料模型很大程度上是由系统所采用的效用函数决定的。基于效用的推荐的好处是它能把非产品的属性，如提供商的可靠性和产品的可得性等考虑到效用计算中。

（5）基于知识的推荐。在某种程度上可以看作一种推理技术，它不是建立在用户需要和偏好基础上推荐的。基于知识的推荐因它们所用的功能知识不同而有明显区别。效用知识是一种关于一个项目如何满足某一特定用户的知识，因此能解释需要和推荐的关系，所以用户资料可以是任何能支持推理的知识结构，它可以是用户已经规范化的查询，也可以是一个更详细的用户需要的表示。

13.4.2　推荐方法的组合

由于各种推荐方法都有优缺点，所以在实际中经常采用组合推荐。研究和应用最多的是基于内容的推荐和协同过滤推荐的组合。最简单的做法就是分别用基于内容的推荐方法和协同过滤推荐方法去产生一个推荐预测结果，然后用某方法组合其结果。尽管从理论上有很多种推荐组合方法，但在某一具体问题中并不见得都有效，组合推荐一个最重要的原则就是通过组合要能避免或弥补各自推荐技术的弱点。

在组合方式上,研究人员提出了以下 7 种组合思路。

(1) 加权。加权多种推荐技术结果。

(2) 变换。根据问题背景和实际情况或要求决定变换采用不同的推荐技术。

(3) 混合。同时采用多种推荐技术给出多种推荐结果,为用户提供参考。

(4) 特征组合。组合来自不同推荐数据源的特征被另一种推荐算法所采用。

(5) 层叠。先用一种推荐技术产生一种粗糙的推荐结果,再用另一种推荐技术在此推荐结果的基础上进一步做出更精确的推荐。

(6) 特征扩充。将一种技术产生附加的特征信息嵌入另一种推荐技术的特征输入中。

(7) 元级别。以一种推荐方法产生的模型作为另一种推荐方法的输入。

13.4.3 推荐系统的评价

推荐系统的评价是一个较为复杂的过程,根据角度的不同,其有着各种不同的指标。这里的指标通常包括主观指标和客观指标,客观指标又包括用户相关指标和用户无关指标。

(1) 用户满意度。描述用户对推荐结果的满意程度,这是推荐系统最重要的指标,一般通过对用户进行问卷或者监测用户线上行为数据获得。

(2) 预测准确度。描述推荐系统预测用户行为的能力。一般通过离线数据集上算法给出的推荐列表和用户行为的重合率来计算。重合率越大,则准确率越高。

(3) 覆盖率。描述推荐系统对物品长尾的发掘能力。一般通过所有推荐物品占总物品的比例和所有物品被推荐的概率分布来计算。比例越大,概率分布越均匀,则覆盖率越大。

(4) 多样性。描述推荐系统中推荐结果能否覆盖用户不同的兴趣领域,一般通过推荐列表中物品两两之间的不相似性来计算。物品之间越不相似,则多样性越好。

(5) 新颖性。如果用户没有听说过推荐列表中的大部分物品,则说明该推荐系统的新颖性较好。可以通过推荐结果的平均流行度和对用户进行问卷来获得。

(6) 惊喜度。如果推荐结果和用户的历史兴趣不相似,但让用户很满意,则可以说这是一个让用户惊喜的推荐。可以定性地通过推荐结果与用户历史兴趣的相似度和用户满意度来衡量。

13.5 协同过滤

协同过滤推荐在信息过滤和信息系统中正迅速成为一项很受欢迎的技术(见图 13-15)。与基于内容过滤直接分析内容进行推荐不同,协同过滤分析用户兴趣,在用户群中找到指定用户的相似(兴趣)用户,综合这些相似用户对某一信息的评价,形成对指定用户对此信息的喜好程度预测。

在传统的基于用户的协同过滤算法中,系统工作负载随着用户量的增加而增加。随着访问量的不断提升,需要研发新的算法来解决由用户剧增所带来的系统负载大的问题。

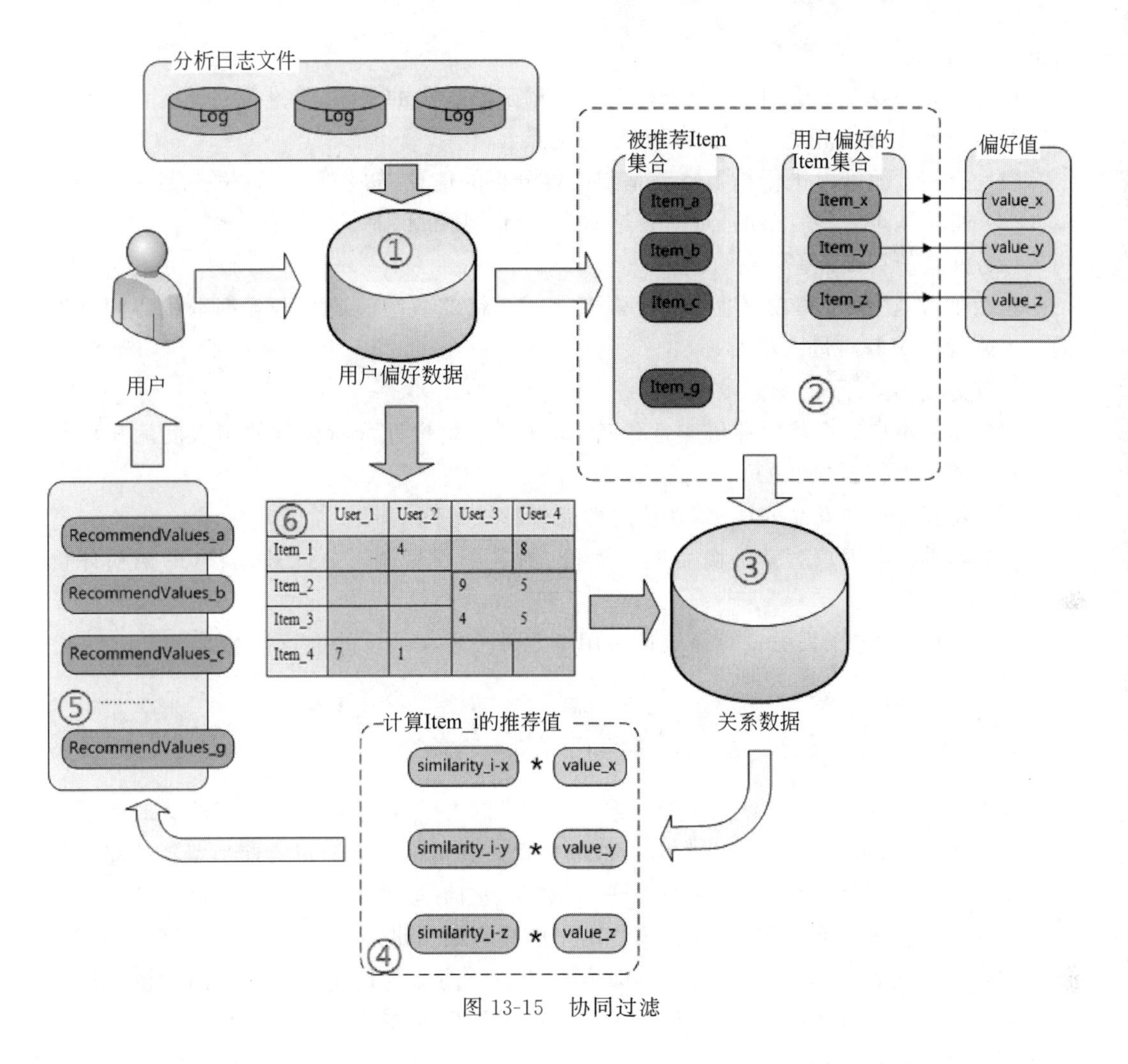

图 13-15 协同过滤

基于物品的协同过滤算法首先通过分析用户-物品矩阵来定义物品间关系，然后用这个关系间接地计算出对用户的推荐。除了最近邻方法，存在不同的基于物品的推荐算法，主要用到如下技术。

(1) 贝叶斯网络技术。贝叶斯网络根据训练集创建一个树模型，每个节点和边代表用户信息，模型可以线下创建，需要几小时或几天。这种方法的结果模型会很小、很快，而且预测结果和近邻方法一样准确。这种模型适用于用户偏好信息随时间变化而相对稳定的环境。

(2) 聚类技术。它通过定义一组有相似偏好的用户进行预测。一旦聚类形成，可以根据组内其他用户的偏好信息对某一用户进行预测。使用这种技术做出的推荐往往不是很个性化，甚至有时会推荐出错误的结果(相对于最近邻)。

(3) Horting(霍廷)技术。这是基于图的推荐技术，图中的顶点表示用户，顶点之间的边表示用户间的相似度，通过遍历采集节点周围的用户信息做出推荐。此方法不同于最近邻，因为有可能遍历到还没有对物品做出评价的用户，这样就考虑了最近邻算法未考虑的传递关系。

虽然这些算法被广泛使用,但仍存在基于稀疏数据集的预测、降维等问题。

与传统文本过滤相比,协同过滤有如下优点。

(1) 能够过滤难以进行机器自动基于内容分析的信息,如艺术品、音乐。

(2) 能够基于一些复杂的、难以表达的概念(信息质量、品位)进行过滤。

(3) 推荐的新颖性。

正因如此,协同过滤在商业应用上也取得了不错的成绩。亚马逊等都采用协同过滤的技术来提高服务质量。

协同过滤有如下缺点。

(1) 如果用户对商品的评价非常稀疏,这样基于用户评价所得到的用户间的相似性可能不准确(即稀疏性问题)。

(2) 随着用户和商品的增多,系统的性能会越来越低。

(3) 如果没有用户对某一商品加以评价,则这个商品就不可能被推荐(即最初评价问题)。

因此,现在的电子商务推荐系统都采用了几种技术相结合的推荐技术。

13.6 推荐方法

随着互联网的普及,消费者的购物方式产生了巨大的变化,同时消费者购物时留下的产品评价也成为对其他消费者非常有价值的信息。其他消费者通过之前消费者的商品回馈决定是否购买产品,而且经过研究发现,消费者通过互联网购物产生的商品回馈比零售店的商品回馈更加具有吸引力,对比零售店里由零售商提供的商品描述,互联网中的消费者反馈是由消费者群体本身提供的,同时也是从一个消费者角度出发的商品评价。尽管消费者的反馈具有较大的主观性,但由消费者提供的反馈在其他消费者购物时会被认为比卖家提供的消息更加可信赖。

13.6.1 基于用户评价的推荐

互联网上迅速增长的消费者反馈数量催生了一系列有趣的数据挖掘问题。在这个领域,早期的工作由于反馈其具有感情色彩这一特性而有了积极和消极的划分,主要是通过表达感情色彩的词汇短语的出现次数来评估反馈的极性。由此出现了各种版本的词库,包括人工构造的词典、WordNet 和搜索引擎。机器学习的方法也被应用到了消费者反馈的划分问题上,目前提出的所有方法都大致能够获得相对可靠的结果,但结果中的划分依旧难以达到较高的精度,尤其是对于基于主题文件的划分。

分析结果显示,由于消费者在反馈中可能会使用混合着对多方面因素的反馈,例如,对一个产品的某些方面予以赞美的同时又对某些方面感到不够满意,因此对消费者反馈的感情分类步骤将非常复杂。正是消费者反馈的这种异质性,催生了对其分类研究的进一步研究,在鉴别完产品的特性后,可以使用鉴别技术提取消费者对商品的每一项反馈。

对消费者反馈分类的研究不仅是鉴别消费者的评价意见,而是希望通过技术手段获取消费者各个反馈对商家商品销售的影响程度。一个商品有哪些特性是消费者非常重视的？又有哪些特性是消费者相对不那么在意的？例如，对于照相机而言，大多数消费者购买照相机时的主要关注点到底是电池的续航时间还是分辨率呢？接下来展开探讨。

基于用户评价的推荐主要用到以下算法。

(1) 特征回归。

(2) 商品特征鉴别。

(3) 挖掘消费者的意见。

13.6.2 基于人的推荐

使用在线交友网站推荐同伴是一件艰巨的任务。交友推荐与产品推荐是完全不同的。假设有这样一个极端的场景，如果一位名人想要加入这个交友网站，那么成千上万的追求者会对他/她感兴趣。但是，如果向这么多的人推荐这位名人，那么会有诸多弊端：一方面，这位名人会被对他/她可能不感兴趣的人发来的信息所淹没；另一方面，被拒绝的追求者会因为自己的信息没有得到回复而感到沮丧。

这个例子引出了一个更深层次的挑战：如何在交友网站市场满足两端的需求？

13.6.3 基于标签的推荐

社交标记系统对帮助用户通过做标签的方式管理在线资源十分重要(见图13-16)。标签可以被重用和分享，用来发现用户的兴趣，允许用户识别项目。这项额外的信息帮助在线系统建立更好的用户档案，并且可以用于推荐系统。这种系统被称为基于标签的推荐系统，使用分众分类法来表示用户、项目、标签之间的关联。

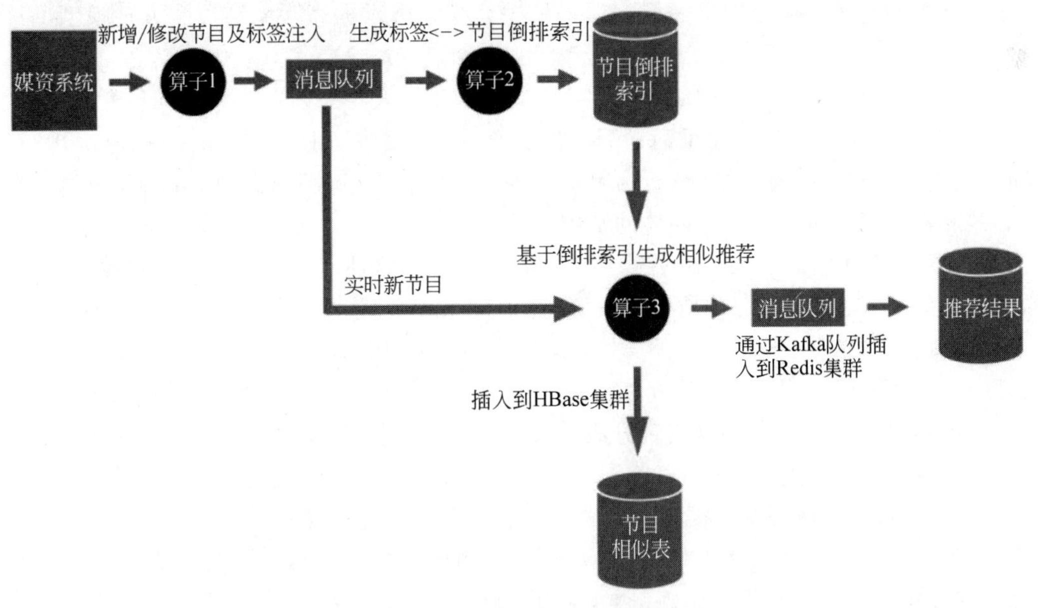

图13-16 基于标签的推荐

作　业

1.（　　）的含义包括硬件、软件、服务及应用，通过分析来自其中的大数据可以获得大量有价值的信息。

A. 人情世故　　B. 人际关系　　C. 社交关系　　D. 社交网络

2. 下列（　　）不属于社交网络的基本特点。

A. 网络包含一组实体，这些实体是同一网络中的人

B. 网络中的这些活动者完全可以是其他对象

C. 基于互联网、电信网等信息承载体，让所有能行使独立功能的普通物体实现互联互通

D. 这些活动者之间存在着某种关系，正是这种关系将他们连接在一起

3. 社交网络的重要成分是实体和（　　）的关系，因此可以用图来为社交网络建模。

A. 实体间　　B. 虚体　　C. 虚体间　　D. 物体间

4. 在统计学中有一些社交网络的相关研究和理论，但下列（　　）不属于其中。

A. 随机图理论　　B. 小世界网络　　C. 摩尔定律　　D. 无尺度网络

5. 社交网络中群体的形成包括三个方面，下列（　　）不属于其中。

A. 社区会员　　B. 社区核心　　C. 社区成长　　D. 社区演化

6. 采用（　　）方法，可以通过用户之间的联系和用户之间的相似度来判别用户之间的关系强度。

A. 有监督模型　　B. 无监督模型　　C. 强监督网络　　D. 弱监督网络

7. 社交网络的研究表明，采用（　　）的关系模式可以提高联系结构和表现模型的准确率。

A. 一致性　　B. 耦合性　　C. 结合性　　D. 同质性

8.（　　）是指人们在生活背景、职业、经济水平、受教育程度、性格爱好、社会地位、价值观念、文化层次、种族传统、行为习惯等各方面中存在的能彼此认同或相互吸引的东西，是相似人群凝结成一个共同体的基础。

A. 同质性　　B. 耦合性　　C. 结合性　　D. 一致性

9. 传统零售商的（　　）是稀缺资源，然而网络使零成本产品信息传播成为可能，它从稀缺变得丰富。

A. 柜台容量　　B. 仓库位置　　C. 货架空间　　D. 运输能力

10. 推荐系统可以有多种实现方法，但以下（　　）不属于常见的推荐策略之一。

A. 协同过滤推荐　　B. 基于 ISO 标准代码的推荐

C. 基于关联规则的推荐　　D. 基于内容的推荐

11.（　　）一般采用最近邻技术，利用用户的历史喜好信息计算用户之间的距离来预测目标用户对特定商品的喜好程度，从而对目标用户进行推荐。

A. 关联分析推荐　　B. 基于计算平台推荐

C. 基于内容推荐　　D. 协同过滤推荐

12.“基于(　　)的推荐”以规则为基础,把已购商品作为规则头,把推荐对象作为规则体。

A. 运算规则　　B. 计算方法　　C. 分析原理　　D. 关联规则

13.(　　)分析用户兴趣,在用户群中找到指定用户的相似(兴趣)用户,综合这些相似用户对某一信息的评价,形成对指定用户对此信息的喜好程度预测。

A. 协同过滤推荐　　B. 关联分析推荐

C. 基于内容推荐　　D. 基于平台推荐

14. 在某些情况下,分析的目标是处理整个文件以识别重复、检测抄袭、监控接收的电子邮件流等,称之为(　　)问题,舆情分析就是这样的例子。

A. 文件分析　　B. 数据分析　　C. 文本挖掘　　D. 数值分析

15. 数学图是用来描述系统(如分布式计算机网络)、交通网络,或者一个网站页面的一个有用的比喻。当使用一个数学图来建立社会体系模型时,其结果是(　　)图。

A. 程序流程　　B. 社交网络　　C. 网络分析　　D. 关系链接

组织分析团队

【导读案例】

数据工作者数据之路：从洞察到行动

大数据时代已来临，人人都在说数据分析，可是说到未必能做到，真正从数据中获得洞察并指导行动的案例并不多见。数据分析更多的是停留在验证假设、监控效果的层面，而通过数据分析获得洞察的很少，用分析直接指导行动的案例更是少之又少。

从洞察到行动，数据可以发挥更大的价值，前提是人们对数据分析有更深层的认知。

数据分析是分层次的。从开始数据分析到促成行动达成目标，需要经历很多阶段，从上至下对应的分析层次包括：表象层、本质层、抽象层和现实层 4 个层次（见图 14-1）。

分析的四个层次	任务/关键工作	产出举例	类比
表象层	**看现象** 搭建指标体系，统计分析	问题　机会	仪表盘
本质层	**挖本质** 个案分析，族群研究	规律　动机	诊断仪
抽象层	**出策略** 业务建模	特征 分类（标签）　排序（评分）	指南针
现实层	**促行动** 行动建议	模型 规则/短名单	航标

图 14-1　分析的 4 个层次

表象层，就像汽车仪表盘，实时告诉你发生了什么，并适时做个警报提示等，是 what。分析师要做的事情就是搭建指标体系，进行各种维度的统计分析。

本质层，像诊断仪，不再停留在观察肉眼可见的表面症状，而是去检测身体内部的问题，这个层面要揭露现象背后的动因，找到规律，是 why。主要做的事情就是进行个案分析，获得需求动机层面的认知，然后对个体进行聚类获得全面的洞察。

抽象层，是特殊到一般的过程，对业务问题进行抽象，用模型去刻画业务问题，是

how。这个层面做的事情就是把问题映射到模型,然后再用模型去做预测,减少不确定性。其产出主要是分类(标签)和排序(评分)。

现实层,是一般到特殊的过程,将抽象的模型套用到现实中来,告诉大家如何去行动,是 when、where、who 和 whom。就像航标,要时刻为业务保驾护航,指导业务的行动。其产出主要是规则和短名单。

在明确分析的层次后,要想从洞察到行动,需要做到 4 个层次的穿透和每个层次的深入。首先,分析要能够穿透各个层次,只有上下贯通,数据分析的价值才能立竿见影。其次,在分析的每个层次上要做得深入。

(1) 在表象层,看数据要深入。主要体现在以下两个方面。

① 从"点"到"线面体",从看一个点的数据,到看线,看面,看体。一般来讲,想看数据的人潜意识里是要成"体"的数据的,只是沟通过程中变成了"点"的需求,因为"点"简单、容易讲明白,但是这次给不了"体"的数据,下次还会围绕"体"的数据提各种"点"的需求,这个时候需要延伸一下,提前想需求方之所想,就不用来回往复了。

② 关注数据之间的逻辑关系。这方面最值得借鉴的就是平衡计分卡了,它从数据指标的角度去看,就是一套带有因果关系的指标体系(见图 14-2)。

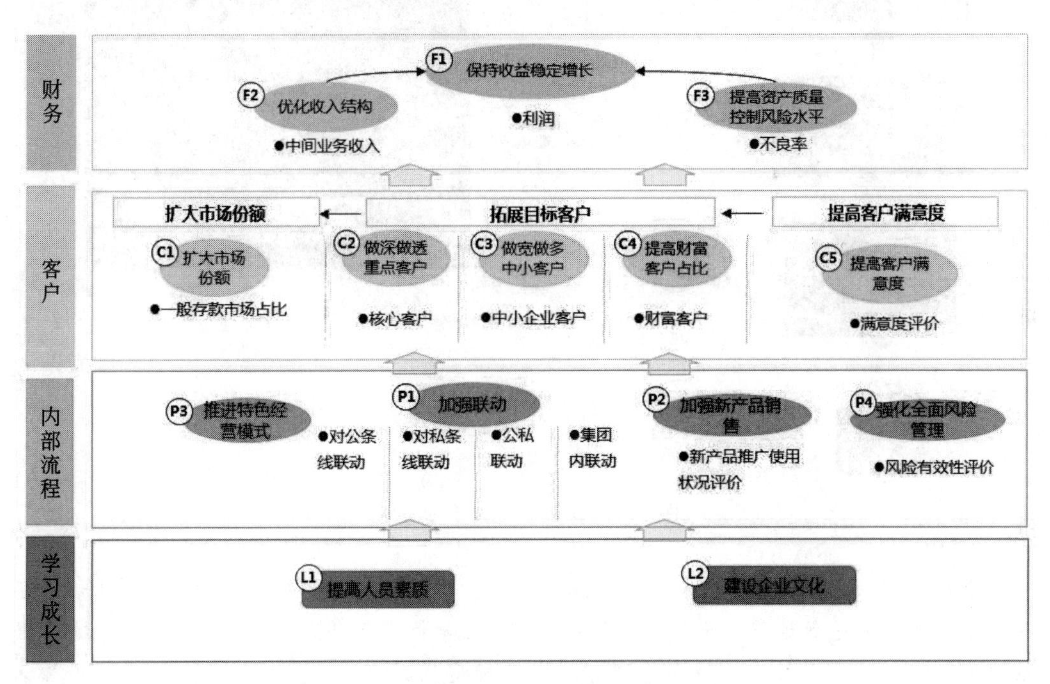

图 14-2 某银行平衡计分卡战略地图示意图

平衡计分卡通过战略地图把策略说清楚讲明白,通过 KPI 进行有效的衡量,被评价为"透视营运因果关系的绩效驱动器","将策略化为具体行动的翻译机"。

平衡计分卡对我们的启发是,人人可以梳理出一套和自己业务相关的有逻辑关系的数据指标体系,通过它实现聚焦和协同。

(2) 在本质层，深入理解业务模式，并跳出既有的思维模式，建立新的心智模型。

比如我们看淘宝，淘宝业务的本质是什么呢？其中一个答案是复杂系统。

大家都知道，淘宝是一个生态系统，淘宝是一个典型的由买家、卖家、ISV、淘女郎等各种物种构成的复杂系统，阿里巴巴是一个更大的复杂系统。

复杂系统对我们的启发是，关注个体（系统内部买家卖家等参与者）的同时，注意分析个体在群体中的位置和角色，分析群体的发展潜力、演化规律、竞争度、成熟度等，分析群体和群体之间的关系。同时，对应的抽象层建模的方法也要与之适配。

(3) 在抽象层，微观上构建更加抽象的特征，宏观上构建更加抽象的模型。

① 在既有的分析和挖掘框架下，构建更加抽象的特征（也可以理解成维度、指标）。这个可以类比现在最火的深度学习技术，如果对一个图片进行识别，即使获取的是像素信息，深度学习也可以自动学习出像素背后的形状、物体的特征等中间知识，越上层的特征越接近真相（见图 14-3）。

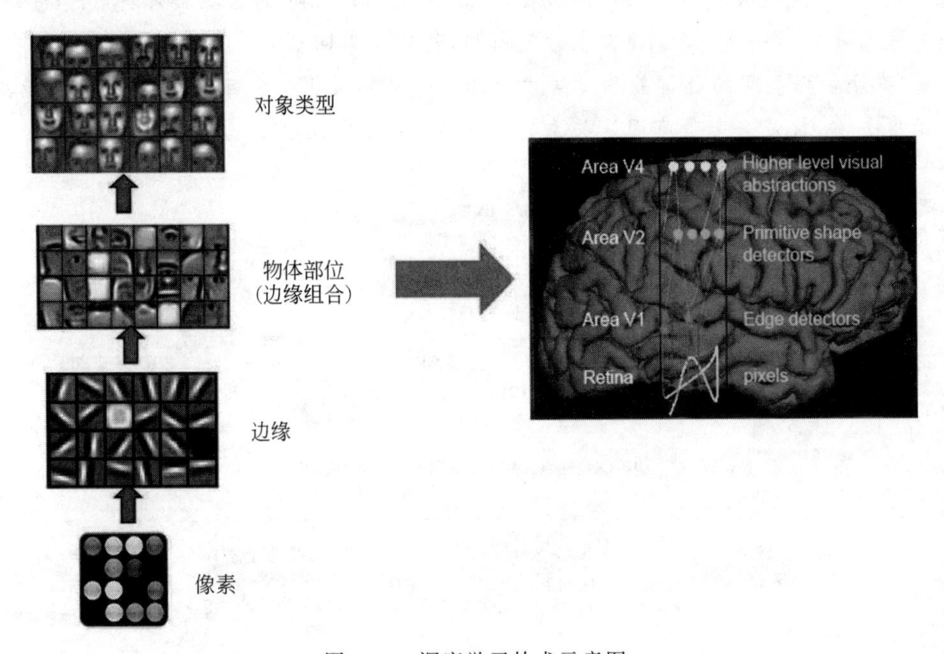

图 14-3　深度学习技术示意图

给我们的启示就是，在交易笔数、交易金额这种“像素级别”特征（指标）的基础上，可以考虑是否交易笔数连续上升、营销活动交易占比等带有业务含义、更加抽象同时接近业务的特征（指标）。用抽象特征去建模可以提升模型的效果，用抽象的指标去分析可以更贴近业务需求。

② 宏观方面，可以用更加抽象的方式对业务进行建模。淘宝是复杂系统，我们也可以对复杂系统进行建模。做些适当的简化，对淘宝做一个高度抽象，那就是一个字“网”。节点是买家、卖家等物种，边就是购买、收藏、喜欢等行为产生的关系。整个淘宝就是一张大网（见图 14-4）。建立这张大网之后，就可以做深入的分析，如市场细分、个性化推荐等。

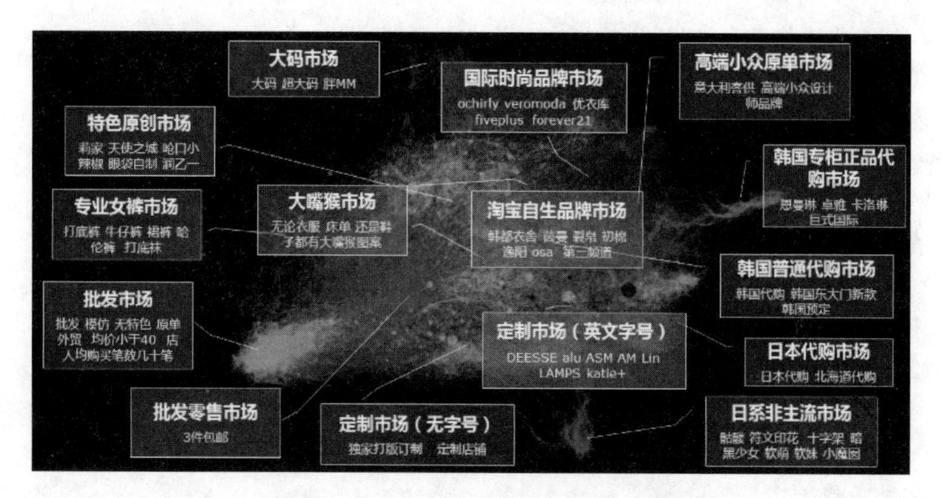

图 14-4 淘宝女装业务的抽象模型示意图

图注：不同的颜色表示不同的细分互动市场，点代表的是店铺或者会员，连线表示会员是店铺的熟客，点的大小对店铺而言代表店铺的熟客数，对会员而言代表常购买的店铺数，越接近图的中心越表示大众化的需求，越接近图的边缘越体现需求的个性化。

(4) 在现实层，要深入到业务中，不断提升对相关业务的认知能力。

心态上不要自我设限，分析无边界，分析师要主动参与到业务模式、产品形态的规划和设计中。要了解业务，在此基础上灵活运用模型的产出，例如，一个风险控制策略，假如已经有一个风险事件打分模型对风险事件打分排序，分析师可以根据业务需求灵活设计模型的使用策略，例如，对于风险得分最高的事件，机器自动隔离，风险得分偏高的，用机器+人工审核的半自动方式进行隔离。模型是死的，活用靠人。

资料来源：闫新发.花名算者.阿里巴巴集团OS事业群数据分析专家，2014-11-15.

阅读上文，请思考、分析并简单记录。

(1) 文章的作者认为"数据是分层次的"。请简述这4个层次。

答：____

____

____

____

____

____

____

____

(2) 请简述，为什么说"从洞察到行动，数据可以发挥更大价值"。

答：____

____

____

____

(3) 文章的作者指出“在分析的每个层次上要做得深入”,请概述。

答:

在表象层: ____________________

____

____

在本质层: ____________________

____

____

在抽象层: ____________________

____

____

在现实层: ____________________

____

____

(4) 请简单记述你所知道的上一周内发生的国际、国内或者身边的大事。

答: ____________________

____

____

____

14.1 企业的分析文化

分析路线图是将商业战略转换为分析执行计划以达成业务目标的奠基石。很多公司在进行或展开分析研究时走了不少弯路,在进行高价值分析的生产部署时容易陷入无数的复杂细节中。这些复杂的细节可以被分为三种,即人、流程和技术。如果执行不好,这三者是让项目脱轨的重要原因,但是在执行好的时候,它们也是帮助实现成功生产部署的促成因素。

下面来考虑怎样根据分析路线图去创造持续的价值,关注分析中最复杂的部分:人。我们讨论如何最大程度地吸引并留住分析人才,以及更好地组织分析团队来实现成功。

14.1.1 管理分析团队的有效因素

决定如何最有效地组建和管理分析团队,需要考虑几个因素。就像任何一个组织架构一样,随着业务目标的不同、业务需求的变化和组织内部对分析使用深度的不同,团队的组织结构会随之发生变化。

企业文化是指企业成员之间价值和实践的分享。具有分析文化的企业很看重基于事实的决策,并通过将分析贯穿于其业务,采取相应的行动并获得有价值的商业影响来体现这种价值观。

大型企业在过去的一段时间内,其分析的成熟度不断演进,即从对过去结果的描述性报告，到后来通过预测分析对未来事件进行积极预测，再到现在使用高度复杂的优化技术来进行指导性分析。如今的创业公司经常通过使用预测分析和指导性分析，拥有可以快速超越现有业务的优势，使其在一开始就可以凭借强有力的推荐和计分引擎，与业界巨头平分秋色。

大型企业通常从评估业务结果并确立目标或是关键绩效指标（KPI）开始，他们通过简单技术来实现这个目标，例如，电子表格或者复杂一点儿的记分卡，然后用商务智能仪表盘来评估过去的绩效表现。企业开始逐步走向预测分析领域，对未来结果进行预测，并基于预测来进行决策。因为预测分析已经证明了其可信度，公司开始将分析嵌入到业务流程中，要么使决策自动化，要么考虑更多复杂情况，为决策者提供更多的合理建议进行决策。

14.1.2 繁荣分析的文化共性

不管是一开始就习惯使用分析手段的创业公司，还是正在提升分析成熟曲线的大型企业，都可以让分析繁荣并吸引分析人才的文化具有共同性，这些企业拥有一种可以包容、培养和陶冶的文化。

（1）好奇心。这样一群人，他们内心充满好奇，喜欢学习并且不断提高自己。培养好奇心的组织允许其员工在公司内部的不同流程、顾客和供应商之间建立关联。将好奇心和解决问题的能力结合起来会非常强大，它能够让跨部门的团队进行合作，分享他们的专业知识，识别并解决业务问题，或是抓住稍纵即逝的机会，为业务开拓新的价值。培养好奇心给了企业一个机会，去实验并尝试新的想法。一个充满好奇心和勇于尝试的企业可以让思维跳出条条框框，创造出颠覆式的创新，带来显著的商业价值。

（2）解决问题的能力。问题解决者力图通过识别问题、瓶颈、约束并建立让企业达到目标的解决方案，最终实现目标。问题解决型的企业经常将解决问题作为一种方法，实现卓越运营、高绩效和高效执行。这样的企业透过问题表面，挖掘问题根源、瓶颈，然后尝试找到解决方案，来解决问题或使问题最小化。这经常需要企业的不同团队进行良好的合作和沟通来解决问题，这样的企业寻求的是持续的提高。

（3）实验。力求创新的企业都会检验新的创新想法，这意味着他们必须容忍失败，因为并不是每个新的想法都会带来成功。从错误和失败中学习，对于演进潜在的解决方案是十分重要的。一个推行实验的企业会寻找创新性和科学性人才，他们具有突破条框的思维模式，拥抱那些非线性和相反的想法。

（4）改变。历史上没有任何一个时代的业务需要像今天这样灵活运作。这是宏观经济因素不断进行结构转变的结果，使竞争更加全球化。唯一不变的，是变化将成为一种常态，企业必须将灵活作为一种制度，来适应他们身处的这个不断变化的世界。这意味着企业必须从死板的、等级分明的组织转化为更加有机、自组织的企业，从而能够拥抱并利用变革。尽管领先的创新企业经常以他们能够适应市场转变为傲，但是有自省精神的企业会通过采用快速跟随者的执行策略，来从市场的变化中获利。改变并不意味着成为第一，但是它意味着进行与总体商业战略相匹配的改变，并保持企业在市场中时常处于最新和相关的状态。

(5) 证明。基于证据或是基于事实进行决策的组织,会通过不断地收集并分析数据来做出商业决策。这意味着要最大程度地使用可获得的数据,来尽可能快地做出决策,然后继续利用新数据学习并提高。那些成功使用数据来进行决策的组织,从两个方面训练他们的组织,即如何设计准确的业务问题来使用数据得到答案,以及如何使用软件工具来得到答案。

14.2 数据科学家(数据工作者)

我们需要新一代的分析专家,他们能够从全局出发,懂得如何将众多的分析方法应用到商业问题上来。现今,分析人才是一种稀缺资源,对于想要建立分析团队的公司来说,找到、吸引并保留分析人才是一件相当困难的事情。

14.2.1 数据科学家角色

数据科学家这个术语是在20世纪60年代被创造出来的,直到2012年大数据这个术语在市场中被广泛采用,这个名词才变得流行起来。公司开始急切地寻找难得的数据科学家。现代分析人才可以按领域、经验和相应的技能分成不同类别。当然,理想的是计算机科学、数学和专业知识三位一体的复合型人才,但这在任何一个人身上都很难完全具备。要想找到一个掌握计算机科学技术的人才,又能够使用多种软件语言、不同的软件工具和对软件设计有很深的见解,这是非常困难的。更不要说寻找掌握这些技巧的同时,又对应用数学、统计和运营研究有深刻理解的人才了。这是企业经常放弃最重要的职能或是行业专业知识和商业洞察力的原因,促使组织进一步去改进其对分析角色的定义。

2012年和2013年,研究机构Talent Analytics(人才分析)开展一项研究项目,涉及关于技能、经验、教育和数据科学家属性特征的信息,展示了各种分析专业人员的“指纹”。数据科学人才有几个标准,例如好奇心、冒险精神和“用正确的方式做事”这种基于价值的导向。

组织希望找到那种超级好奇的人,而非简单寻找一种特殊的,有分析编程语言R技能的人。超级好奇的人喜欢学习,同时他们可以教会自己。

研究数据表明,分析天才想要研究复杂的、具有挑战性的,能够给他们的组织带来深远影响的项目。分析专业人才在乎的是能够解决有趣、复杂的问题。他们在乎的是能否继续因为他们的好奇心和学习的能力而受到重视。

事实上,分析人才经常说,离开一家公司是因为他们觉得工作无聊,而加入另外一家公司的原因是他们能学到更多——数据科学家比起金钱激励更看重精神激励。

一项数据挖掘调查也显示,分析项目中得到更多的认可和在分析项目上的自主性是让分析人才对他们工作满意的最重要的因素。其他的关键因素包括有意思的项目和教育机会,这和Talent Analytics发现分析人才是好奇、活跃的学习者这件事不谋而合。

14.2.2 分析人才的四种角色

Talent Analytics在一次调查中,将分析人才分为四种分析角色:通才、数据准备型人才、程序员和管理者，这些角色在典型分析任务中所花费的时间如图 14-5 所示。

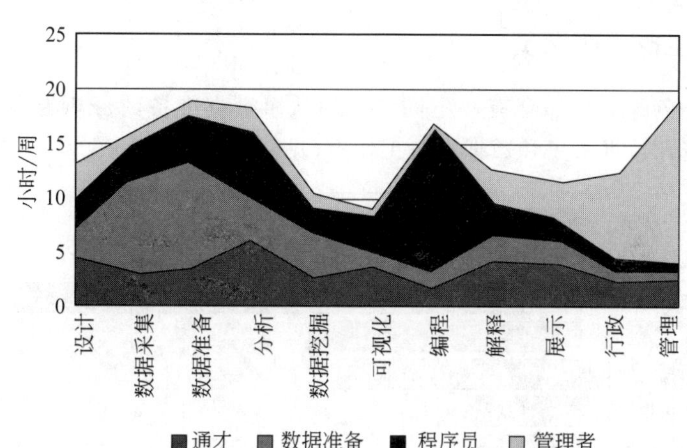

图 14-5 在分析价值链上按功能花费的时间

Talent Analytics 的研究结果揭示了一组关于数据科学家的“原始天才指纹”，一些重点是：

(1) 数据科学家有认知的“态度”，并且会追寻对万事万物更深的理解。

(2) 他们具有创造性，不仅愿意去创造解决方案，并且更愿意去得出最优秀的解决方案。例如，编程可以更加优化流程，或者是更好地将解决方案可视化。他们会营造一种组织文化，重视不同的方法和创造性的想法。

(3) 数据科学家有很强的“以正确的方式做事”的欲望，并且鼓励其他人也像他们一样做事。他们愿意发声去捍卫他们相信正确的事情，即使面对争议。

(4) 他们对质量、标准和细节要求有非常强的意识，经常通过这些特点去评估其他事物。他们非常勤奋，对细节方案和复杂任务会一直认真持续跟进。

(5) 数据科学家的表达感情倾向于拘谨和沉默，除非被要求发言或是讨论的问题十分重要，他们在团队或组织会议中会有些沉默寡言。

(6) 数据科学家愿意承担通过计算确定的风险——必须在经过关于事实、数据和有可能的结果等一系列深思熟虑的分析之后。他们通过事实、数据和逻辑而不是情感说服团队的其他人。数据科学家重视项目、系统和工作文化的安全性。

研究最重大的发现之一，是数据科学家的工作角色范围太广，以至于很难依据角色定义进行招聘。数据科学家就像大家说的“医生”，这个词很容易理解，但是不足以说明它下面的不同专业领域。毕竟，有多少医生可以集心脏手术、皮肤科、小儿科和神经科于其一身呢？

数据科学家的分类和子分类有助于帮助确立特定的角色、特长和相应的任务。随着分析工作流被分到具体的工作角色和任务中，相关要求将会更加具体，符合要求的人才库会逐渐壮大。

所有四个分析角色都具备的两大特征是：

(1) 非常强烈的求知欲(理论驱动)。

(2) 有强大的动力去得出具有创造性的解决方案(创新驱动)。

14.2.3 数据准备专业人员

每个分析角色的类别都会有些不同。专门从事数据准备的分析专业人员会将大半(46%)的时间花在数据采集和数据准备工作上(见图 14-6)。

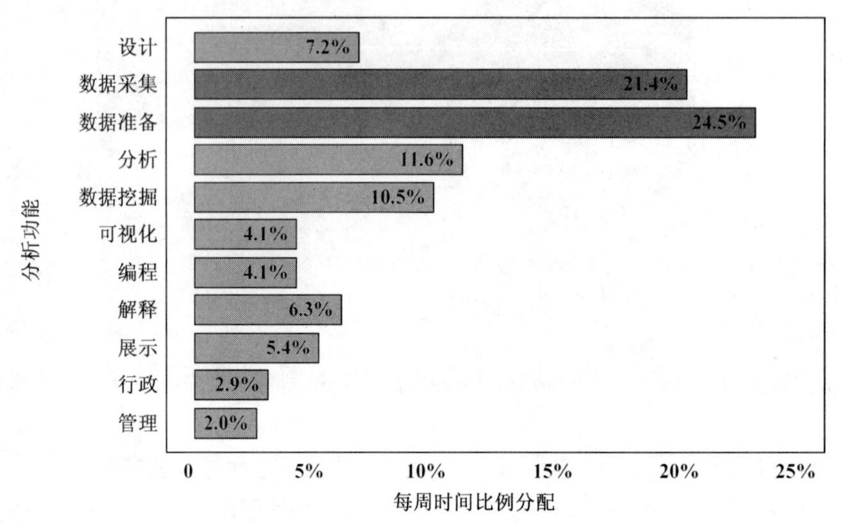

图 14-6 数据准备分析专业人员所用的时间

这个类别的分析专业人员也在很多工作上花费时间。他们的第二级工作(分析、数据挖掘、设计、解译和展示)和数据准备工作息息相关。数据准备分析师和其他分析工作角色不同,他们明显不是非常有进取心(较少的政治动机),他们对晋升不感兴趣。数据准备专业人员注重细节,他们最不可能犯错误。

(1) 寻找人才。数据准备职位的候选人很有可能在组织的其他部门中找到,尤其是那些强调细节的职位。记住,除了要求具有强烈求知欲和创造力之外,也需要具有把握细节和不出差错的能力。当然,对于这样的工作角色,评估和培训是十分重要的。数据准备是在四类分析角色里对统计领域知识要求最低的。

(2) 雇佣。当想激励候选人时,不要强调这个职位的政治成长、职业晋升,或是承诺有很多对高级管理层的曝光机会。

(3) 管理。数据准备工作人员想要详细了解他们的工作目标和绩效表现而不是一般性的评价,他们对自己的项目和表现评价十分关注。

(4) 人才保留。数据准备角色处于分析的后台,但这是一个非常大的必要部分。这个工作角色的专业人员一样有创造力、对知识的兴趣和信仰。他们很容易感到无趣,然后离开,到另一个可以充分满足他们求知欲的职位上。最后,他们会寻找一个在精神上有挑战的职位,比起晋升,这种职位对于他们本身的好奇心和创造力更有吸引力。

14.2.4 分析程序员

专门研究分析编程的分析专业人员会花费很多时间(33%)来编写计算机代码、对数据进行操作和处理(见图 14-7)。他们把工作时间分成许多份,以完成众多其他和分析相关的工作,主要是分析、数据准备和数据采集方面的工作。

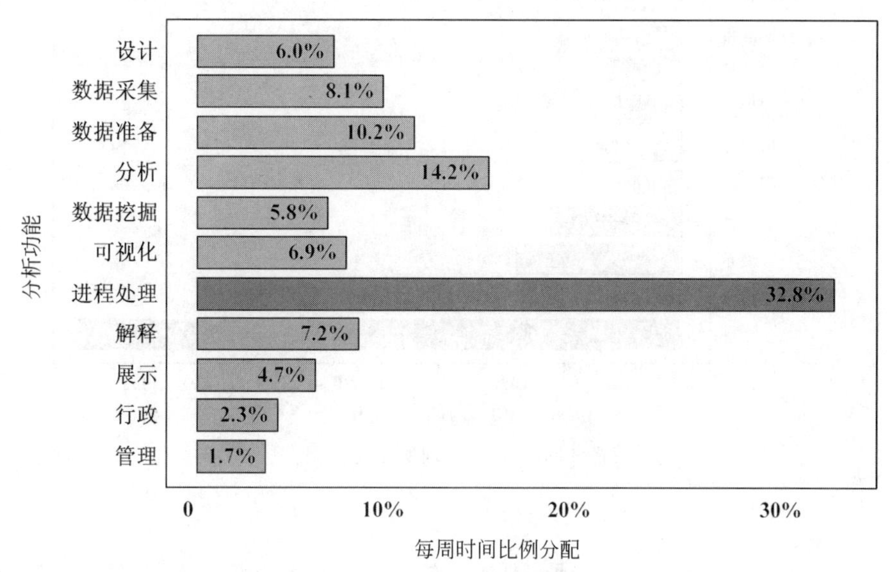

图 14-7 分析程序员所用的时间

Talent Analytics 研究显示,分析程序员这个职位的平均年龄最低,而且经验最少(超过一半工作经验少于 5 年)。这个职位的人也缺少在公司向上爬的想法。从能力的角度来看,分析程序员有最强的欲望去合作,确保工作中合作顺利。

(1) 寻找人才。在组织现有的编程职位中寻找分析程序员。注意那些安装测试版软件的人,那些突破功能极限的人,或是那些时常进行实验的人。刚毕业的大学生可能是一个很好的来源,询问他们正在从事的项目,即使是他们个人的项目。

(2) 雇佣。这个工作角色的候选人对学习新的软件最感兴趣,他们喜欢待在技术和分析的领先前沿,喜欢被授权进行实验和探索,并且参与到持续的学习中去。如果离动手工作较远,他们会觉得无聊和不满意。

(3) 管理。考虑到分析程序员的年龄和阅历水平,非常明智的做法是,花一定时间去指导程序员了解相关的商业知识、商业期望,或许还有在组织内部如何处理复杂的职场关系。如果不给他们一些企业内部的洞察和界限,由于缺乏职场悟性可能让他们陷入麻烦之中。他们学习得很快,而且非常乐于学习。

(4) 人才保留。像所有的分析专业人员一样,这一类人非常容易感到无聊。经济激励和晋升的承诺不会吸引他们,也不会使他们觉得很珍惜或是很有挑战。从根本上来说,他们是在寻找一种精神上富有挑战的工作角色,比起职业晋升,这更能吸引他们本身的好奇心和创造力。

14.2.5 分析经理

分析经理将大多数时间(57%)花费在管理分析团队并执行一系列的管理任务上(见图 14-8)。他们的工作量花在负责管理下属的报告和项目上,然后向他们的客户展示项

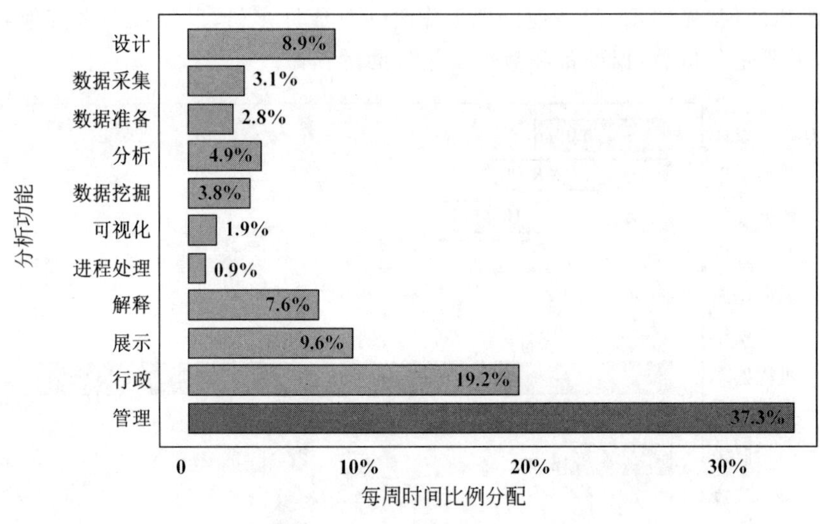

图 14-8 分析经理所用的时间

目的成果。

分析经理年龄相对较大,并且他们都有比较广泛的相关经验。研究显示,经理与其他分析专业人才相比,具有更强的竞争和政治倾向,愿意指导并帮助团队。

(1) 寻找人才。管理候选人可以从现有的分析专业人员或组织其他管理领域的人才中挑选。他们很容易被识别出来,因为他们非常愿意从事有助于发展并提升自己在公司职级的事情。

(2) 雇佣。管理候选人会非常关注晋升以及管理他们的团队。如果职位会有晋升,可以在公开招聘、职位描述或是面试中说明。但是如果他们曾经被告知能够晋升而以后没有兑现,他们会很不乐意。

(3) 管理。除非他们晋升的路径图十分明确,否则那些有着管理想法的人将会觉得缺少动力。他们将领导力和对其他领导者的曝光度视为一种奖励和一种值得去奋斗的东西。考虑到他们对成果的关注不高,也许他们的晋升可以和目标达成以及能否准时完成项目挂钩。

(4) 人才保留。Talent Analytics 研究显示,经理人最在乎的是学习和能否在组织中晋升,而对经济奖励不太感兴趣。当挽留他们在一个并不喜欢的职位上的时候,报酬不是影响因素。

14.2.6 分析通才

分析通才,在小型和非常大的组织中都可以发现这种人,他们从不花大量的时间在任何一个相对专业的领域(见图 14-9)。分析通才好像是一个"混血儿",包含着其他专业分析人员的"天赋"特点。这些经验丰富的专家可以被形容为最像分析经理的人,他们对政治或管理缺乏兴趣,但是喜欢做可以得到切实结果的认真和注重细节的工作。

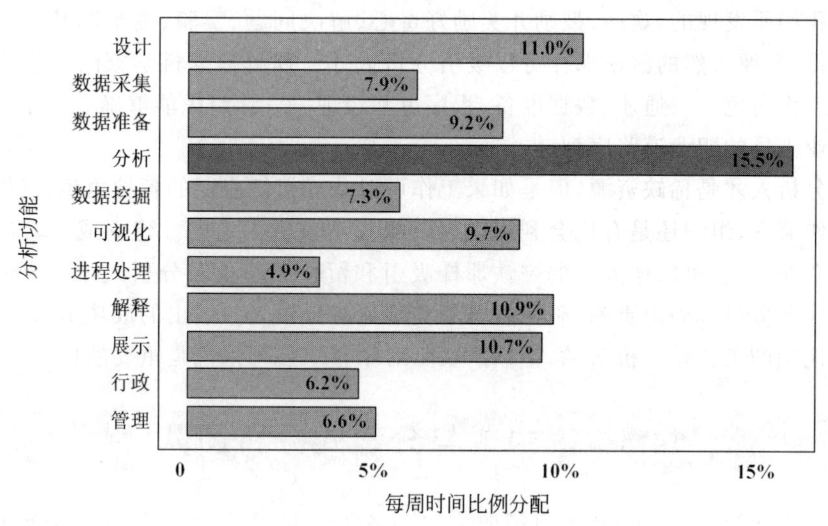

图 14-9 分析通才所用的时间

14.2.7 吸引数据科学家

依据研究提供的标准，内部候选人可以被识别出来。此外，顶级人才总是寻求公司以外同行的认可并经常出席行业会议。专业论坛给想要雇佣顶级人才的公司提供了一个完美的人才聚集地，利用这些场合抛出你想要寻求答案的问题，而这对于人才来讲就像是天然磁铁一样。另外，一个顶级人才的聚集地是在一些分析比赛中。最后，分析专业人员的行业团体，譬如数据挖掘、统计学、运筹学、R 和 SAS 用户群和开源项目(如 R、Spark 等)，都提供了可以用来找到顶级人才的极好场所。

吸引数据科学家的最有效方法，是让他们对即将要做的分析工作感兴趣。他们是非常具有好奇心的一群人，所以在工作信息和面试对话中可以用项目细节来激发他们的工作兴趣。

Talent Analytics 研究显示，数据科学家更倾向于在他们的回答中表现自己有思想、认真、具体。他们是倾听者，不是健谈的人。本身的天赋让数据科学家能够非常快乐地和数据打交道，而这和那些在面试中非常有魅力的人的自身特质完全不同。

为了确定候选者是否具有好奇心，可以观察数据科学家候选人是否询问了很多的问题。他们是天生的研究者，而且面试之前做足了功课。他们在意细节，没有得到问题答案时会感到困惑，如果候选人没有准备并且没有很多的问题，这可能代表一种好奇心的缺乏，而好奇心的缺乏是胜任这份工作的障碍之一。

正如在 Talent Analytics 研究中显示的那样，比起销售人员、律师和很多其他的职业，科学家的激励方式很不一样。研究显示，尽管销售人员喜欢经济奖励，但科学家更渴望同行的认可。要确保给数据科学家提供机会让他们与其他的团队分享他们的知识——不论是公司内部还是公司外部。允许数据科学家在各种专业场合提出自己的创新想法和研究。要确保可以关注和认识到数据科学家对一个组织成功的贡献。这些激励，还有一些需要解决的具有挑战性和有趣的问题，是留住顶级分析天才的关键。

正如我们所发现的，欢迎、鼓励并奖励好奇心、解决问题、实验、变革和基于事实决策的企业文化，会像天然的磁铁那样可以吸引分析人才。理解数据科学家的天生人才指纹和他们的工作角色——通才、数据准备、程序员和经理——让组织能够确立一个合适的关于分析专业人员的职业道路序列。

尽管分析人才是稀缺资源，但是如果工作可以分成组织雇佣的各种角色，能够匹配各种分析工作流程，组织还是有机会利用现有资源找到分析人才的。建立或是转向一个基于事实的企业文化，可以像天然的磁铁那样吸引和留住那些顶级分析人才。要记住分析团队想要为业务目标做出贡献，确保认可和奖励那些分析人才做出的成功贡献，这样他们就会知道他们的工作是有价值的，他们的贡献对于整个公司来说是重要的。

14.3 集中式与分散式分析团队

为分析人才建立一个合适的组织架构，对于分析团队的持续成功、影响力和能否最大程度留住人才，都是十分关键的。随着团队和公司的成长和变化，组织架构也会随着时间变化。但是首先需要考虑的因素之一，是需要集中的分析团队还是一个分散的分析团队。

集中式团队允许专业分析人员去分享基于整个团队的经验和专业知识而形成的最佳实践(见图 14-10)。集中式方式是创建一个分析团队的常用方式，因为这种方式可以使团队建立分析工作的统一基础，尽管从长期来看分析团队将会采用分散式组织形式。集中式团队通常会建立统一的方法、流程、操作和工具来进行分析模型的开发和部署。然而，集中式团队通常与业务部门的衔接较弱，而且分析工作会采用自上而下的方式进行。尽管这种方法看上去好像与业务有所脱离，但它通常是将战略分析引入到组织的一种方式，或是借鉴其他行业的分析方法和用例的常用方式。

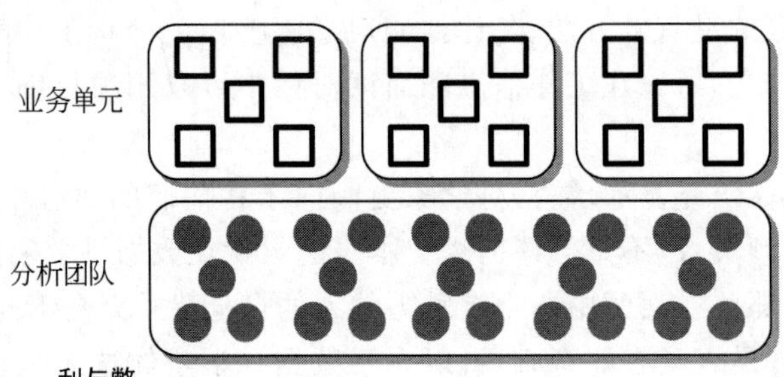

利与弊

- 利用最佳实践
- 与业务脱离
- 自上而下的分析
- 关注战略分析

图 14-10　集中式分析团队

分散式团队和业务部门通常在一起，他们对业务的理解更深刻(见图 14-11)。传统意义上，银行业的数量分析专家和统计学家是分散形式组织的，而且是市场风险、交易或是市场功能的一部分。尽管这种组织架构能够很好地将分析团队的工作与业务目标协调统一，但通常是驱动关注业务执行的应对式行为，而不是引导组织实现战略性目标的主动行为。分散式团队的操作方法和流程通常不统一，会导致重复工作和成果整合问题。这导致不同团队的分析结果不一致。随之会造成困惑，并需要额外的工作来核对不同团队的结论。

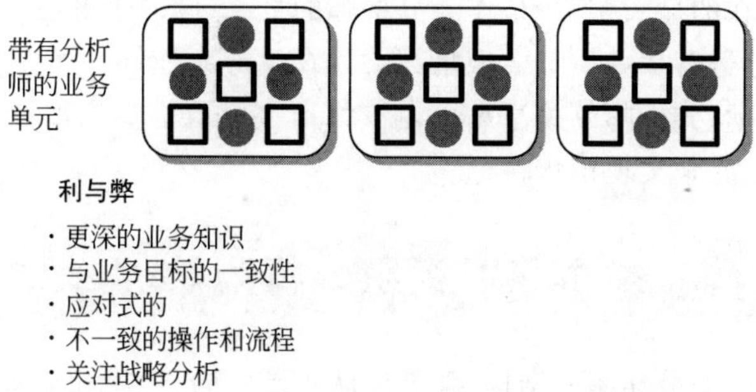

带有分析师的业务单元

利与弊

· 更深的业务知识
· 与业务目标的一致性
· 应对式的
· 不一致的操作和流程
· 关注战略分析

图 14-11　分散式分析团队

混合模式结合了集中式和分散式组织架构，用来平衡分析与业务目标的一致性问题和高效利用稀缺的分析资源的问题（见图 14-12）。通常，团队集中处理管理性任务，如建立和分析通用的最佳实践、培训和指导。混合模式使用分布式模型将专业分析人员和业务部门放在一起，以保障分析工作和业务目标的一致性，同时建立对业务更深入的理解。当专业分析人员和一线业务人员一起工作时，他们都对业务和分析有了更深的理解。因为一线业务人员积极参与到为业务确立分析方法的工作中，他们就能够理解结论是如何得出的，一线业务人员就建立了对专业分析人员和他们工作成果的信任和信心。尽早建立信心是在组织中形成建立和使用分析结果氛围的关键因素。

利与弊

· 更深的业务知识
· 与业务目标的一致性
· 应对式的
· 不一致的操作和流程
· 关注战略分析

图 14-12　混合式分析团队

在分散式模型中，专业分析人员和业务人员是合作关系，信心的建立是合作的基础。在集中式模型中，通过初期的成功来建立信心就更加重要。

将分析团队集中在一起会增加另外一层复杂度和挑战。在集中式团队中，人们尝试利用数据和分析去做一些激动人心的事情。由于我们不是业务单元中的一员，业务部门不会与分析团队共同探讨业务思路和战略。这件事没有完美的答案,因为不管是集中式还是分散式组织模型都有它们的问题。解决问题的关键在于在执行的基础上,一步一步建立信任。

分散式模型存在的最大挑战,是作为分析师的员工,倾向于解决“经营业务”这种类型的问题。通常,业务运营从本质上会把精力关注在执行上,而很少关注创新。他们关注制定下一个季度的目标,分析师的关注点也在于如何完成目标。例如,“我们怎样去调整我们的市场活动?”,以此来实现销售目标。

14.4 组织分析团队

选择适用于现在的最佳团队结构,随着团队不断实验、学习和适应,不断发展、改进团队架构。

14.4.1 卓越中心

分析卓越中心(COE)是建立一个混合组织架构的另外一种方式。一些公司将卓越中心建成一种虚拟或是矩阵式团队,另外一些公司在卓越中心成立一个专业分析人员的永久团队。分析卓越中心通常负责分析培训和制定标准。

通常这个团队的一项持续工作是为整个组织持续开发培训材料和组织培训课程。最成功的分析团队是向每一个人灌输分析的概念和如何利用分析在业务中获得价值。这包括向每个人传达分析工作的路线图、业务发展目标和路线图中每个分析项目的预期。当每个人都了解了分析路线图,整个业务团队会开始理解在他们的业务中到底如何利用分析来产生价值。有了这种理解,每个人都能对如何利用数据和分析来帮助提出和解决他们的业务领域中的相关问题而贡献新的想法。接着按角色的情况,公司可以培训每个人如何使用特定的分析工具和软件。

分析 COE 建立分析标准和指标。当业务单元各自独立进行分析时,可能会存在一种风险,那就是报告会呈现不同的或是冲突的结果。出现这样的结果有两个原因:复杂的业务逻辑可能对不同部门来说意味着不同的事情,另外,部门也更愿意展示对其有利的结果。

14.4.2 首席数据官与首席分析官

过去几年来,正如数据科学家的工作角色出现,另外两个高管角色也出现了:首席数据官和首席分析官。尽管这两个工作角色的职位名称经常混淆,但是这两个工作角色有着非常不同的目标。

这两个执行官经常有着相似的背景,但是他们运用背景的方式非常不同。首席数据官主要负责数据资产、数据基础架构和数据管理。也就是说,首席数据官专注于获取和管理数据资产。首席分析官主要负责利用数据资产,通过应用分析模型到数据资产中,将其转化为对一个组织的实际价值。

很少有组织可以奢侈地同时拥有首席数据官和首席分析官。但是,随着分析团队的发展,团队在组织中变得更加具有战略作用,这些职位被投入了更多的关注。基于他们对数据和分析的理解,对企业来说,这两个角色是企业建立和贯彻有着自身特色分析路线图的关键。

在现代分析方法的早期,在高管团队内部建立对以数据为基础的决策机制的信心,这两个角色是关键人物。

随着现代分析时代的不断发展,首席数据官将更多的精力放在通过真正理解业务来利用数据上,懂得如何获取附加数据去真正实现企业所想。具有创新能力的商业领袖是真正的天才,他们非常善于关联不同的信息,他们从行业、从观察行业中的人、从竞争性的新闻还有任何他们可以打听到消息的地方获得信息,即使这个信息可能仅仅是趣闻轶事。现今的分析组织倾向于使用他们的内部数据。一些组织会购买外部数据。无论如何,现代分析时代的首席分析官和首席数据官将会考虑这个问题,并在此基础上合作。他们会弄清怎样能够获得新的数据,或者即使不能直接得到数据,如何能够定位问题。

14.4.3 实验室团队

实验室团队通常是一个独立团队或是创新团队,用来快速实现分析创新和原型。一个实验室团队通常很小,专注于对新技术和新的有潜力的分析应用进行尝试。这个团队的研究方向通常由首席数据官或是首席分析官来确定。在公司接受一个分析技术模型之后,这个模型就移交到一个产品分析团队,进行模型的推广和持续的优化。

此外,分析项目办公室是一个专注于项目管理的项目办公室。分析项目办公室负责管理项目预算和计划。

14.4.4 数据科学技能自我评估

为探索数据科学家应该具有的职业技能,多个研究项目进行了不同的探索,综合得出数据科学从业人员相关的25项技能(见表14-1)。

表14-1 数据科学中的25项技能

技能领域	技能详情
商业	1. 产品设计和开发 2. 项目管理 3. 商业开发 4. 预算 5. 管理和兼容性(例如,安全性)
技术	6. 处理非结构化数据(例如,NoSQL) 7. 管理结构化数据(例如,SQL、JSON、XML) 8. 自然语言处理(NLP)和文本挖掘 9. 机器学习(例如,决策树、神经网络、支持向量机、聚类) 10. 大数据和分布式数据(例如,Hadoop、Map/Reduce、Spark)

续表

技能领域	技能详情
数学 & 建模	11. 最优化(例如,线性、整数、凸优化、全局) 12. 数学(例如,线性代数、实变分析、微积分) 13. 图模型(例如,社会网络) 14. 算法(例如,计算复杂性、计算科学理论)和仿真(例如,离散、基于 agent、连续) 15. 贝叶斯统计(例如,马尔可夫链蒙特卡洛方法)
编程	16. 系统管理(例如,UNIX)和设计 17. 数据库管理(例如,MySQL、NoSQL) 18. 云管理 19. 后端编程(例如,Java/Rails/Objective C) 20. 前端编程(例如,JavaScript, HTML, CSS)
统计	21. 数据管理(例如,重编码、去重复项、整合单个数据源、网络抓取) 22. 数据挖掘(例如,R, Python, SPSS, SAS)和可视化(例如,图形、地图、基于 Web 的数据可视化)工具 23. 统计学和统计建模(例如,一般线性模型、ANOVA、MANOVA、时空数据分析、地理信息系统) 24. 科学/科学方法(例如,实验设计、研究设计) 25. 沟通(例如,分享结果、写作/发表、展示、博客)

请记录:你认为自己更接近于下列哪种职业角色

□ 通才　　□ 数据准备　　□ 程序员　　□ 管理者

参考表 14-1,请根据所列举的 25 项数据科学技能,客观地给自己做一个评估,在表 14-2 的对应栏目中合适的项下打"√"。

表 14-2　数据科学中 25 项技能自我评估

技能领域	技能详情	评估结果					
		专家	非常熟练	熟练	新手	略知	不知道
商　业	1. 产品设计和开发						
	2. 项目管理						
	3. 商业开发						
	4. 预算						
	5. 管理和兼容性						
技　术	6. 处理非结构化数据						
	7. 管理结构化数据						
	8. 自然语言处理(NLP)和文本挖掘						
	9. 机器学习						
	10. 大数据和分布式数据						

续表

技能领域	技能详情	评估结果					
		专家	非常熟练	熟练	新手	略知	不知道
数学 & 建模	11. 最优化						
	12. 数学						
	13. 图模型						
	14. 算法和仿真						
	15. 贝叶斯统计						
编　程	16. 系统管理和设计						
	17. 数据库管理						
	18. 云管理						
	19. 后端编程						
	20. 前端编程						
统　计	21. 数据管理						
	22. 数据挖掘和可视化工具						
	23. 统计学和统计建模						
	24. 科学/科学方法						
	25. 沟通						

说明：不知道(0)，略知(20)，新手(40)，熟悉(60)，非常熟悉(80)，专家(100)。你的评估总分是：________分。

14.5　走起，大数据分析

使用现代分析最正确的策略是建立和执行专属于你自己的分析路线图。但是一定要等到建立并安排好分析项目再做这些事吗？当然不是！

在制定自己的分析路线图时，先找出那些显而易见的分析案例。这些属于非常容易实现的目标，有着非常明确、可辨别的商业价值，而且可以利用现有基础架构、工具和团队中的成员快速实现。通过实现这些事情，开始建立对数据分析的信心，可以产生非常有意义的业务影响。要记住把这些速效方案融合到闭环的工作流程中，这样它们就不会孤立在业务运营之外，同时可以从这些速效方案中寻求持续的优化。

大数据和开源是推动分析从卖方市场向买方市场转变的催化剂。市场——你和许多其他没有耐心的企业家和分析团队——正在催生行业的一种巨大变革。尽管分析工具和分析基础架构处在这次变革的核心，业务模式也需要改变，但只有这样才能从分析中获取具有巨大潜力的价值。分析是无处不在的，它可以应用到企业内部所有的领域，帮助产生更大的商业价值和空前的商业影响。对于未来领导者最大的挑战之一是找到有意义的方法来将分析更快地贯彻到他们的业务之中，让他们的企业提升到下一个阶段。

为了实现这个目标，公司需要一个独一无二的分析路线图，以匹配独一无二的业务战略。以结果导向的思维来进行推动新的业务价值和影响，团队可以识别并优选有潜力的分析应用，从而将业务迅速推进到一个更加营利的方向。

有了长期的分析路线图，由首席分析官或首席数据官带领的 IT 团队就可以设计并建立一个和分析路线图相适应的分析生态系统。把分析基础架构想象为帮你创建美好未来的工具箱。要使用适合的基础架构和工具来匹配你独一无二的分析路线图。

当你开始这段旅程时，要重视对整个团队的培训。如果团队成员已经清晰地了解了目标，那么他们需要对分析有正确的理解才能为目标的实现做出贡献。这将帮助团队，包括一线人员、分析师和数据科学家，还有后勤人员，建立共同语言(在讨论分析相关的问题时所使用的共同语言)。这会使分析文化制度化，基于事实决策的工作方式将会渗透和激励整个组织。这还会带来附加收益，企业更容易吸引和留住顶级分析人才。记住，分析的过程就是试错的过程。实验是一个组织中创造性思维和创新的推动力。不断开发新的想法、新的思维模式和新的方法，吸取其他行业可以借鉴的经验，对现有的想法进行推演，找到瓶颈并尝试解决它们，通过不断调整边界和规则，将分析应用到许多难题、问题和机遇中，你能够加速学习过程从而使公司达到新的高度。

当你拥有一个分析路线图时，用合适的工具去做正确的事。对于每个项目，设立一个目标然后不懈追求实现这个目标或是超过这个目标。在你实现目标之后，花点儿时间去庆祝你的成功。然后回到原来的状态，学习更多的知识来持续改进结果，追求更高的目标。

作　业

1. 分析应用有五种类型，但下列(　　)不属于其中。

A. 战略分析　　B. 管理分析　　C. 数字分析　　D. 运营分析

2. 为了建立适应企业的分析路线图，可以执行 8 个步骤，但下列(　　)不属于其中。

A. 建立需求分析模型　　B. 确定关键业务目标

C. 定义价值链　　D. 头脑风暴分析解决方案机会

3. 为了建立适应企业的分析路线图，可以执行 8 个步骤，但下列(　　)不属于其中。

A. 描述分析解决方案机会　　B. 绘制程序流程图

C. 创建决策模型　　D. 评估分析解决方案机会

4. 在进行高价值分析的生产部署时，容易陷入无数的复杂细节中。这些复杂的细节可以被分为三种，但下列(　　)不在其中。

A. 人　　B. 流程　　C. 数据　　D. 技术

5. 企业文化是指企业成员之间价值和实践的分享，具有(　　)的企业很看重基于事实的决策。

A. 程序结构　　B. 逻辑文化　　C. 数字素质　　D. 分析文化

6. 分析企业让分析繁荣并吸引分析人才的文化具有共同性，这些企业拥有一种可以包容、培养和(　　)的文化。

A. 陶冶　　B. 团结　　C. 兴奋　　D. 细致

7. (　　)这个术语是在20世纪60年代被创造出来的，直到2012年大数据这个术语在市场中被广泛采用，这个名词才变得流行起来。

A. 高级程序员　　B. 数据科学家　　C. 软件分析师　　D. 数据库管理员

8. 公司正在急切地寻找难得的数据科学家。事实是，现代分析人才可以按(　　)、经验和相应的技能分成不同类别。

A. 地区　　B. 气候　　C. 年龄　　D. 领域

9. 理想的三位一体复合型人才保有计算机科学、(　　)和专业知识等，这在任何一个人身上都很难完全具备。

A. 物理　　B. 化学　　C. 数学　　D. 英语

10. 数据科学人才的标准中包括好奇心、(　　)和"用正确的方式做事"这种基于价值的导向。

A. 冒险精神　　B. 谦虚谨慎　　C. 任劳任怨　　D. 高傲自大

11. 在Talent Analytics的调查研究中，将分析人才分为四种分析角色：(　　)、数据准备型人才、程序员和管理者。

A. 偏才　　B. 通才　　C. 秀才　　D. 人才

12. 为分析人才建立一个合适的组织架构是十分关键的。首先需要考虑的因素之一，是需要集中的还是一个分散的(　　)团队。

A. 程序　　B. 工作　　C. 建设　　D. 分析

13. 首席(　　)官主要负责数据资产、数据基础架构和数据管理，专注于获取和管理数据资产。

A. 行政　　B. 财务　　C. 数据　　D. 分析

14. 首席(　　)官主要负责利用数据资产，通过应用分析模型到数据资产中，将其转化为对一个组织的实际价值。

A. 分析　　B. 数据　　C. 财务　　D. 行政

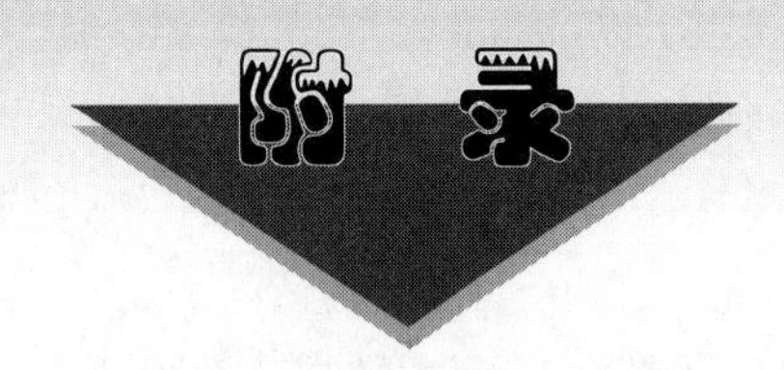

附录A 部分作业参考答案

第1章

1. A	2. D	3. A	4. D	5. A	6. A
7. C	8. B	9. C	10. A	11. A	12. C
13. B					

第2章

1. C	2. A	3. A	4. C	5. A	6. B
7. C	8. B	9. B	10. D	11. D	12. C
13. D	14. B	15. C			

第3章

1. A	2. B	3. D	4. C	5. B	6. A
7. D	8. C	9. B	10. A	11. C	12. D
13. C	14. B	15. A			

第4章

1. B	2. D	3. C	4. A	5. C	6. B
7. D	8. A	9. B	10. C	11. A	12. D
13. B					

第5章

1. C	2. A	3. D	4. C	5. B	6. C
7. A	8. D	9. B	10. C	11. B	12. A

第6章

1. C	2. D	3. A	4. C	5. C	6. B

7. A	8. D	9. D	10. B	11. A	12. C

第7章

1. B	2. D	3. A	4. C	5. B	6. A
7. C	8. D	9. B	10. A	11. D	12. C

第8章

1. C	2. A	3. D	4. B	5. C	6. A
7. D	8. B	9. C	10. A	11. D	12. C
13. B	14. A	15. D	16. B	17. A	18. B
19. C	20. B	21. D			

第9章

1. B	2. A	3. B	4. D	5. A	6. C
7. B	8. A	9. D	10. C	11. C	12. B
13. C	14. B	15. A	16. A	17. D	18. C
19. D	20. D	21. A	22. C	23. B	24. A
25. D	26. C	27. B	28. A	29. C	30. B
31. D	32. C	33. A	34. B	35. C	36. D
37. B	38. C				

第10章

1. C	2. A	3. D	4. C	5. B	6. A
7. D	8. C	9. D	10. A	11. B	12. C
13. B	14. D	15. C	16. A	17. D	18. B

第11章

1. C	2. A	3. B	4. D	5. C	6. A
7. C	8. D	9. B	10. C	11. A	

第12章

1. B	2. A	3. C	4. D	5. A	6. C
7. B	8. A	9. D	10. C	11. A	12. C
13. D	14. B	15. A			

第13章

1. D	2. C	3. A	4. C	5. B	6. B
7. D	8. A	9. C	10. B	11. D	12. D

13. A　　14. A　　15. B

第14章

1. C　　2. A　　3. B　　4. C　　5. D　　6. A
7. B　　8. D　　9. C　　10. A　　11. B　　12. D
13. C　　14. A

附录B　大数据分析课程实践

如今,我们正处在一个人人谈论大数据的时代。为何大数据如此火爆?就是因为数据蕴含着无限的价值,而这个价值如何挖掘却是个令人费解的难题。一些企业已经意识到这一点,开始拥抱大数据。下面列举一些国内外利用大数据创造价值的典型案例。

B.1　大数据帮零售企业制定促销策略

北美零售商百思买在北美的销售活动非常活跃,产品总数达到3万多种,产品的价格也随地区和市场条件而异。由于产品种类繁多,成本变化比较频繁,一年之中变化可达四次之多。结果,每年的调价次数高达12万次。最让高管头疼的是定价促销策略。公司组成了一个11人的团队,希望通过分析消费者的购买记录和相关信息,提高定价的准确度和响应速度。

定价团队的分析围绕着以下三个关键维度。

(1) 数量:团队需要分析海量信息。他们收集了上千万的消费者的购买记录,从客户不同维度分析,了解客户对每种产品种类的最高接受能力,从而为产品定出最佳价位。

(2) 多样性:团队除了分析购买记录这种结构化数据之外,他们也利用社交媒体发帖这种新型的非结构化数据。由于消费者需要在零售商专页上点赞或留言以获得优惠券,团队利用情感分析公式来分析专页上消费者的情绪,从而判断他们对于公司的促销活动是否满意,并微调促销策略。

(3) 速度:为了实现价值最大化,团队对数据进行实时或近似实时的处理。他们成功地根据一个消费者既往的麦片购买记录,为身处超市麦片专柜的他/她即时发送优惠券,为客户带来便利性和惊喜。

通过这一系列的活动,团队提高了定价的准确度和响应速度,为零售商新增销售额和利润数千万美元。

B.2　电信公司通过大数据分析挽回核心客户

法国电信-Orange集团旗下的波兰电信公司Telekomunikacja Polska是波兰最大的语音和宽带固网供应商,希望通过有效的途径来准确预测并解决客户流失问题。他们决定进行客户细分,方法是构建一张“社交图谱”——分析客户数百万个电话的数据记录,特别关注“谁给谁打了电话”以及“打电话的频率”两个方面。“社交图谱”把公司用户分成几大类,如“联网型”“桥梁型”“领导型”以及“跟随型”。这样的关系数据有助电信服务供应商深入洞悉一系列问题,如哪些人会对可能"弃用"公司服务的客户产生较大的影响?挽留最有价值客户的难度有多大?运用这一方法,公司客户流失预测模型的准确率提升了47%。

B.3 大数据帮能源企业设置发电机地点

丹麦的维斯塔斯风能系统运用大数据,分析出应该在哪里设置涡轮发电机,事实上这是风能领域的重大挑战。在一个风电场二十多年的运营过程中,准确的定位能帮助工厂实现能源产出的最大化。为了锁定最理想的位置,维斯塔斯分析了来自各方面的信息:风力和天气数据、湍流度、地形图、公司遍及全球的2.5万多个受控涡轮机组发回的传感器数据。这样一套信息处理体系赋予了公司独特的竞争优势,帮助其客户实现投资回报的最大化。

(使用本案例时,可以对设置发电机的地点做各种假设。)

B.4 电商企业通过大数据制定销售战略

国内知名母婴电商宝宝树的办法简单直接,它直接购买了一款数据可视化分析软件用户BI。这个软件可以快速分析海量数据,快速响应不同需求,即时生成复杂报表。宝宝树在用户BI平台上,通过拖拉拽操作,生成关联不同指标的分析模型,包括环比、同比、用户快照分析、沉睡率、唤醒率、平均回购周期等。

在这些关键数据的基础上,宝宝树的分析团队再来做进一步的分析,比如上周有多少新用户?新推出的产品收入怎样?上月的新用户这个月的购买表现如何?用户的平均回购周期相对环比是缩短了还是延长了?各渠道引流占比有何变化?……基于对这些问题的全面回答,他们不断制定和调整产品和销售战略。

一次,宝宝树发现关键词排序报表上多了"污染"这个词,就想到空气净化器可能会火,于是在B端找到客户投放广告,大获成功。现在空气净化器市场基本被母婴电商垄断。

B.5 案例分析与课程实践要求

从上文案例中可以看出,大数据领域的价值创造机会因行业而异。在零售业,先进的分析方法往往与战略相得益彰,涵盖促销增效、定价、门店选址、市场营销等多个领域。而在能源行业,大数据的价值创造重点更体现在对实体资产(如设备和工厂)的优化上。在金融服务业,大数据的应用可能会体现在风险评分、动态定价以及为ATM和分行网点寻找最佳地点等方面。而在保险业,大数据的价值可能体现在防范理赔欺诈、优化保险金给付以及跟踪驾驶行为等方面。

总的来说,大数据的终极目标并不仅仅是改变,而是彻底扭转整个竞争环境,带来新机遇,企业需要应势而变。企业只有认识到这一点,使用合适的数据分析产品、聪明地使用和管理数据,才能在长期竞争中成为终极赢家。

本次大数据分析期末课程实践的基本要求是:在给出的上述4个案例中选择一例,或者安排自选项目,但自选项目需要补充类似于上述案例的项目说明。以选定案例为基础，从本课程学习的大数据分析的一个或多个知识点入手，撰写一份“某大数据分析项目关于某个方面的大数据分析实践报告”，报告篇幅至少A4纸一页以上。

1. 角色选择

请记录：在完成本次课程实践的活动中，你为自己设计的大数据分析用户角色是(√)：

□ 超级分析师　□ 数据科学家　□ 业务分析师　□ 分析使用者

角色描述：________________

____

____

2. 项目选择

请在上述推荐的项目中选择一个作为本次课程实践的案例(或者自选)。

请记录：项目名称是：________________

分析项目选择	项目涉及的大数据分析知识点									
	分析意义	生命周期	分析原则	分析路线	分析运用	分析用例	分析方法	分析技术	分析模型	工具平台
零售企业										
电信公司										
装机地点										
销售战略										
自选										

3. 实践项目的背景说明

____

____

____

____

____

____

____

____

____

____

____

4. 分知识点要点简述(与上表对应,至少两项)

5. 撰写大数据分析实践报告

请撰写一份大数据分析实践报告(至少 A4 纸一页以上),在理解大数据分析知识的基础上,进一步巩固学习与实践的成果。

记录:请将你撰写的大数据分析实践报告另附页粘贴在下方。

----------------------------大数据分析实践报告 · 粘贴于此 ----------------------------

6. 课程实践总结

7. 课程实践的教师评价

参考文献

[1] 米歇尔·钱伯斯，托马斯·W.迪斯莫尔. 大数据分析方法[M]. 韩光辉，等译. 北京：机械工业出版社，2017.

[2] BAESENS B. 大数据分析——数据科学应用场景与实践精髓[M]. 柯晓燕，张纪元，译. 北京：人民邮电出版社，2017.

[3] 王宏志. 大数据分析原理与实践[M]. 北京：机械工业出版社，2018.

[4] 戴海东，周苏. 大数据导论[M]. 北京：中国铁道出版社，2018.

[5] 匡泰，周苏. 大数据可视化[M]. 北京：中国铁道出版社，2019.

[6] 周苏，王文. Java 程序设计[M]. 北京：中国铁道出版社，2019.

[7] 汪婵婵，周苏. Python 程序设计[M]. 北京：中国铁道出版社，2020.

[8] 周苏，张丽娜，王文. 大数据可视化技术[M]. 北京：清华大学出版社，2016.

图书资源支持

感谢您一直以来对清华版图书的支持和爱护。为了配合本书的使用，本书提供配套的资源，有需求的读者请扫描下方的“书圈”微信公众号二维码，在图书专区下载，也可以拨打电话或发送电子邮件咨询。

如果您在使用本书的过程中遇到了什么问题，或者有相关图书出版计划，也请您发邮件告诉我们，以便我们更好地为您服务。

资源下载、样书申请

书圈

我们的联系方式：

地　　址：北京市海淀区双清路学研大厦 A 座 701

邮　　编：100084

电　　话：010-83470236　010-83470237

资源下载：http://www.tup.com.cn

客服邮箱：2301891038@qq.com

QQ：2301891038（请写明您的单位和姓名）

扫一扫，获取最新目录

课　程　直　播

用微信扫一扫右边的二维码，即可关注清华大学出版社公众号“书圈”。